设计中的逻辑

THE LOGIC IN THE DESIGN

ZCOOL 站酷 编著

電子工業出版社
Publishing House of Electronics Industry
北京·BEIJING

内容简介 Introduction

设计师在从事设计工作的过程中，被问及最多的问题应该是：“为什么我的客户不尊重我的设计？”而最一致的答案是客户不懂审美。本书试图从设计背后的逻辑层面回答这个问题，设计不仅仅是一种美，还是一种策略、一种思维方式，甚至一种生活方式。

书中的十位撰稿人是不同设计领域的顶尖人，有跨国公司的高管，著名的出版人，多年从事用户研究的设计师，等等。他们从各自的领域着手，分别站在设计师、管理者、客户乃至用户的角度，试图用理论与实践相结合的方式解读这种认知产生的原因，以及如何理解与改进自我的设计思维。

设计不只是视觉上的愉悦，它还可以发挥更大的价值。无论你是设计师、设计爱好者、管理者、大众，还是与设计相关的任何人，都希望你可以从本书中了解到一些设计的逻辑，解开一些对设计的疑问，引发你对设计的某种思考。

图书在版编目（CIP）数据

设计中的逻辑 / ZCOOL 站酷编著. — 北京：电子工业出版社, 2017.9
ISBN 978-7-121-32471-0

Ⅰ. ①设… Ⅱ. ①站… Ⅲ. ①设计学 Ⅳ. ①TB21

中国版本图书馆CIP数据核字(2017)第195374号

设计中的逻辑
THE LOGIC IN THE DESIGN

执行编辑：张翔宇
责任编辑：姜　伟
文字编辑：赵英华
印　　刷：天津画中画印刷有限公司
装　　订：天津画中画印刷有限公司
出版发行：电子工业出版社
　　　　　北京市海淀区万寿路173信箱
邮　　编：100036
开　　本：720×1000　1/16
印　　张：17.5
字　　数：448千字
版　　次：2017年9月第1版
印　　次：2020年10月第10次印刷
定　　价：79.80元

凡所购买电子工业出版社图书有缺损问题，请向购买书店调换。若书店售缺，请与本社发行部联系，联系及邮购电话：（010）88254888，88258888。
质量投诉请发邮件至 zlts@phei.com.cn，盗版侵权举报请发邮件至dbqq@phei.com.cn。
本书咨询联系方式：(010) 88254161 ~ 88254167转1897。

序

用有逻辑的设计创造有价值的未来

运营设计师平台这些年里，有个问题总是不断被设计师朋友们提及，那就是："为什么我的客户不尊重我的设计"。每次这个问题被人提出，下面的回答经常是一面倒的抱怨，抱怨最集中的点是客户不懂审美。这时候稍微资深冷静一些的设计师便会说，客户不懂审美所以才要请你做设计。一般说到这里大家也就释然了，似乎找到了问题的答案，那就是设计师掌握了美，所以可以称为设计师。但是，最近这种说法也遇到了危机。客户、用户的审美正在快速提高，甚至比设计师还要具备特定门类的审美能力。加上扁平化的设计语言正在占据主流，大家使用的图标界面也越来越趋同。之前的问题又出现了："为什么客户要尊重你的设计？"本书就是试图从设计背后的逻辑层思考来回答这个问题的，设计不仅仅是一种美，还是一种策略、一种思维方式，甚至一种生活方式。

设计，是一种策略。

现在的消费环境中，消费者和商家之间已从过去的单向静态关系变为双向动态关系。也就是从只需要提供基本功能，坐在店铺内就可以有源源不断的顾客上门的消费，但现在已经需要做出更惊奇的创新和更细致的服务，并主动出现在顾客的各种生活场景中，成为他们的朋友、顾问，甚至老师，只有这样才能让挑剔的他们消费你的产品。这背后是互联网带来的消费者话语权的提升，也是需求碎片化和企业竞争的升级。观察当下世界上领先的企业，那些仍然抱持着"够用就好"观念的传统大佬们正在迅速被越来越多的创业者超越。让这些创业者脱颖而出的创新、服务、突破点，正是来自他们的设计策略。

设计，是一种思维方式。

之前大家倾向于认为设计思维是脑洞或者美观。各种媒体文章和坊间议论中，设计师也更多被描绘成一群天马行空的画图高手。这种看法的问题是：设计被限定在执行的层面，并且往往扮演一种刚愎自用的负面角色。为什么会产生这种认识？大概是因为设计师们的想法大多来自虚无缥缈的灵感，却没有逻辑支撑。基于这种认识，当一家企业要做出一个设计师提出的改变时，经常会不了了之。这不能怪老板们在需要设计创新的时候这么举棋不定，“碰运气”不是成熟的商业行为。

但这是错误的，设计在今天早已经超过了“幻想”和“美术”的范畴，成为一种有力的推动力。今天，我们应该怎么去理解和改进设计思维呢？正如本书合著者之一滕磊所说：“设计是一种思维方式，是用开创性思维、多维度综合思考，从而解决问题的方法。”本书的另一位合著者温伯华给设计思维的定义则是：“设计思维是‘溯因推理’（Abductive Reasoning），这种思维方式是在几个已知的假设上，做更多跳跃性的联想。”

设计，是一种生活&进步方式。

设计师的职责在变，但是对设计师的期望是不变的。一件事或一个产品，如果没意思或没效果，首先会质疑的总是那个带着设计title的人。阅读本书中诸位设计师的文字，会发现大家基本也都有过这样的经历。本书的价值也在于，大家都提供了自己对设计信任问题的解决办法。设计师大多学习美术出身，在审美层面已经具备用户们难以企及的修养。但这远远不够，要在消费升级的当下胜任设计师的职位，当务之急是提升自己的理性思考和视野，做到先做对再做美。理性思考，是设计师们很不习惯的左脑操作。视野，是目力和心智的综合体。目力意味着你需要能看到更多的现象、掌握更多的数据、听闻更多的说法；心智，则在于怎么去合理取舍和理解这些纷杂的现象、数据、说法，在于怎么去合理应用你的理解，把它变成有效的行动。这种取舍重组的能力，是基于大量的失败和反思后产生的结果，而本书就是已经经历了这些淬炼的设计师们，对于这件事的心得。

设计可以做很多，但企业要应用有效的设计策略，设计师要增加自己的竞争力，终究需要找到和应用设计背后的逻辑。希望本书中的讲解能对你有所帮助。

站酷主编 纪晓亮

推荐语

设计不单是关乎美的问题，还应该结合商业，解决商业的诉求，给用户带来愉悦的感受。站酷邀请到10位在不同商业设计领域中有丰富实战成果的设计人，分享他们沉淀多年的设计思考，揭开设计背后的逻辑。在这个人人都应该懂点设计的时代，感谢这本书，让我们在设计思维的碰撞中，去理解设计，理解设计师，去思考如何让设计发挥最大的价值。

——站酷创始人、CEO 梁耀明

一本讲述设计的逻辑，而不是设计如何“颠覆”逻辑的书。这证明了，无论世界运转规则是否发生了改变，至少设计依旧是讲道理的。感谢几位“老手艺人”无私地把自己的设计逻辑贡献出来，因为这是设计思考中最本质的东西，也是多年锤炼打磨所凝聚的精华，祝愿各位在此书中有所收获。

——滴滴设计高级总监、资深创意人 程峰

只要设计是为人所用的、是需要整合资源实现的，就一定不容易。但今天的设计师又是非常幸运的，有机会站在快速变化的世界中，迎着技术进步、消费升级的风，小到设计一个产品，大到创造一家伟大的公司，实现设计的价值。即便有时，那不再被人们称为设计。

——创新工场人工智能工程院VP、INWAY Design创始人、
前Google中国用户体验团队负责人 吴卓浩

深入设计的过程，就是一次自我消解，也是自我重建。每一次接触新的设计，总是会被带到一个未知的认知世界。与其说我设计出了什么，倒不如说我被那个新世界所引导，成为了一个更丰富的人。而这二者越和谐，往往这个设计越被接受。设计的逻辑，就是世界运行的逻辑。

——绘麟鹿角创始人 相辉

本书中几位设计界大牛对设计思维、逻辑、方法都有各自独到的见解，通过案例剖析循序渐进，无私分享设计经验和理念，是一本极具诚意的输出，是瑰宝级的沉淀，对入道设计新人和设计老手都能有启发和帮助，希望设计师朋友们喜欢！

——阿里巴巴国际UED-内贸B2B&新零售事业群UED总监 汪方进

设计的好坏，不只是艺术审美的高下之分。理性逻辑的透彻与否，体现在设计上，也有云泥之判。

——700bike CEO **张向东**

目录

10 一个你花钱愿意买的包装

王炳南

著名包装设计师 / 台湾海报设计协会会长

36 Mook的诞生
——《离线》杂志书的平面设计实验

杨林青

知名平面设计师 / 出版人

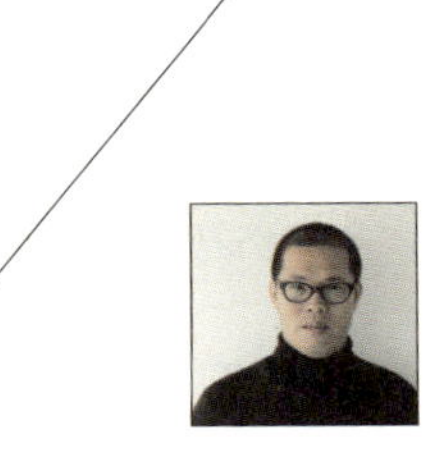

品牌原动力 74

刘永清

华思品牌设计创意总监 /

深圳市平面设计协会第七届主席

106 设计的合理性

冯 铁

5PLUS学院联合创始人

144 我的用户体验观

刘 宓

原美柚设计总监 / MD设计创始人

只做“管用”的电商设计 168

——全触点式电商设计链路

李子明

三只松鼠首席设计师

190

产品情绪规划

袁泽铭

THEGUY创始人

目录

Contents

206 企业创新设计的方法论

温伯华

Continuum大中华区总经理

破局的智慧——设计思维 232

滕 磊

ARK Group联合创始人兼ARK创新咨询CEO

254 设计团队的非设计思维

陈 妍

腾讯用户研究与体验设计部（CDC）总经理

一个你愿意花钱买的包装

王炳南

“在设计业界工作长达三十余年，专注于品牌开发与包装规划领域。现任台北欧普广告设计总经理兼创意总监、上海欧璞广告总经理兼创意总监。一直用心思考『设计工作除了商业效益之外，会给社会带来什么影响』。”

我们常说“包装是无言的销售员”，而现代化的便利商店充斥着整个市场，整体销售行为也从传统的推销式，演变成自选自足的DIY形式。一个好的包装设计能提供消费者选购商品时的明确讯息。而商品(品牌)的重要性与企业形象两者之间是互动关系，一切成功的品牌(商品)，相对也会给企业带来印象上的加级效应。

企业在全力经营品牌的形象时，不能单纯地从形式上的品牌着手，而忽略产品包装的重要性，因为产品包装是企业与消费者接触的最前线。而一个产品包装设计得好坏与否，也攸关消费者对企业印象的好坏，所以产品包装设计的工作尤为重要。

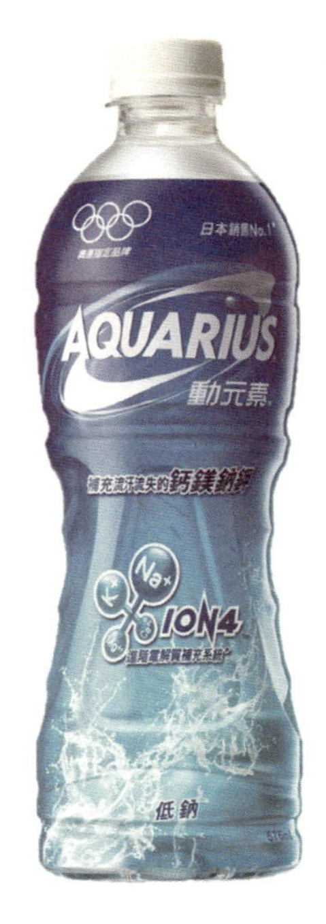

▶ 运动饮料结合运动赛事是常见的营销策略

产品为什么需要包装

从“包装”二字来看，“包”与“装”两字拆开后分别具有不同意义。名词“包”是盛装物品的用具之意，动词则是“裹、藏”的意思。名词“装”是穿着的服饰，动词则是“贮藏”之意，两字组合在一起又有另外的意义衍生。简单两个字，既有名词的通俗意义又有动态的即视感。简单来说在产品阶段，包装指的是容器，如：瓶、罐、袋、盒等盛装物品的载体，而当产品变成商品，此时包装采用的是动词含义，如：封藏、装饰（美学、图腾）、标贴等。理清包装的定义后，也许你能从以下的文章中较易区分产品包装或商品包装。

一切商业设计行为都有迹可循，可以找到其万变不离其宗的一些规律。然而，综合商业设计中有一项独立的设计系统，即包装策略设计。虽然我们每天的生活中会接触各类的商品，也常常在提到“包装”，一般的消费者确实很难搞清楚两者有何关系。商品与产品有何区别？我们购买的是产品还是包装？在货架上看到的究竟是商品还是包装？

从产品到商品，包装设计所扮演的角色

一件产品要转换成有价值的商品，需要经过包装的催化过程。而包装在策略上可以分为“色”“型”“质”三个部分，“色”指的是视觉设计层面；而“型”指的是结构形式的课题，两者不可分；“质”是故事，没有谁先谁后的问题，当视觉与结构的策略定调后，此时一个商品才能算是正式的，加以包装或品牌故事化后再经过通路的布建才能被消费者所接触并接受。

包装设计先求『对』再做『好』

在任何形式商业设计的工作中，都不是英雄式主观的创作，一切创作的背后都需要有清晰的解决方法。创作是天马行空的过程，如果没有系统并客观的理念作为引导，如何在天马行空的设计之中找到行之有效的创意元素。做包装设计同样更不可主观行事，每个思考步骤皆是必需，每笔设计都有意义。

一件自发性的文化创作，是展现设计师的个人主观形式的表达，有一部分人观点与之相同能接受他的创作即可。而一个消费性的商品，则要求大部分人接受，所以必须以大多数人的客观接受度为前题进行思考，而去教育消费者及说服他们接受你的商品（包装），获得商业利益，这才能算是有效的商业性设计。

什么是好的包装设计

常有设计师困在什么是好的包装设计这个疑问当中，还有人曾问：得奖＝好作品？参加比赛得奖＝能拿到更多案子？坦白来说，我觉得获奖作品仅仅是符合当次审核主题的标准，或者是符合小众期待的作品，并不代表得奖者从此打遍江湖无敌手。也有人说，卖得好或卖得久的包装就是好设计。你们应该认识到，包装设计仅仅是商业营销的一小部分，设计师把包装设计得好确实会为产品加分，但它并不是一个产品在市场盈利与否的决定性因素。

好卖的商品在架上，得奖的作品在书上，客户追求的永远是前者，有趣的是设计者追求的永远是后者，没有对错只是每个人的职责及目标不同而已。如果你从消费者的角度来看这个问题就简单多了，消费者在乎的是自己口袋里的钱要能花得明白、花得开心并理所当然。客户看不懂你们的效果图，他们要的是能在货架上亲手摸到的商品，而这商品是他们需要及能理解的商品，而是否得奖他们一点也不在乎，由此可以从下面几个方面深入说明。

材质

平面设计可更换纸张材质，而包装的材质范围更广。包装内部包含罐、袋、瓶、盒、管等大类别，每一类别又可再细分不同材质。印刷也大致可分为好几种，每一种材质的印刷方式与印刷适性相乘之后又各有变量。每一种产品都有其适合的包材，消费者也会潜移默化地接受某些包材代表某类产品，而带着某些固有思维定义产品属性。时下环保意识抬头，有些企业慢慢地开始采用复合式的包材形式。

结构

包装需盛载内容物，其结构除了形体的美观之外，还未牵涉到生产专业技术等知识。最简单的纸盒刀模会因为材质厚薄而需微调尺寸、考虑内容物的物理性与重量用以选择适切的包装结构强度。如果牵涉到开模，必须考虑开模的方式与设计的搭配等，这些都是包装设计师在进行工作之前必须先了解的事前准备，在创意发想时将这些生产适性一并考虑在作品当中，避免因生产适性造成成品的缺陷。

通路

不同的通路对于包装要求的重点不一，有些需考虑能在货架上堆栈，有些在线产品注重的可能是在数码产品或手机环境下的醒目度与阅读舒适性，有些产品要有开架式品牌的印象，有些要有专柜品牌的形象，易碎品必须确保在通路与物流过程中不受损伤等。先了解通路，才能预测消费者的购买习惯与方式，进而提出更贴切的方案。

物流

物流牵涉到成本与产品堆栈及保固。在一定的体积内能堆栈越多的产品，对于物流成本越有利。因此，设计师必须能算出怎样的包装结构形式既能保护产品，又能体面大方不浪费空间。

陈列

在卖场货架上，有一般货架与端架，其陈列方式又分为垂直陈列与水平陈列。在包装创意发想之初，如果已能考虑到末端的陈列，在提案时会更具说服力，而设计用色是否适合卖场光源，又是另一项课题。

▼ 可四面翻转的包装，在水平陈列时产生连续漫画的趣味性

仪式

前文提到包装的最终目的是满足消费者，可能是生理基本需求的满足，也可能是心理满足。话说女性消费者的化妆品，有没有实质的生理需求或产品功效，不是讨论重点，化妆品或烟酒类奢侈品更多的是寻求地位、品位等虚无缥缈的心理满足。这类产品的包装通常较繁复，开启的方式与手法也喜欢玩点花样，因为这是一种“仪式”，一种心理满足与告诉自己“我值得”的仪式，少了这种开启的“仪式”，产品的价值感、神秘感与满足感绝对大幅降低！

回收

环保的研究是近年来的全球热门话题，绿色环保材质的不断开发是为了全球的环境问题，却因为成本无法平民化，因此在开拓市场时难免遭遇困难。市场上常见的塑料包装与复合包材的包装，在回收时是一大考验，谁能将复合包材一一拆解后回收呢？设计师对于环境的维护，有没有绿色意识呢？这是企业的责任，还是设计师的责任？

▼ 略带繁复的开启仪式，增加了心理满足感与价值感

分解

泡沫埋在土里几百年也不会分解，这大家都知道，但是泡沫依旧是大型器具缓冲常用的材质。多鼓励企业使用易回收分解的材质，例如由玉米纤维提炼出可降解的PLA，降低对环境的损害，也是包装工程重要的使命！

▲ 利用设计来改善，经济又环保

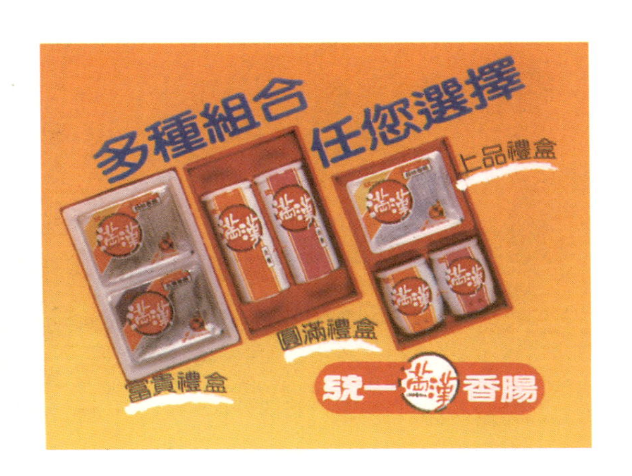

▲ 以泡沫为保冷及缓冲材料，不环保又占空间

早期贩售冷冻商品礼盒组，为了保冷效果都采用泡沫或吸塑衬底，浪费又不环保，后来改为纸卡轧型，成本低提式创新又环保，消费者也不必为了不必要的包材，而负担太大。

包装的功能

从现有消费市场来谈包装功能，可以分为“基本功能需求”和“现有功能需求”，包装最基本的功能是能保护产品，并易于携带及方便实用，而现在企业对包装的功能要求越来越高，期望它卖得好又能给企业（品牌）带来正面的形象，这也是考验你作为包装设计师能力的一部分。

包装基本功能需求与4P

在基本功能中包装必须实现产品的可储存及可携带。储存的目地是把产品储存于一个特定空间内，从而促进产品形成商品的概念，这是营销4P中的第一个P——Product（产品）。通过包装让产品不因气候、季节的影响而得以延长寿命，这一步骤甚为重要。因为它主导了产品的定量方能明确地定价，这是营销4P中的第二个P——Price（售价）。解决保护商品的方法后，可安全、方便地传递或运送商品到各地的卖场及通路，这是营销的第三个P——Place（渠道）。

包装的“现有功能”扮演着商业展售的目地，包含了“告知”“沟通”和“促销”。告知是在传达企业的文化及品牌形象的再延伸，也意味着在表现商品的质量及价值；而沟通则代表了提供消费信息、介绍产品及提升商品的附加价值；最后是促销，好的设计能在货架上自我销售，所以包装又称为“无声的销售员”，这就是营销4P中的第四个P——Promotion（促销）。

包装现有功能需求的角色扮演

现有功能可以反映包装设计师在进行设计工作时的创意思考是否全面到位，让包装的功能发挥到极致。在营销思维中，包装设计越发的举足轻重，虽不具有上市后定生死的绝对性，但也绝对是功臣之一。因为全方位思考后的包装设计，能扮演诸多的角色，比如传达企业文化、提供消费信息、提升产品附加价值、品牌形象再延伸、自我销售，等等。

▶ 利用不要的废弃木丝缓冲材料，成本低又环保

传达企业文化

包装设计与企业密不可分，比如当下包装倡导的绿色环保理念。假如一个打着环保概念的企业，商品包装却是印金烫银加上各种材质的装饰品，想必消费者会对品牌的个性与主张产生认知混淆。再反观设计发展初期，有可能是你未能清楚了解企业而提出不适合的设计方案，而企业主也未能从品牌思维来审视包装。从这一点来看，包装设计是你与企业主共同的创意产物，不是只有美、好看、亮眼这么肤浅的主观喜好。

传统的手表包装大都采用硬式的珠宝盒形式，而这款运动手表采用厚纸卡，轧型成盒并以废弃的木丝为缓冲材料，包材的成本或是回收都优于传统的硬盒。设计师只要做一些改变，就会跟传统不一样而更接近环保。

提供消费信息

包装上除了品牌名、产品名、口味名、容量等基本信息之外，与竞品在货架上一较长短的，常见有USP (Unique Selling Proposition)、RTB (Reason to Believe)、Claim、Benefit、Slogan等。USP、RTB、Claim相对而言是从企业与品牌角度为出发点提出产品诉求，以理性思考提出主张说服消费者，例如“添加xxx成分”“来自xxx产地”之类的说法；Benefit则是由USP或RTB能创造或带给消费者利益点。

简单来说，彼此为因果关系，分别从企业与消费者的不同角度来阐述与主张。至于Slogan，可以是企业主张，可以是品牌主张，也可以从消费者利益点着手。卫生巾这类的产品,在包装信息设计上,要清晰明示产品资讯以便消费者选购产品时快速做出决定。

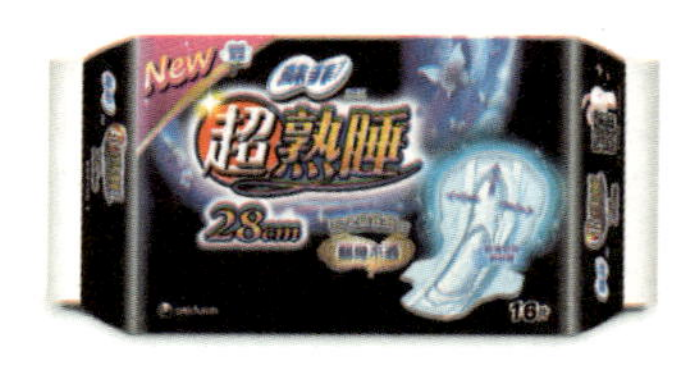

▲ 卫生巾类的产品除了品牌外，最重要的是产品的 Benefit

品牌再延伸

将产品塑造成商品后，透过品牌形象的塑造与经营，其商品的附加价值将更为显著。一个好的商品，其品牌的整体形象必将受到消费者的喜爱，因此，品牌对商品的重要性，犹如消费者选购品牌的互动般，必须契合个性与特色风格。举一个简单的例子，麦当劳的汉堡盒，即使把大大的

▲ Coca Cola 包装形象分析图

M遮住，依旧能认出麦当劳；可口可乐罐身即使把中英文全拿掉，也不会被误认为其他品牌碳酸饮料。这是品牌资产与包装设计的两相结合，既无法抹灭，也无法取代。

从左页图可口可乐的包装形象分析中可以看出，可口可乐包装瓶的结构、造型或是使用性上，并没有特殊的结构设计或是机能。分析案例中，依序从包装“形式统一度”分析占有35.4%，“品牌识别度”分析占有37.5%，“色彩统一度”分析占有39.5%，而“形式统一度”与“品牌识别度”重叠的部分为0%，“形式统一度”与“色彩统一度”重叠的部分为0.8%，而“色彩统一度”与“品牌识别度”重叠的部分为18.7%，三个分析象限全部重叠的部分为0%。

由分析图表中“形式统一度”与“品牌识别度”重叠的部分，及三个分析象限全部重叠的部分都是0%，由此可以看出可口可乐的品牌形象并不是靠包装“版式架构”及“色彩统一度”来达到与消费者的品牌连结的，而在“色彩统一度”与“品牌识别度”重叠的部分有18.7%之多，是以Coca Cola的“品牌标准字”及“品牌标准色”来与一般消费大众沟通的，以达到品牌识别的连结度。

自我销售

据统计，消费者决定购买特定品牌，潜意识或无意识在决定购买时都以“60&3法则”在进行。因此，包装设计够不够抢眼、好不好看，的确是能帮助消费者快速下决定的重要诱因。

为消费者提供 Benefit

包装设计的最终目的是为消费生活带来益处，可以是基本生理需求的满足，也可以是心理需求的满足。市售商品无论设计如何，都是以为消费者提供方便性为前提的，而方便指的是：辨识商品种类的方便性，或是使用商品前及使用后处理的方便性，这也是包装设计给消费者Benefit的终极目的。

如何让包装设计衍生出商业价值？

一个“对”与“好”的包装设计方案会延伸出什么商业价值呢？大家可以听一个小故事。

一位很主观且强势的老板选择了他个人满意的包装设计方案，包装顺利印制完成，商品也铺货上架，但卖得没有预期的好，检讨会开不完。归其原因是：拍案人是从个人“主观美”的角度选择的包装设计方案，却没有从市场上普遍可认的“客观对”的方向选择商品包装方案，更没有延续品牌精神或品牌价值的正确方向去选包装设计。两者的差别在于：其一，主观的美并不是市场上普遍认可的美；其二，商业包装设计的对象是普罗大众，并非满足单一或少数一撮人的想法；其三，身为高层的决策者并没有实际掏钱购买自己商品的经验，也无法理解整个消费者的心理行为变化。

别认为花大量的时间及精力所创造出来的包装设计一定是好设计。比如：在大家的共识下挑选了一个包装设计方案，同样付印，铺货上架，卖得也不错，但利润总是不乐观。从任何方向去探讨都很好，但就是找不出什么问题点。如果外在因素一切没问题，回到设计本身来看，或许可以发现一些不足之处。商业利润的产生不外乎开源及节流，虽然包装的设计费用高低不论，但总算是一次性的成本，而包材的印制随着时间及量产的持续累积，其成本是一笔可观的数字。若当初选的是一个包材成本不低的方案，随着销路的扩展企业所付出的成本愈多，相对就无法节流了。

立顿奶茶
不改设计并降低成本的案例

立顿是国际知名的茶类品牌，因其品牌知名度高，销量还不错，但同类竞品都推出价格战来争取销售空间。对一个国际品牌来讲，以整个品牌的价格考虑，岂可将售价调低，那影响的不会只是单一的商品，而是整个品牌的形象，又要达成年度的营业目标，此时决定以降低成本来确保目标，而包装这个环节也是控制点之一。我受托去思考如何在这个环节去降低成本，最后找到在包材的印制成本上，有很大的空间可以来节流，透过设计的手法将品牌形象延续，每年可节省不少的包材印制费用。

一个彩色利乐包包装盒（下图左），如果包材成本要2元，一年售出100万包，包材成本200万元。在稳定销售及不影响形象的情况下，利用设计将利乐包改为套色印刷（下图右），其包材成本每个省1元，一年可多出100万的利润。

通常设计人总是感性大于理性的，你想要成为一名称职且专业的包装设计师，必须要理性 (客观)大于感性 (主观)才不会在创作中只想尽情地表现自我，而不去考虑成本。虽然得到客户的信任委托设计，如果客户没有成本概念，身为设计师的你总要花点时间去研究学习，未来提出的包装设计方案才不会美而不当。全天下的老板总是想着如何把花出去的钱再加倍地赚回来，而商业设计的目的不也正是为你的客户开源及节流吗?

以上的实例是从设计师与企业客户的角度谈主、客观的问题，而从理论上来看，包装版式架构，如瓶型、盒型材质等结构造型都是偏主观的论述。因为这些可视的具体形式都是可被描述而不会有偏差的。而品牌概念就偏客观，因为它较抽象不易用语言完整描述，才需要将品牌定位或主张，用简明的标语 (Slogan)来传达，使消费者清楚地理解到此品牌带给他们什么利益点。

◀ 奶茶包装彩色版（左）及套色版（右）比较图

包装与商业之间的关系

包装设计与品牌形象

品牌形象整体从识别系统、定位概念拟定到活动的执行，都是以市场为依归所发展出的一套商业运行模式。而商业活动里的商品开发及生产工作，都与“包装策略设计”脱离不了关系，也就是你身为包装设计师的服务领域。一位专业的包装设计师可以提升并参与到商品开发的前置工作，商品的开发是无定性、无限制的，一个商品的产生必须先由厂商开发并生产出一个“产品”，此时的裸产品只是半成品，尚未被定型，必须经过规划并拟定策略及商品定位，再透过包装设计者将定位概念可视化，此部分的可视化必须包含“品牌识别”及“包装识别”，方能创造出产品的价值及与同类竞争品的差异化，此时才能算是一个有价值的“品牌商品”。

从日常的生活形态之中不难看出品牌形象所扮演的角色，而品牌形象在商业设计中，包装设计元素也增加了许多，从此处可看出包装产业与商业经济活动的互动关系。

我们看一个例子：华研国际音乐关系企业之喜蜜国际推出的heme品牌，最初上市时采用的是公模瓶，主要消费群是18~20岁的年轻女性，想谈恋爱并即将成为大人，开始懂得自我品位与自我认同，因此提出的概念是类似香水瓶的精品却不繁复，此概念深获品牌商的认可，上市后也证明符合消费者期待。

当时由偶像团体SHE代言，她们的形象正符合这群18~20岁年轻女性主力消费群，一切是经过计划的商业营运模式，再推演至包装设计策略上，才促使这套“冰晶瓶”heme的商业包装上架。

▲ 偶像团体 SHE 的明星效应，演活了 heme 的商品特性

上市时在台北101信义商圈，举办大型的新品上市会，吸引大批的影视记者的报导，隔天马上成为影视焦点话题。

此款异型瓶在当时的确是个挑战度极高的工程，瓶身宽窄比例不一，再加上瓶盖材质的重量，势必增加生产上的困难，许多号称专业的吹塑瓶大厂根本不愿意承接这个专案。当时找到一家中小型的吹塑厂突破了

▶ heme 台北信义区华纳威秀广场上的巨型 POP

开模与生产的困难。十二年过去了，这只瓶子看起来依旧时尚不退流行，heme不论开发了多少新产品，这只瓶子依旧是heme无可取代的品牌资产。

heme品牌一开始规划的时候就是以SHE偶像团体为品牌概念，这是属于名人品牌型的操作手法，所以一切设计策略，都会以他们传达给消费者时尚话语权的概念，延伸出容器造型及色彩规划。

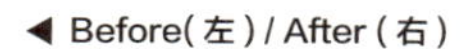

◀ Before(左)/After(右)

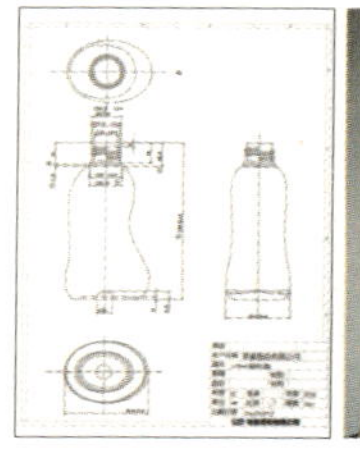

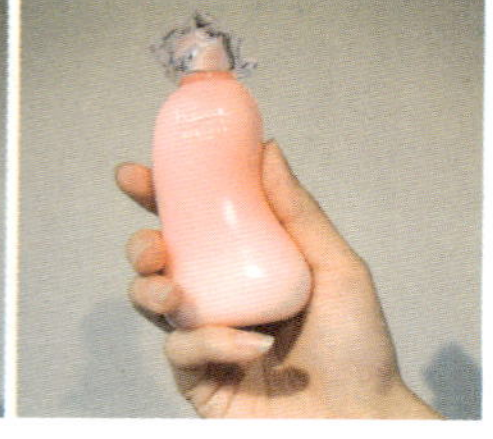

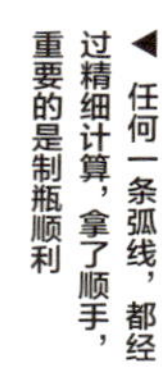

◀ 任何一条弧线，都经过精细计算，拿了顺手，重要的是制瓶顺利

◀ 为避免破坏瓶盖的晶亮透彻感，脱模的位置要刚好在转折处，微调数次后才成功

▼ 试色阶段：吹瓶后的颜色变浅，与指定色有落差，经过数次试色后达到期望值，同时也极好地控制了瓶壁厚薄不一所产生的色差

▶ 正式开模前的木模式样，一来测试握感，二来测试倒瓶问题及稳定度

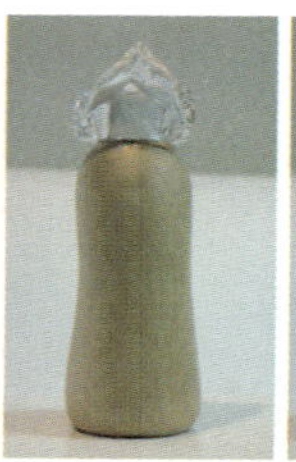

包装设计的步骤与沟通

在包装设计的工作流程中，有关商品的一些营销计划、商品分析等数据是企业或品牌管理者需要提供的数据。因此，熟练掌握包装设计的步骤与流程是包装设计能否成功的关键。

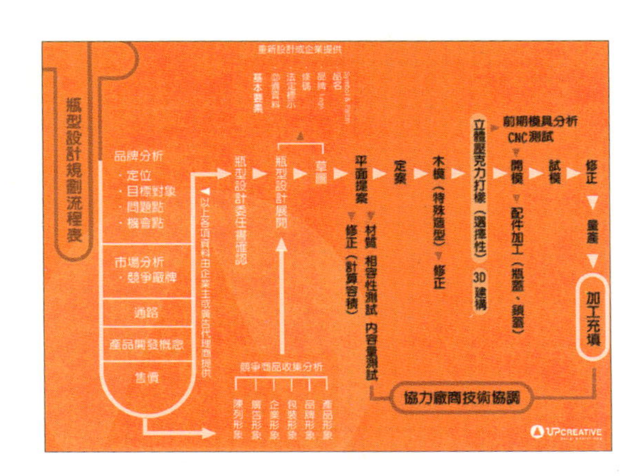

▲ 欧普设计公司的（瓶型设计）工作流程图

任何设计策略都不能背离市场(消费者)，事前的信息分析(自身工作经验)很重要。无论是一张平面广告稿、一个产品包装设计、一小张瓶标贴纸或是一个合适的包装容器造型的产生它绝非设计师主观设计所成，必须是有凭有据(以前期的市场调研资料)地依逻辑推演出设计方案，一份工作流程表的主要目的是让你的工作在进行中更顺畅地完成。

设计的本质是以设计师的美学素养解决科学的问题，设计是科学化的工程，不会因为时间而变化，商业设计的责任在于解决问题，仅在于不同的时代需要解决的问题层次有所区别。既然是设计，就会谈到美学素养，常有人将设计与艺术混淆，通俗而言：商业设计毫无艺术价值可言，仅是用设计的专业知识去传达商业信息，而不是一件艺术品，若当成艺术品来经营，很难达成商业效益。

商品包装讲的是模块化与延续性。在现实销售渠道上有一定条件限制，你如果是一位包装设计师，就必须解决这些商业中的现实问题。商业注重逻辑推演与方法解决，艺术性讲求的是独特风格或反骨想法，甚至不需解决问题，而是制造议题。如果要把商业包装与艺术性挂钩在一起也未尝不可，但似乎尚未有成功案例。

如何让客户理解你的设计?

既然是商业设计，即牵涉到甲乙双方的商业合作。在与客户沟通的过程当中，很重要的是，到底是“说服”还是“收服”。能遇到尊重创意、信服专业的客户是创意人的一大幸福，在彼此互相尊重的工作交流中，创意人极其愿意投入全身心绞尽脑汁为客户创造最大利益，共同创造作品与商业效益的高峰，客户满意，创意人也高兴，此为“收服”。谈到“说服”则有比腕力的较量意味，说到底，这样的情况大致是遇到已有主见或坚持己见的客户，创意人要想办法负责任地将自我的创意概念传达给客户理解，想办法引导客户 (其实是试图扭转对方的固执己见)走到正确的方向。这种角力的过程极为辛苦，说服不代表永远信服，只能等客户实际获得商业利益的时候，才能将“说服”转变为“收服”。

从创意到设计落地，的确有难解的习题，那就是：客户以成本制约生产质量，不以消费者角度来审视包装。这两点应该是很多设计师常遇到的问题。

以成本制约生产质量

如果你是甲方，在经营管理的角度的确要有成本的观念，但针对设计相关的成本的考虑，应该从“效益”出发来思考。常听闻公共建设或政府标案以最低标得标，也因此建构了一堆豆腐渣工程，一分钱一分货，最低标为了保有利润，哪有什么质量保证一事呢。设计也一样，有时为了成本考虑，企业反过头来要求设计师更改设计，在这种退而求其次的考虑下，设计成果总是那么不尽如人意，原本能展现80分的效益，为了省成本，可能只剩50分的效益，这30分或许就是十万八千里的营收利润落差了。

不以消费者角度审视包装

设计师在提案时，大多会先了解主要消费群体的喜好与购买习惯，并依消费环境的种种客观资料，进行提案报告，这是比较科学化的方法，也会将自身视为消费者来检视设计方案。很可惜，往往到了乙方提报方案，甲方常会用自己的喜欢与不喜欢来主观评论方案，而不是以消费者的角度来看，这也是目前设计师难使力的地方。而乙方也常感叹，设计人出身，缺的是“营销管理”；企划人出身，缺的是“设计管理”，而甲方缺的是“美学管理”。

总结

设计者都希望齐头向上往前迈进，一起共创好的商业设计环境，但我们现在看到的大多是抄袭、克隆与跟随，即使有自己的主张也不是大格局，只是个人不知所云的主张。大家不知为何而设计，为谁而设计。设计是行动而不是幻想。埋怨怀才不遇与痴痴傻等机会，不仅耗费能量也容易失去对设计的信心与热情，倒不如起身积极做点事，用自己的力量与能力为自己铺一条想走的路，去拓展自己的美丽天空，延续对设计的自信与热情。

设计是生活，生活即创作！

案例分析

苏菲卫生棉包装规划换新装，换出更佳的销售与形象

日商娇联(Unicharm)旗下的苏菲(Sofy)卫生巾，在台湾一直是卫生巾的第一品牌。而苏菲诸多系列的卫生巾中，又以“弹力贴身”系列为其最主力的系列产品。因应消费者的喜好与新鲜度，在2005—2009年期间曾换过4次包装，然而，从2008年到2010年期间却呈现品牌价值下滑的态势，消费者的购买力道也越来越呈现疲态。2009年版的包装持续了两年未更换，为了让产品有提升形象与销售的力道，娇联针对消费者进行了市场调查，发现了产品较注重机能性的沟通(此部分，也是竞争品牌会努力沟通的重点，造成区隔性不大，差异性缩小)，但在女性形象与魅力上却非常不足。因此，提升品牌价值与女性形象成为主要课题，也成为包装更新的重要使命。由于对娇联来说，这是主力商品，也是相当重要的课题，因此决定找三家设计公司来执行这个委托案。

▼ 苏菲卫生巾历年包装设计演变图

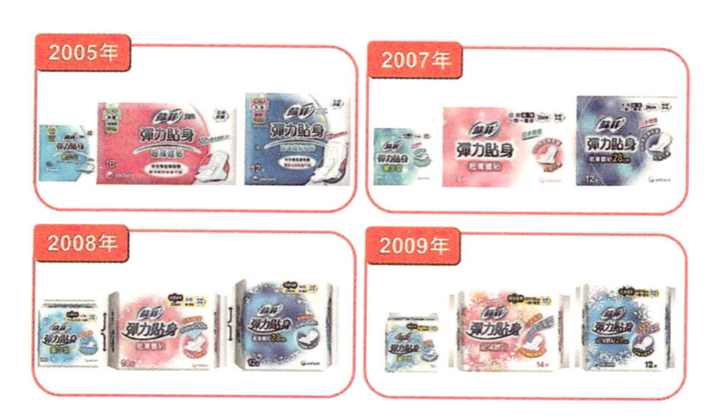

欧普于2010年因与娇联合作的苏菲超熟睡有不错的回响，2011年3月，娇联以付费比稿的形式委托欧普进行弹力贴身系列的全新包装设计。交付的课题，主要就是要能呈现“闪耀华丽”及“柔和安心”两大重点。

欧普在接受了娇联的brief后，进行了头脑风暴，在视觉表现上提出了五大方向，包括：钻石、烟火、反光球、圆形光影、弹力纹，企图藉由主题性的视觉主轴展现出女性优美的闪耀华丽风格。在整体呈现上，我们发现旧有包装的品牌在图案包裹下明

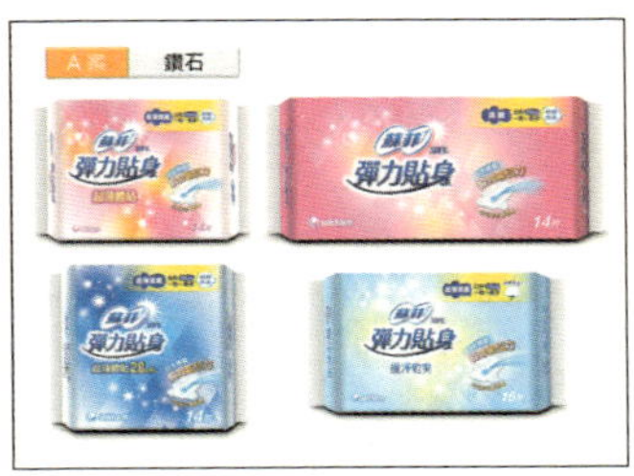

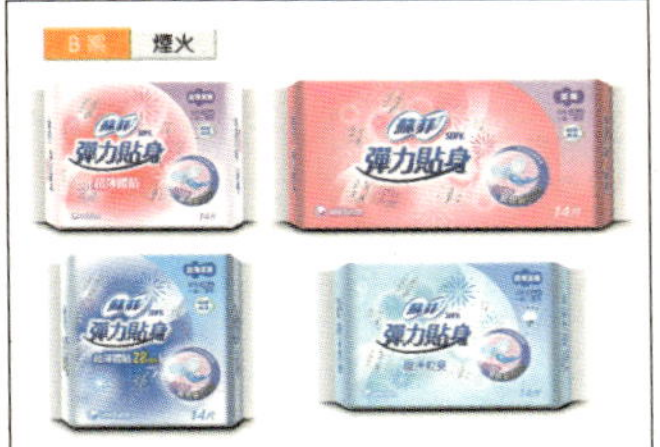

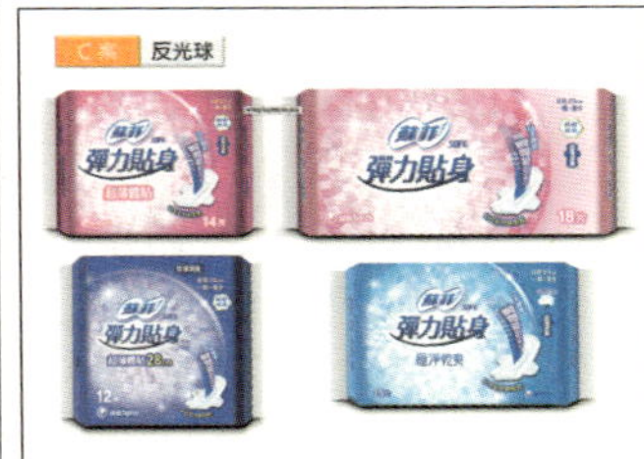

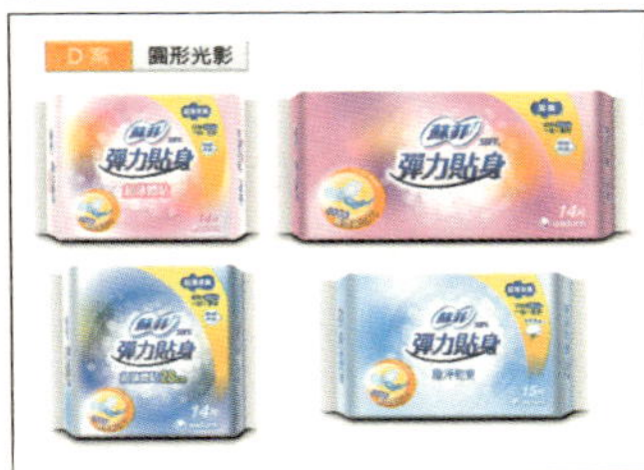

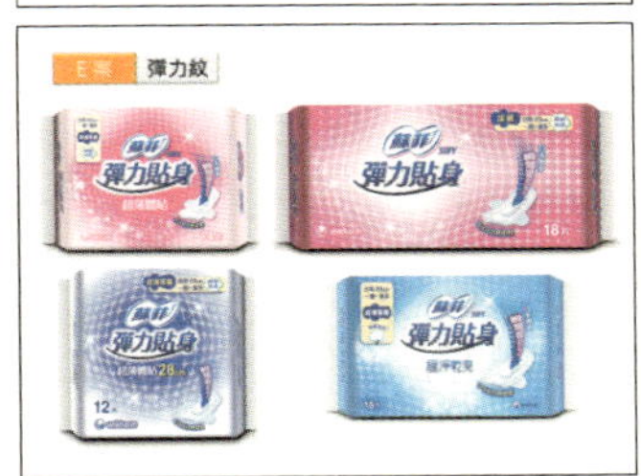

◀苏菲包装设计概念方案 a–e

视度不够，彼此很抢眼，却彼此互相干扰，且画面的层次与主从关系也不够明显。因此在部分案别中，我们让中央品牌的白色背景扩大，以强化品牌，并让背景图案与品牌不会互相干扰。

此次提案后，获得客户不错的评价，在欧普的提案中选定了三案(钻石、反光球、圆形光影)来继续进行，经过反复沟通与修正后，便进行到全系列10支的应用。再来，将此三案与竞争的设计公司中的两案，一并进入消费者的GI (Group Interview)调查，在3～4天的GI测试后，最终反光球案胜出。

胜出并非就能进行展开完稿，而要将消费者的意见反映到包装视觉的修正中。在经过几次的调整后，再进入消费者量化深访的测试，以确认这样的包装视觉能在所设定的“品牌价值”“闪耀华丽”“女性化”“安心柔和”“购买意愿”“货架上的醒目度”等课题都能获得解决。在确认了包装的视觉形象后，整个作业已大致抵定，接下来便是针对每个包装的细部展开Layout作业，以及因应软袋印刷的完稿作业。

◀ 2011年推出重新定位的新包装

经过此次全新包装的设计工程后，也重新奠定了苏菲弹力贴身系列，中间白色搭配圆形环绕图腾的视觉印象，再结合闪亮的元素，成为苏菲弹力贴身的重要品牌资产。新包装、新形象的推出，也立即反映在产品的销售数据上，让苏菲弹力贴身稳坐市场占有率第一的宝座，也大幅提升了产品业绩与品牌的好感度。

然而，一个产品在竞品环伺的环境中生存不是一件容易的事，常常必须祭出折扣战的方式来迎战。为了挽回已经被折扣战打低的产品价格，2012年底，娇联决定于2013年再推出全新包装。在产品本身没有新的功能可诉求的情况下，单改包装还是令娇联有些担心。于是，此次将棉片背层图案也予以全新设计，创造新的话题性，以提升消费者对产品的新鲜度。有了前次改包装的成功经验，此次的包装设计便全权委托欧普进行，而不采用比稿方式。

经过消费者调查，苏菲弹力贴身的中间白色及圆形的图案，已经成为消费者好感度的视觉重点，而女性化及闪耀华丽更是品牌的主要调性。因此，新的包装视觉除了创造出具有闪耀华丽特色的新的视觉图案外，更要能保持品牌背后白色净空及圆形环绕图腾的视觉印象。在提出了5个新的视觉方向(光芒、钻石、珍珠、银河光环、水晶灯)之后，经过消费者GI测试，选定了水晶灯的表现方向，并依此主轴进行了背层图案的设计，及包装上attention mark的视觉表现。整个规划案在经历了一季的时间后终于完成。

▼ 2013年推出第二代新包装

◀ 此系列又称为水晶灯系列

新鲜度的创造，果然对产品的销售带来了提升的效果，此系列包装的推出，也拉开了与竞品的距离。2012—2013年间，苏菲不仅市场占有率第一，更从最低时的35%提升到41%，远远超过第二名靠得住的21%。为了稳住市场占有率第一的宝座，更为了让业绩能持续成长，娇联倾听到消费者的心声，发现了消费者对“抑菌”及”干爽”的两大需求。在2013年间在弹力贴身系列下，推出了“苏菲 弹力贴身抑菌洁净”系列，满足对抑菌有需求的消费者。再于2014年推出“苏菲 清爽净肌系列”来满足对消费者对干爽的需求。这两个系列同样由欧普来设计规划，也同样因应台湾消费者对苏菲的品牌印象，保留了中间白色与饼图案的资产，并拥有闪耀华丽的品牌调性。

2014年，为了再次提升消费者对产品的新鲜度，并让弹力贴身与清爽净肌两系列能有较大的区分，娇联再次委托欧普进行重新包装设计。这次

▼ WAKA 清爽净肌系列

欧普以钻石、皇冠两大方向，提出了5个提案，经过修改及消费者GI测试后，选定了水钻皇冠。而此包装系列从2014年推出直至现在，不论是对忠实消费者，或对竞品消费者的测试结果，都得到很高的好感度与评价。

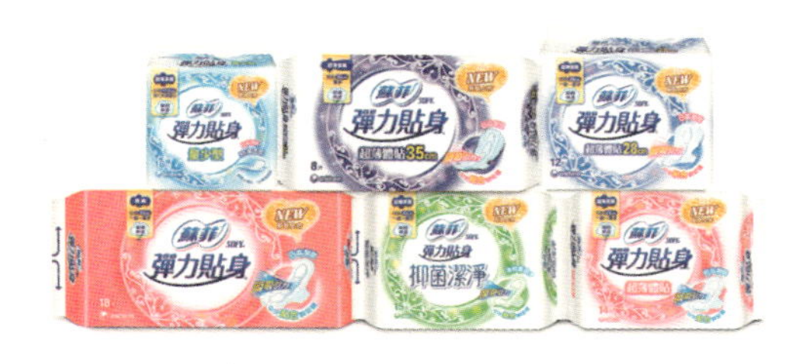

▲ 2014 年推出第三代水钻皇冠系列

一个包装的产生，是需要客户与设计公司双方以伙伴的关系相互合作与努力的。感谢娇联对欧普的委托与信任，在这几年的合作期间，我们感受到娇联对消费者的在乎，也看到娇联的营销部门与广宣部门，如何在主观与客观之间寻求平衡，聆听不同部门、市调公司、设计公司及消费者的声音与意见，致力于创造出最合乎市场需求，也最能彰显品牌精神与形象的产品包装；同时也看到日商对细节、步骤要求的精神。我们不但一起创造出彼此都满意的作品，也互相学习到许多。

Q：何为“60&3法则”？

A：“60”指的是60厘米。一般消费者的手臂长约60厘米，在一个空间不大且拥挤的超市里，每列货架之间也不过如此宽。消费者在这些空间内都是近距离接触商品，所以看到的商品包装都变得短视（焦距越短视线越模糊）。

对话

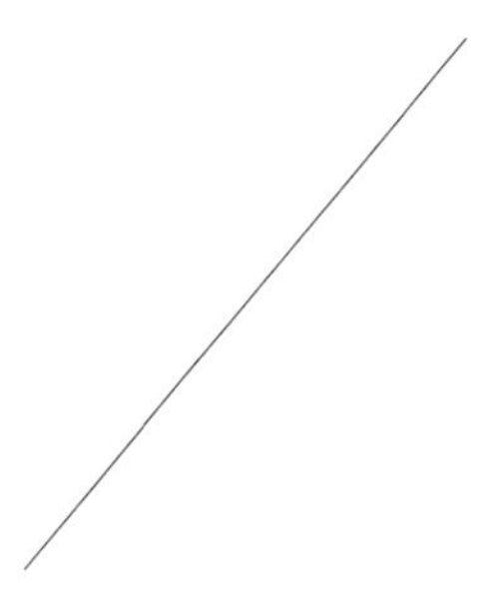

Q=站酷网　**A**=王炳南

“3”指的是3秒钟。一般消费者若没有明确想要购买的商品，通常他的目光（视线）会在货架上不定向扫射，在任一商品上来回巡视，停留在每个商品上的视线不会超过3秒钟。

每一个商品包装都很公平地接受60&3法则的洗礼，而这个经验法则正好给了设计师一些创意的线索，这个3秒钟的视线接触时机，才是设计师要去掌握的地方，因为一般消费者都是先看到了商品的外包装（无论几秒钟），然后在脑海里才会想起或记忆起以前的经验（印象）而不自觉地伸手去拿商品（此时视线有可能还是模糊的状态）。这个过程都在一瞬间发生，所以有些包装设计为了达成这个结果，会采取一些对比强烈的设计手法来吸引消费者的目光，例如使用金属或会发亮的材质来印制包装。在卖场的卤素灯光源的投射下，金属材质的折射效果很好，人的眼球有自动追光的机制，这个包装就特别吸引人的目光。但是，如果大家都用强烈对比的设计手法来吸引目光，久而久之同质化的包装设计又充斥着整个货架，任谁也没有讨到好处，最后还是需要一个专业有经验的设计师来创造更新、更抢眼的包装。

Q：在包装设计师中，是否有您喜欢的设计师？

A：谈到包装设计的好坏，特别想提一位我很崇拜的包装设计师潘虎先生。潘先生有极大比例的包装案例是烟包设计，烟包设计在台湾基本上碰不到，有特殊部门安排此工作，再加上烟品的特殊印制工艺，一般商业包装设计师不太有机会能接到烟包的设计工作。潘先生相当年轻，有能力又有自信，他设计的烟包作品相当有创意又具有极高的细腻度，在特定的领域内钻研沉浸于其中，我既羡慕又崇拜。年轻设计师们，不要心心念念想完成一件风光的作品，先学习这些做得专做得精的工作心态，这才是踏入职场必须先磨练的基本功。

Q：您对刚刚踏入包装设计行业的年轻人，有什么想说的吗？

A： 踏入职场的年轻设计师有可能是一张白纸，至于评断新手或高手的作品，我认为不是太重要的课题。高手有可能失足，新手也可能窜出头，就像有些客户偶尔喜欢换换新的设计团队，高手或熟手或许工作时间长了，因为了解与熟悉，所以有可能少了突破创新。新手或高手不是太大的关键，投入程度才重要。即使在某领域专精了数十年，一旦换了新的客户或业种，都是必须重新学习的新手，输赢皆有可能。

Q：在包装设计的流程中，你认为除了产品本身的设计之外不可忽略的是什么？

A： 包装设计工作有时会是从单品包装设计到“纸箱设计”的工作项目，这属于物流方面的包装规划，但包装设计师们别忽略此环节。现在平面商业设计师不应只注重视觉表现，还要关注与单包装有连带关系的“外箱设计”。外箱的主要功能是方便出货量化、整合运输、堆栈陈列、保护单包装及易于货品识别。然而，现在无实体商店购物平台的兴起，外箱的功能又被要求得更多，除了传统的物流功能，现在又被赋予“与消费者沟通”的载体。

厂商在无实体商店购物平台的时代里，会想尽办法与消费者建立良好的互动关系，而这只小纸箱就成为最好的沟通工具，在冰冷的购物过程中企图加入一些温度，让远程的消费者从收到商品“纸箱”时就能感受到卖家的用心。打开纸箱后的开箱感受及取出商品的种种过程都充满着喜悦，这种满意度的建立，并非设计人员光从视觉的美化就能达到，里面充满着各式与人感受有关的小细节的“行为设计”，这方面Apple的产品做得最到位，虽然它是个别的单品包装，但它的“开启感受设计”放大至物流外箱设计，很值得设计师学习。

Mook的诞生

——《离线》杂志书的平面设计实验

杨林青

“平面设计师，出版人。1975年生于重庆，1999年毕业于清华大学美术学院视觉传达设计系，毕业后工作于北京敬人工作室。2002年留学法国巴黎，2006年毕业于巴黎国立高等装饰艺术学院（ENSAD）编辑设计专业。2007年回国后在北京成立杨林青工作室，2017年更名为Suntree，从事出版物的策划、编辑、设计与出版工作，并致力于中西文字体的媒介应用和图形信息交流的研究。”

《离线》（Offline）是一本科技类的Mook，其内容并非是为了推广科学技术，而是把科学技术作为一种社会文化现象来看待。《离线》采用了一种特殊的媒介形式——Mook来组织内容，既有观点深入的长文，又有具有实效性的科技前沿信息。如何理解Mook这个媒介？如何把这个媒介的特质和科技类的内容进行结合？如何建立一套版面系统？如何引导读者进行阅读？……这些都是平面设计师需要解决的问题。针对这些问题，将从5个方面来讲述《离线》中的实验性设计。

什么是Mook

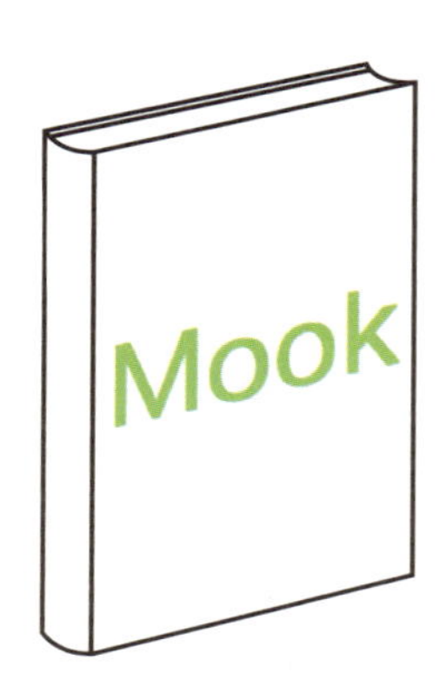
Mook

人与机器
共同进化
The Co-evolution of
Human and Machine
0
2
4

离线_Offline
开始
游戏
Press
Start

离线_Offline
黑客
Hackers:
A Revisit
创客
极客力量

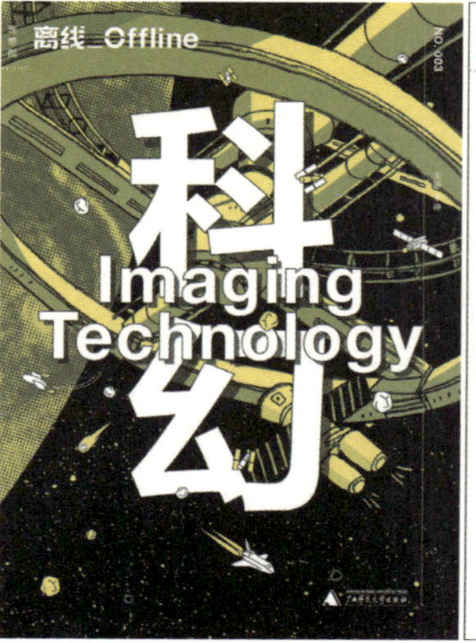
离线_Offline
NO. 003
科幻
Imaging
Technology

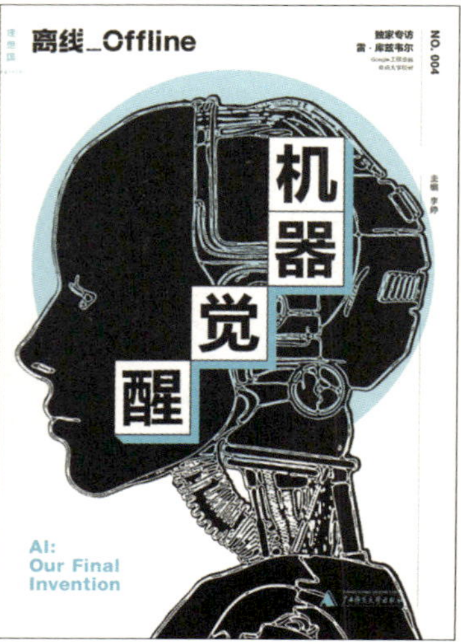
离线_Offline
NO. 004
机器
觉
醒
AI:
Our Final
Invention

了解什么是Mook，可以帮助大家理解介于杂志和书籍之间的这个媒介究竟是什么，也直接影响到设计师对整体设计的判断。这里指的设计不仅仅是利用计算机软件去设计一个版面，而是要利用这些工具塑造出Mook独有的媒介价值。所以我的第一个问题是：什么是Mook?

首先，在讲Mook之前，我们先了解一下从印刷媒介到电子媒介的演进，因为在产生电子阅读之前，大部分信息是通过印刷媒介（如报纸、杂志、书籍）来进行传播和阅读的。

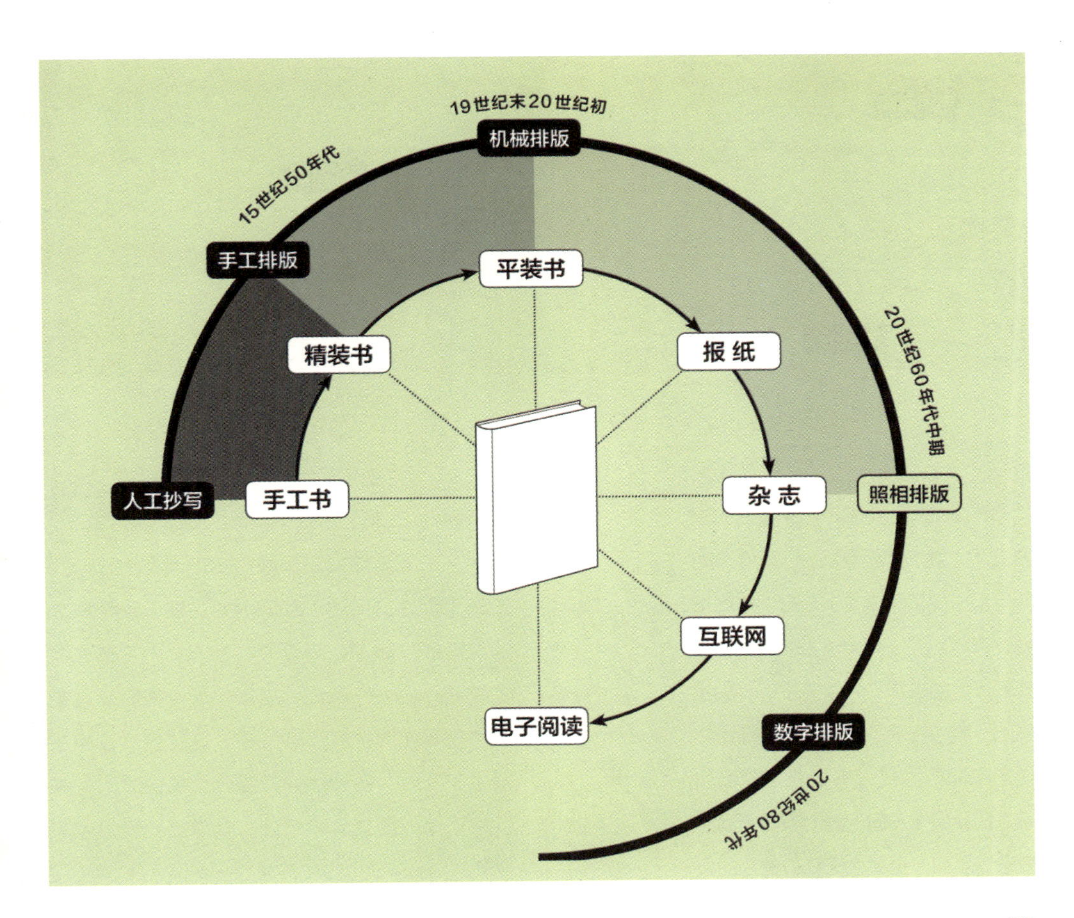

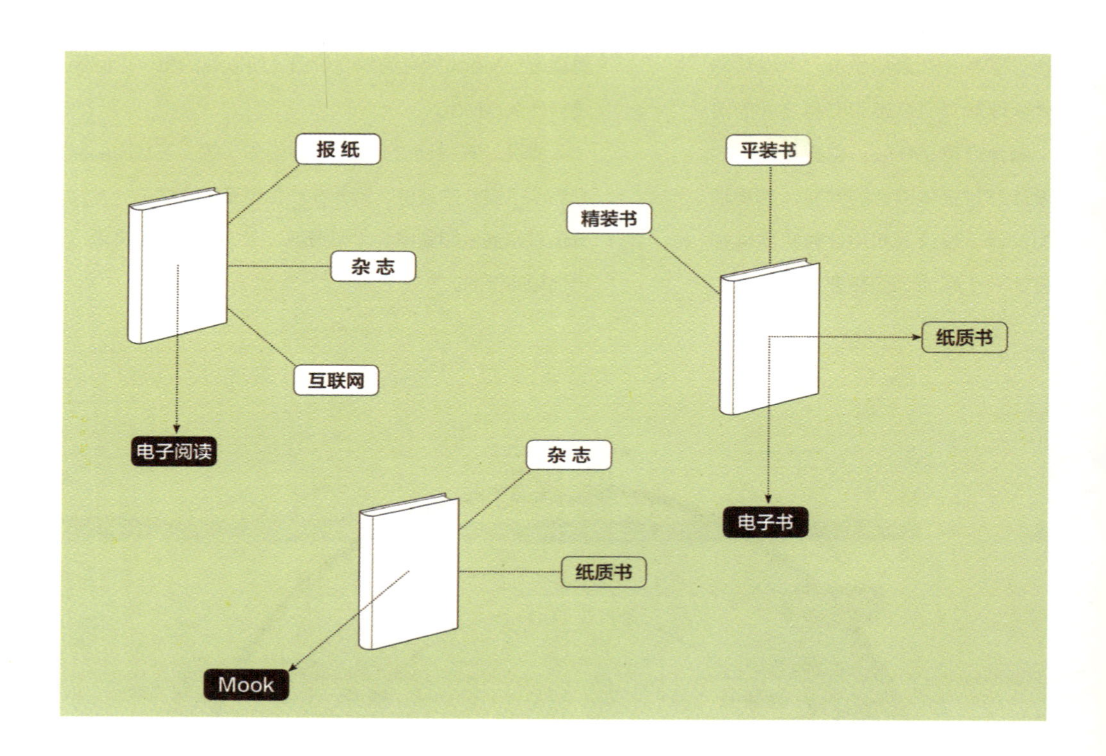

图表中的外圈是不断演进的印刷技术。内圈表示媒介的变化，即从手工书到精装书、平装书，再到报纸、杂志、互联网、电子阅读。由于外围技术的进步——手工排版、机器排版、照相排版、数字排版，促使我们用不同的方式分解信息、分流信息，让我们在不同的时间吸收不同的信息，从而产生了今天我们看到的报纸、杂志、书籍，乃至互联网。

这个演进过程是按照技术的发展一步一步走到今天的。但由于互联网的出现，这个线性的过程被打破了，人们的阅读方式和习惯在发生改变，报纸、杂志、书籍也可以同时通过电子和纸质这两种媒介来呈现。这就像“基因”发生了异变，各种媒介开始寻求新的方向，并且积极地相互交叉和组合。实际上，我们今天谈到的Mook是杂志和书籍的一个混合体。

互联网的出现带来了信息革命，媒介的变化已不是过去线性的逻辑演进，而是各种媒介相互结合，产生了多种获取信息的可能性。

媒介 & 阅读	形态	重量（克）	阅读特征	正文字号	正文字体
报纸	270x390mm（8开）	185	碎片式	9点	报宋、博雅宋
杂志	210x285mm（大16开）	250~2000	片段式	8点	博雅宋、书宋、兰亭黑
书籍	145x210mm（32开）	450	渐进式	10点	书宋、宋三
电子阅读	185x241mm（小16开）	600	交互式	可调节	微软雅黑、兰亭黑

我们在报纸、杂志、书籍、电子阅读这四种媒介之间做一次客观的比较，通过分析它们的形态、重量、阅读特征、字号大小及正文字体，让大家明白每一种媒介都有自己的独特之处。对平面设计师来说，如果不了解这些媒介的特征，很难抓住它们的设计逻辑。

从阅读体验来说，报纸是碎片式阅读。实际上，报纸上绝不会有很长的一行文字，全部都是很窄的栏宽，一块一块的。我们在早上或是晚上阅读，一般是利用零碎的时间去获取信息；杂志是片段式阅读，它可以分成各种栏目，读者可以从栏目切入，找到自己想要阅读的内容。而且栏目有长有短，文章阅读的时间和文本的栏宽也在发生变化；书籍是渐进式阅读，需要非常专注地从头读到尾；电子阅读的特征是交互式，我们不仅仅可以进行线性阅读，还可以进行一种链接式阅读。

杂志内容的特点是观点多元又具备时效性，书籍内容的特点是深入、广博，对一个观点非常深入地进行挖掘和研究。Mook就是两者的结合。从阅读上来说，一个是片段式阅读，一个是渐进式阅读，都要在Mook中得到体现。

Magazine + Book

多元、时效 | **深入、广博**

片段式阅读 | **渐进式阅读**

正文字体

方正书宋 **正文字体 1**

Corporate A

Regular

Italic

方正兰亭黑 **正文字体 2**

Helvetica Neue

Regular

Italic

文字是阅读的基础，所以字体的选择和应用至关重要。在整本杂志书里不同体例的文字有着不同字体的配比，这里只谈谈与正文有关的字体应用，因为它与我们长时间的阅读有关。

我为正文做了两种复合字体。每种复合字体除了一款中文字体外，还必须找到一款能和中文字体匹配的西文字体。因为在这本杂志书里，大部分的文章都带有西文单词。选择的西文字体不仅要满足不同字重和斜体（italic），还要满足西文中其他特殊符号的需求。正文中的西文字体必须融入到中文之中，让读者不易察觉，感觉它们是一体的。如果要达到这个目的，就要从字体的风格、粗细等方面进行严格的匹配。正文字体1将Corporate与方正书宋组合，主要用于长文；正文字体2将Helvetica Neue与方正兰亭黑组合，主要用于短文。

其次是字号和行距，这两个因素是构建版面系统的基础。正文字体的字号是10点，行距是20点；注解字体的字号是6点，行距是10点。通过这几条红线（如下页图所示）能看到注解与正文之间在版面结构上的关系。通常注解一般分为当页注、文尾注或者书后注。对于杂志书来说，当页注是最便于查找的，除非是注解太多或其他原因，我们才会选择文尾注和书后注。虽然我们选择了当页注，但并没有把注解放在页面的下方，而是把注解嵌入正文中，和正文一起移动。因为这本杂志书里有不少的长文，我们希望通过嵌入式注解来调节视觉阅读，让人感觉它在版面中很活跃，使得长文不再枯燥乏味。在阅读的时候，注解成了一个很好的视觉停顿。在版面结构上，正文的行距是20点，注解的行距是10点，也就是说正文的行距是注解行距的两倍，即两行注解和一行正文的高度正好是一致的。这样一来，注解无论从正文的哪一行开始，在结构上都可以与正文的字行协调对齐。

魂》中把世界像垃圾一样粘成一坨，在《魔兽世界》中击杀Boss……这些多样化的游戏行为绝不只是为了发泄生理冲动或精神垃圾而存在。这些行动能使我们感受到乐趣，根本原因在于，在游戏中我们的行为能够导致变化。换言之，在这些游戏中，我们的行动有意义。

1、心理学家巴甫洛夫用狗做了这样一个实验：每次给狗送食物以前打开红灯、响起铃声。这样经过一段时间以后，铃声一响或红灯一亮，狗就开始分泌唾液。这个实验表明：原来并不能引起某种本能反射的中性刺激物（铃声、红灯），由于它总是伴随某个能引起该本能反射的刺激物出现，如此多次重复之后，这个中性刺激物也能引起该本能反射。后人称这种反射为经典条件反射。

游戏对玩家的吸引，在于它不是一台可拆分的刺激机制组成的机器，而是一个整体，一个有机体，一个玩家的朋友、导师和世界。这正是上瘾-心流-积极心理学理论出错的地方。这些理论将游戏视为一系列元素的机械组合，其中每一个元素都会对玩家产生刺激。玩家如同木偶，或者巴甫洛夫实验中的“小汪汪”[1]，会机械地对一切刺激做出设计师预想的反应。将游戏单纯地理解为刺激，从根本上忽略了玩家在这种互动媒介中主动参与的特性，而主动参与恰恰是游戏的本质。

注释字体

字号：6点

行距：10点

正文字体

字号：10点

行距：20点

游戏的本质跟上瘾这件事是完全矛盾的。我们说一个人或一件事使人上瘾，是指瘾君子失去了对自我的控制权和主动权，这是一种消极的状况。毒瘾没有给予吸毒者自由行动的权利，在没有外力干涉的情况下，瘾君子们唯一的选择就是服从于毒瘾的控制。但游戏作为一种媒介，它本身赋予玩家的就是主动性，它赋予玩家一定程度的自由，鼓励他们去主动掌握自己的命运，而不是被动地接收刺激。实际上所有游戏能维持下去，都是由于玩家积极通过行动，在游戏中造成了改变。简单地说，上瘾者是“被控制的人”，而玩家却是“控制者”。

上瘾论忽略的另一个致命因素，是玩家的游戏体验并非与现实隔绝。上瘾论者所假设的游戏世界，是一个消极而机械的空间。其中游戏设计者为了某些目的设计机制，而玩家一定会按照设计师的预料，被这些机制所控制。这让人不禁想到传播学中已经被人抛弃的“皮下注射器”理论，该理论认为老练的传播者可以通过万能的传播媒介把思想注入受众的身体并直接控制这种观念在强调勤奋的农业社会中也许具有合理性，但也只是针对要出仕的儒家弟子有效。中国古代的道家传统，以及各种古籍中记载的文人雅士，往往都具有“游戏人生”的态度，并不排斥乐趣与享受。哪怕是儒家子弟，在对官场失望后，也有可能转向道统而怡情自娱。抛开魏晋名士不论，即使到明清，也还是有李渔、张岱这样的知识分子，醉心于“玩物”，甚至设计出游戏。《红楼梦》中的诗社、酒令都是古人的游戏，而贾宝玉作为“丧志”的不肖子，更是让我明白，通过游戏所丧失的“志”，只不过是仕途经济而已。在个人主义盛行的现代社会，“志”的内涵已经变换成为个人成长。从这个角度来看，贾宝玉只怕是《红楼梦》中最玩物得志的一员了。

这种观念在强调勤奋的农业社会中也许具有合理性，但也只是针对要出仕的儒家弟子有效。中国古代的道家传统，以及各种古籍中记载的文人雅士，往往都具有“游戏人生”的态度，并不排斥乐趣与享受。哪怕是儒家子弟，在对官场失望后，也有可能转向道统而怡情自娱。抛开魏晋名士不论，即使到明清，也还是有李渔、张岱这样的知识分子，醉心于“玩物”，甚至设计出游戏。《红楼梦》中的诗社、酒令都是古人的游戏，而贾宝玉作为“丧志”的不肖子，更是让我明白，通过游戏所丧失的“志”，只不过是仕途经济而已。在个人主义盛行的现代社会，“志”的内涵已经变换成为个人成长。从这个角度来看，贾宝玉只怕是《红楼梦》中最玩物得志的一员了。

最后，优化文本的灰度和轮廓。通常中文在软件默认的情况下，文本中总会出现一些“漏洞”。这是由多种标点符号排列造成的，在阅读时会有断掉的感觉，影响阅读者的专注力。

通过标点挤压的方式修复这些文本中的“漏洞”，使文本的灰度统一均致。这样不但会使读者的阅读视线更加流畅，还能使眼睛与文本的关系更加牢固。这些标点挤压都是通过调试后，用数据来实现的。另外就是标点悬挂，即把句尾的逗号、句号和顿号排在了文本框之外。这显然不符合编排传统，但我觉得技术是为了解决问题，传统也需要与时俱进。标点悬挂可以使文本的轮廓更加稳固，并提高了文本的视觉品质。

系统构建

这里系统构建指的就是为这本刊物建立一种内在的网格系统。我们在阅读的时候是看不到这样的隐形结构的。简单地说，这个系统的目的就是在对文本进行分析之后，用来划分文本属性和建立阅读的节奏。总的来说，网格系统是一个统一的依据，它不但可以帮助平面设计师在设计版面时提供视觉依据，还可以赋予内容清晰的结构和内在的韵律。甚至还可以利用它进行复杂的图表设计。其实，它是建立在数据基础之上的。

《离线》的网格系统是以5点的倍率建立的。正文的行距值为20点，横向30行，纵向分为10栏。正文起始线在第5行。注解的行距值为10点，正好是正文行距的一半。

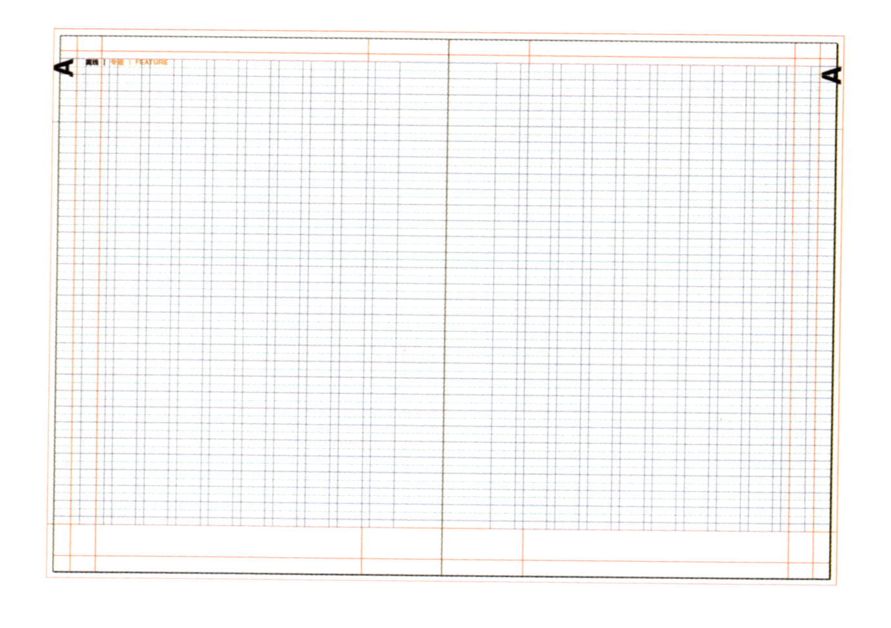

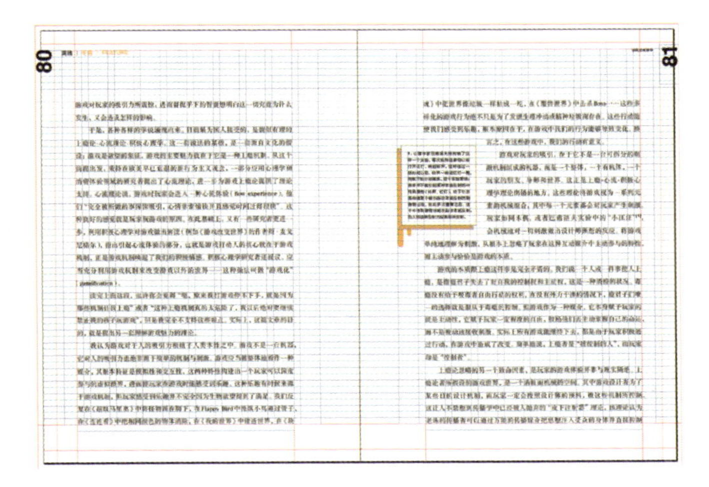
80
81

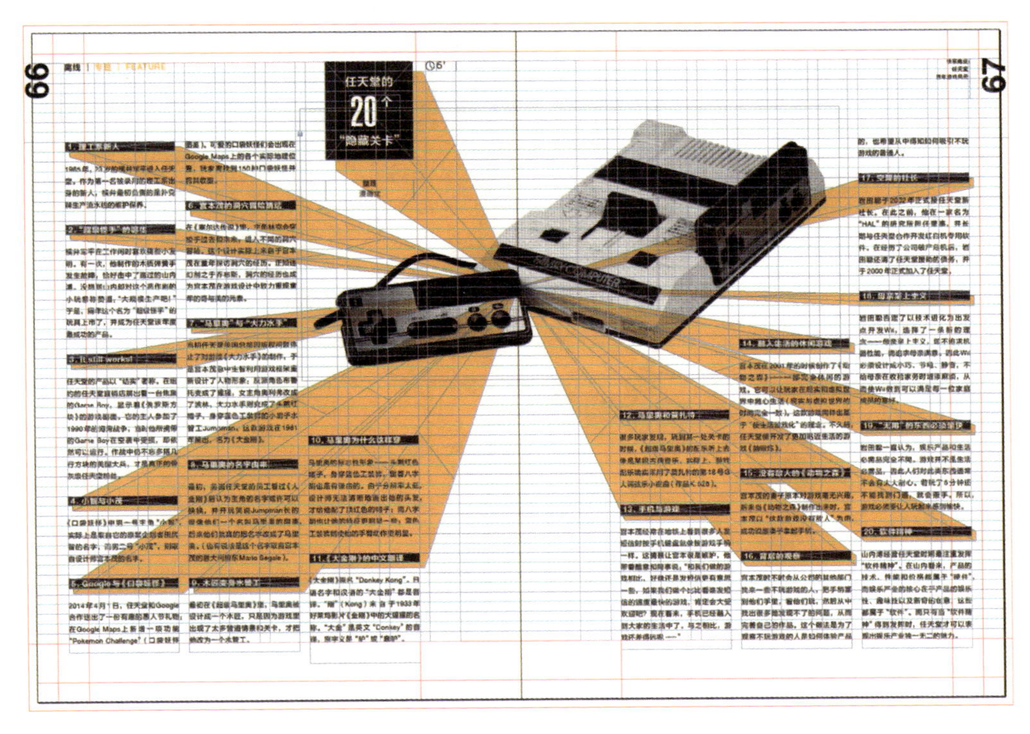
66
任天堂的
20个
“隐藏关卡”
67

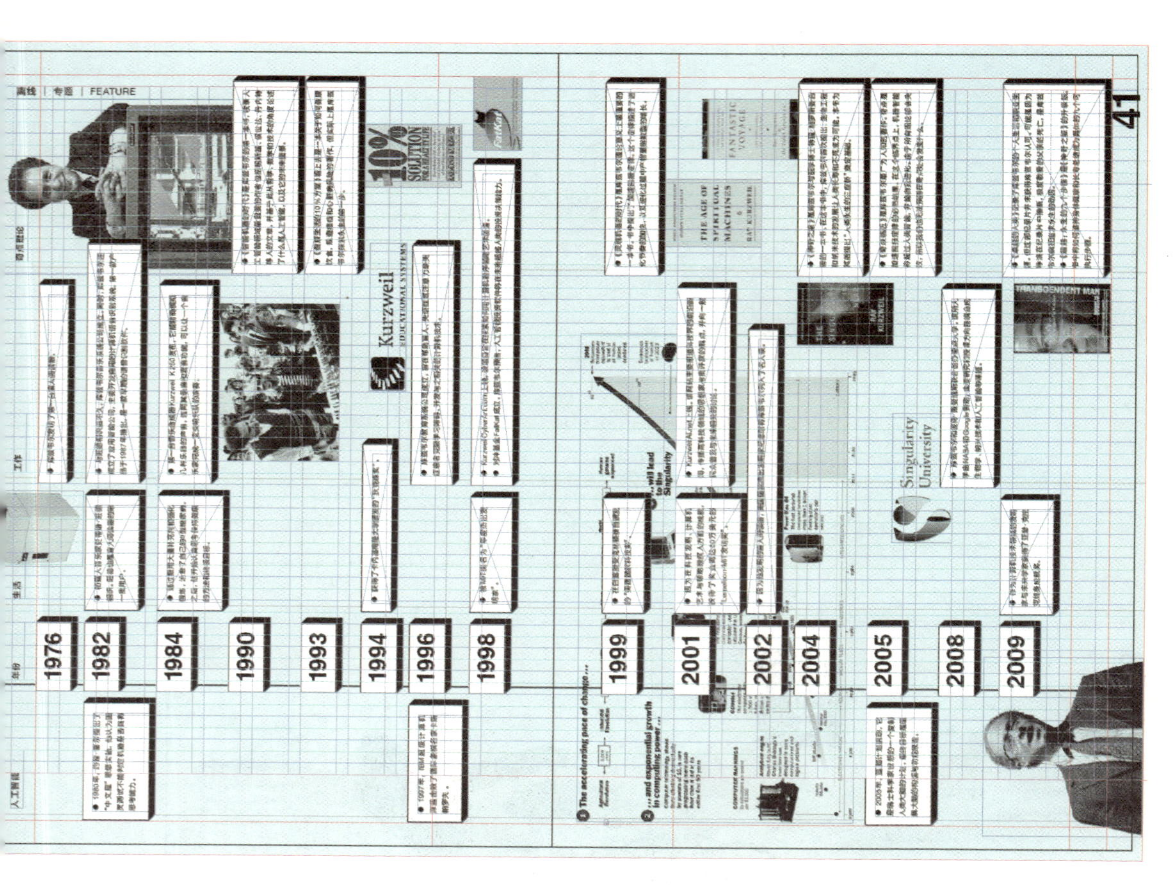
离线 | 专题 | FEATURE
41
1976
1982
1984
1990
1993
1994
1996
1998
1999
2001
2002
2004
2005
2008
2009
Kurzweil
10% SOLUTION
FANTASTIC VOYAGE
THE AGE OF SPIRITUAL MACHINES
Singularity University
The accelerating pace of change ...
... and exponential growth in computing power ...
... will lead to the Singularity
TRANSCENDENT MAN

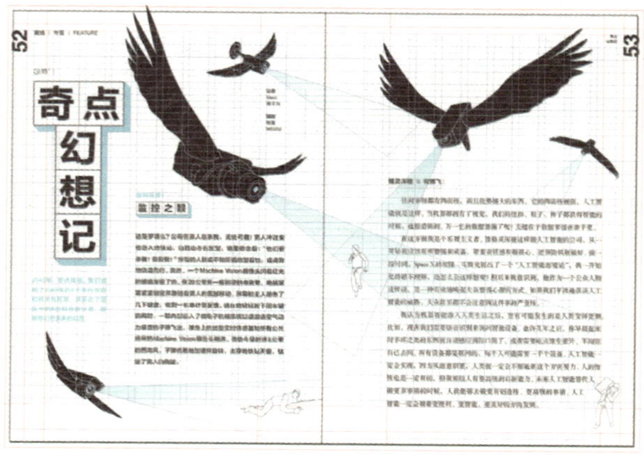
52
53
离线 | 专题 | FEATURE
奇点幻想记
监控之眼

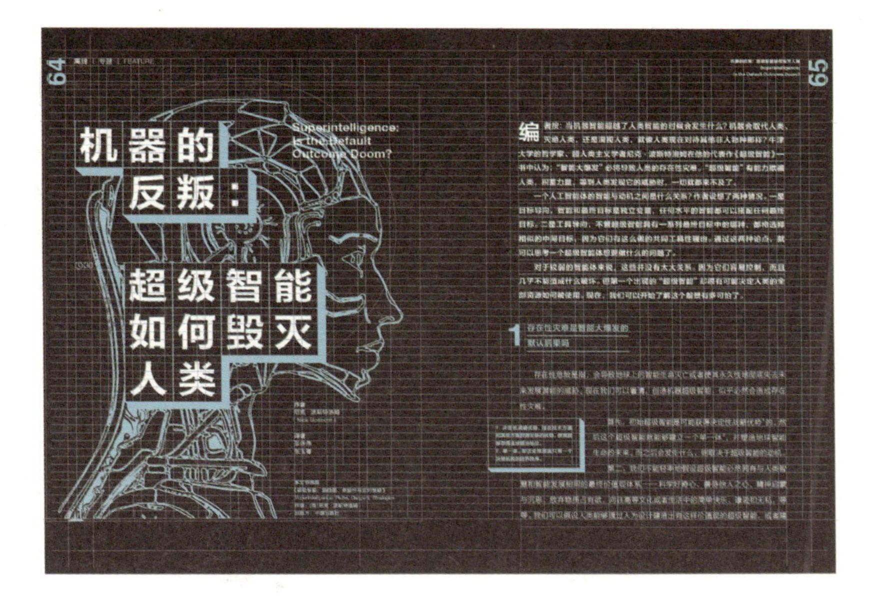
64
65
机器的
反叛：
超级智能
如何毁灭
人类
Superintelligence:
Is the Default
Outcome Doom?
1

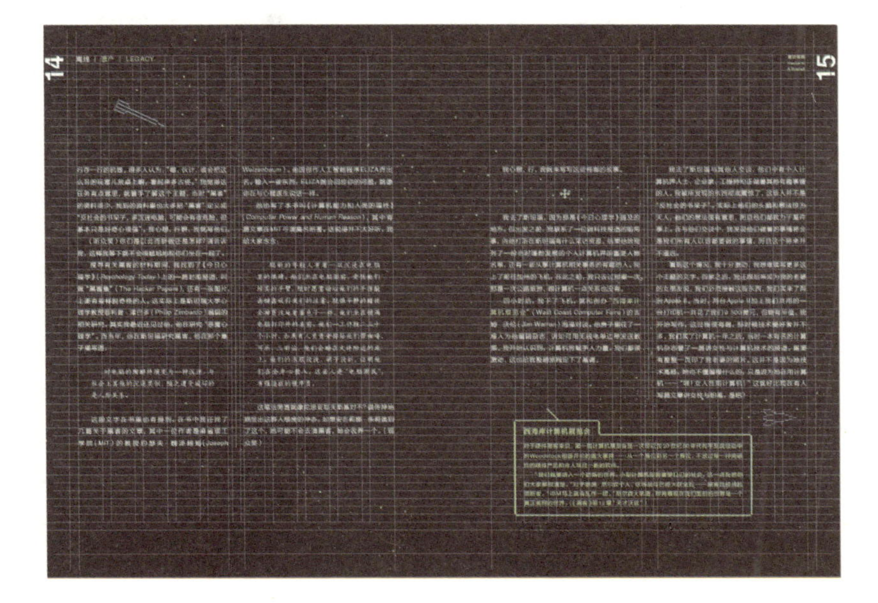
14
15

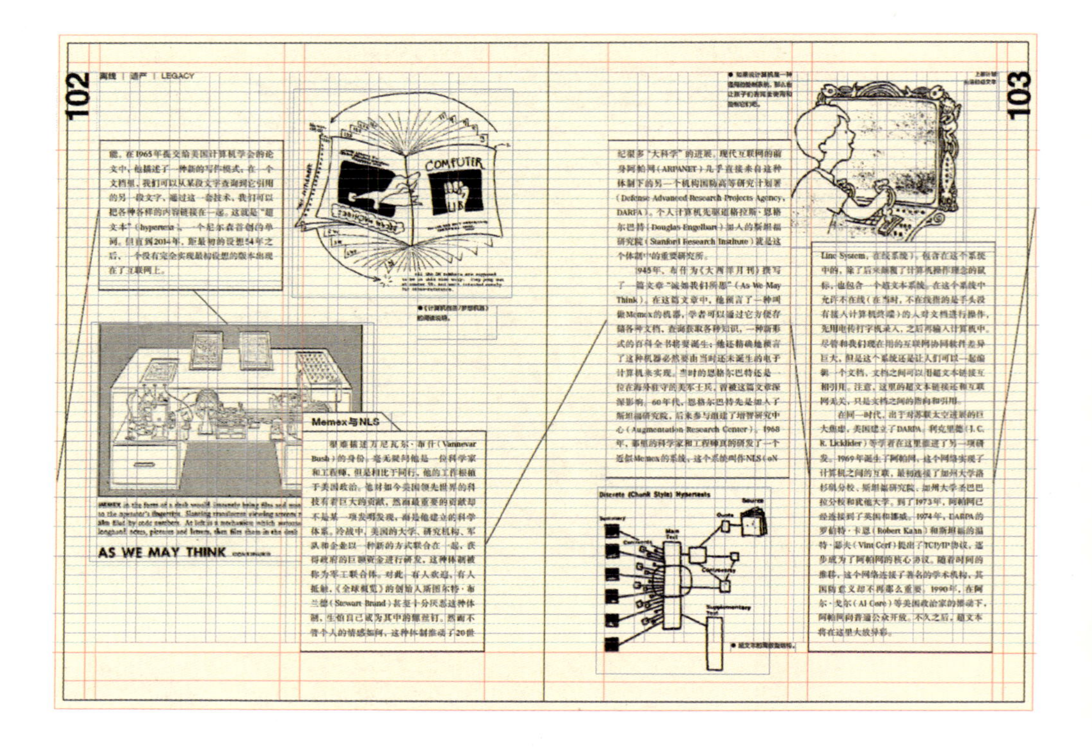

102

离线 | 遗产 | LEGACY

能。在1965年提交给美国计算机学会的论文中，他描述了一种新的写作模式：在一个文档里，我们可以从某段文字查询到它引用的另一段文字，通过这一套技术，我们可以把各种各样的内容链接在一起。这就是"超文本"（hypertext），一个尼尔森首创的单词。但直到2014年，距最初的设想54年之后，一个没有完全实现最初设想的版本出现在了互联网上。

AS WE MAY THINK

Memex与NLS

要准确描述万尼瓦尔·布什（Vannevar Bush）的身份，毫无疑问他是一位科学家和工程师，但是相比于同行，他的工作根植于美国政治。他对如今美国领先世界的科技有着巨大的贡献，然而最重要的贡献却不是某一项发明发现，而是他建立的科学体系。冷战中，美国的大学、研究机构、军队和企业以一种新的方式联合在一起，获得政府的巨额资金进行研发，这种体制被称为军工联合体。对此，有人欢迎，有人抵触，《全球概览》的创始人斯图尔特·布兰德（Stewart Brand）甚至十分厌恶这种体制，生怕自己成为其中的螺丝钉。然而不管个人的情感如何，这种体制推动了20世纪很多"大科学"的进展，现代互联网的前身阿帕网（ARPANET）几乎直接来自这种体制下的另一个机构国防高等研究计划署（Defense Advanced Research Projects Agency，DARPA）。个人计算机先驱道格拉斯·恩格尔巴特（Douglas Engelbart）加入的斯坦福研究院（Stanford Research Institute）就是这个体制中的重要研究所。

1945年，布什为《大西洋月刊》撰写了一篇文章"诚如我们所思"（As We May Think），在这篇文章中，他预言了一种叫做Memex的机器，学者可以通过它方便存储各种文档，查询获取各种知识，一种新形式的百科全书将要诞生；他还精确地预言了这种机器必然要由当时还未诞生的电子计算机来实现。当时的恩格尔巴特还是一位在海外驻守的美军士兵，曾被这篇文章深深影响。60年代，恩格尔巴特先是加入了斯坦福研究院，后来参与组建了增智研究中心（Augmentation Research Center）。1968年，事组的科学家和工程师们研发了一个近似Memex的系统，这个系统叫作NLS（oN-Line System，在线系统）。包含在这个系统中的，除了后来颠覆了计算机操作理念的鼠标，也包含一个超文本系统。在这个系统中允许不在线（在当时，不在线指的是手头没有接入计算机终端）的人对文档进行操作，先用电传打字机录入，之后再输入计算机中。尽管和我们现在用的互联网协同软件差异巨大，但是这个系统还是让人们可以一起编辑一个文档，文档之间可以用超文本链接互相引用。注意，这里的超文本链接还和互联网无关，只是文档之间的指向和引用。

在同一时代，出于对苏联太空进展的巨大焦虑，美国建立了DARPA，利克里德（J. C. R. Licklider）等学者在这里推进了另一项研发。1969年诞生了阿帕网，这个网络实现了计算机之间的互联，最初连接了加州大学洛杉矶分校、斯坦福研究院、加州大学圣巴巴拉分校和犹他大学。到了1973年，阿帕网已经连接到了英国和挪威。1974年，DARPA的罗伯特·卡恩（Robert Kahn）和斯坦福的温特·瑟夫（Vint Cerf）提出了TCP/IP协议，逐步成为了阿帕网的核心协议。随着时间的推移，这个网络连接了著名的学术机构，其国防意义却不再那么重要。1990年，在阿尔·戈尔（Al Gore）等美国政治家的推动下，阿帕网向普通公众开放。不久之后，超文本将在这里大放异彩。

Discrete (Chunk Style) Hypertexts

103

图表设计

这是一本与科技文化相关的杂志书，内容中有很多的方法和数据，仅有图片这种视觉元素是不能直观地反映其核心的。图表是一种综合了文字、图片、图形的设计方式，它可以在有限的版面中有效地传达信息的逻辑。一个好的图表设计不但可以传达出内容的多样性，还丰富了阅读的方式。图表设计不是内容的简单图解，而是对信息的一种解构和重构。编辑多以纯文本的方式来整理内容，通常文字比较琐碎，但里面包含了基本的逻辑和数据。平面设计师需要对这些原始信息进行分析，并重新以视觉的方式清晰地呈现出内容要表达的结构关系。这不但可以让读者更容易吸收这些繁杂的信息，甚至还可以阅读到比原始内容更多的信息。

▼ 文本信息

写作

人人都会写作。

也许你没有意识到，但你正在写作，并非长篇大论才可以被称之为“写作”，发一条微博，或写一条信息，只要是通过文字表达感受，就是写作，甚至这是你每天做的最多的事情。可是，会写作是一回事，写出好东西却不容易，打开50位专业写作者的工具箱，看看有什么称手的工具，摘一样起来，开始写作。

Scrivener

强大的文本组织功能让Scrivener成为专业写作者的最爱

29. 凯文·凯利（Kevin Kelly）
14. 道格拉斯·洛希科夫（Douglas Rushkoff）
18. 杰萨敏·威斯特（Jessamyn West）
19. 安东尼·约翰斯顿（Antony Johnston）
22. 查理·史乔斯（Charlie Stross）
26. 乔丹·梅西纳（Jordan Mechner）
35. 萨缪尔·阿布斯曼（Samuel Arbesman）
37. 霍华德·莱茵戈德（Howard Rheingold）
43. 安娜·皮卡德（Anna Pickard）

19. 安东尼·约翰斯顿（漫画家）：我几乎什么东西都在Scrivener里面写，从漫画到随笔，还有游戏脚本。我甚至为它设计了一套漫画脚本模板，我真是爱死它了。

5

一名黑客的肖像

整理：Cyphird

1. 整体形象：
聪明、不修边幅、热忱、却常常走神。虽然是久坐专业户，但是大多数黑客都偏消瘦。

2. 穿着：
1. 休闲、嬉皮士风格，T恤、牛仔裤、跑鞋、凉拖（或者赤脚）；
2. 长发、络腮胡、小胡子也很常见；
3. 经常穿扎染或者写着幽默的字样的T恤，或者代表自己所在技术社区的T恤；
4. 为了防止哪天机房里突然冒起一座高山，一小撮黑客更喜欢登山靴、速干裤等户外风；
5. 黑客的穿着风格偏向舒适、实用和无需打理，很少考虑是否好看。他们宁愿辞职，也不会遵循公司的着装要求（例如穿正装）工作，不得不穿的话，他们会穿得很叛逆，例如系一条浮夸的领带；
6. 女性黑客化淡妆，或者素颜。

3. 阅读习惯：
1. 杂食，但常包括科学和科幻的题材的作品；
2. 订阅《模拟》（*Analog*）、《科学美国人》（*Scientific American*）、《全球评论》（*Whole Earth Review*）和《史密森学会》（*Smithsonian*）杂志，很不屑于看《连线》等自诩为“赛博朋克”的杂志，因为他们越来越迎合商业和市场；
3. 黑客们广泛涉猎文学，但很少在人前过多谈及；
4. 黑客们看书的时间和美国人看电视的平均时间差不多，他们乐于在书架上放上自己推崇的书籍。

4. 其他爱好：
不少黑客都有这样的共同爱好：科幻、音乐、中世纪风、象棋、围棋、军棋以及各种对战型游戏、解密游戏、无线电，也有不少人喜欢语言学和戏剧。

5. 体育爱好：
1. 这是事实，很多黑客不运动，甚至是虔诚的躺平主义者；
2. 那些喜欢运动的黑客，大多数更推崇自己做运动，而非在电视机前看别人运动；
3. 此外，黑客视团体项目为瘟疫，他们更喜欢单人作战，喜欢对专注力、耐力和维修技能有要求的运动，例如：武术、自行车、赛车、放风筝、登山、飞行、射击、帆船、洞穴探险、杂技、滑雪、滑冰、滑翔、潜水等；
4. 如果运动的器械具备复杂的技术，他们会很乐于和这些小玩具们一起玩。

6. 教育背景：
1. 基本上黑客都受过大学教育或者通过自学具备同等学力；
2. 自学的黑客更被尊重，因为被认为内驱动力更强；

▼ 完成后的图表

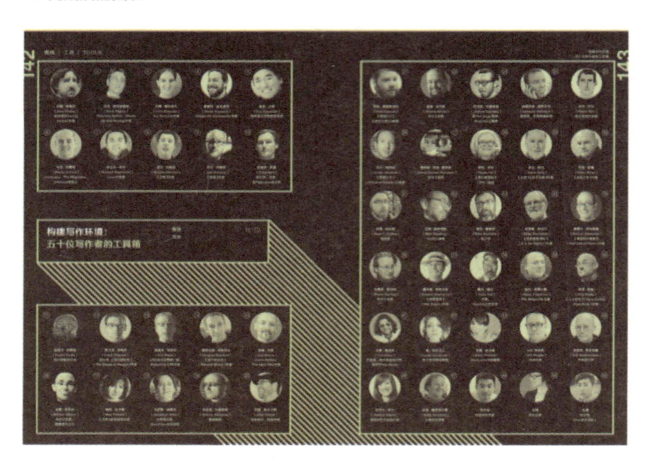
142
143
构建写作环境：
五十位写作者的工具箱

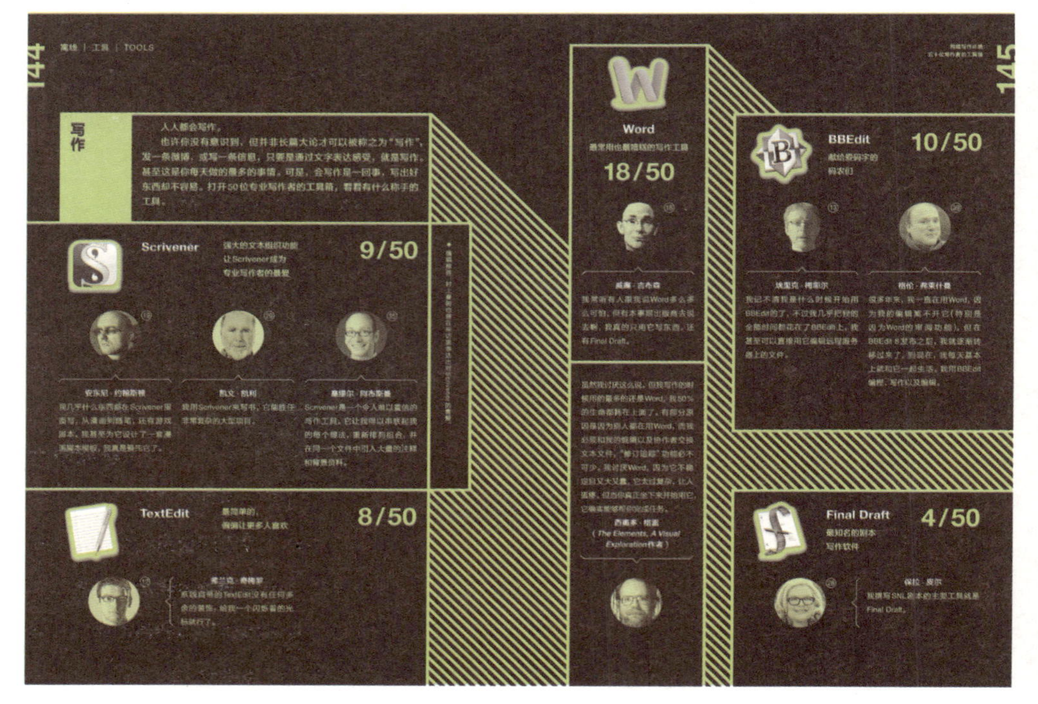
144
TOOLS
145
写作
人人都会写作。
也许你没有意识到，但并非长篇大论才可以被称之为"写作"。发一条微博，或写一条信息，只要是通过文字表达感受，就是写作。甚至这是你每天做的最多的事情。可是，会写作是一回事，写出好东西却不容易。打开50位专业写作者的工具箱，看看有什么称手的工具。
Scrivener
强大的文本组织功能
让Scrivener成为
专业写作者的最爱
9/50
TextEdit
最简单的，
偶尔让更多人喜欢
8/50
Word
最常用也最嫌弃的写作工具
18/50
BBEdit
献给爱码字的
码农们
10/50
Final Draft
最知名的剧本
写作软件
4/50
（The Elements, A Visual
Exploration作者）

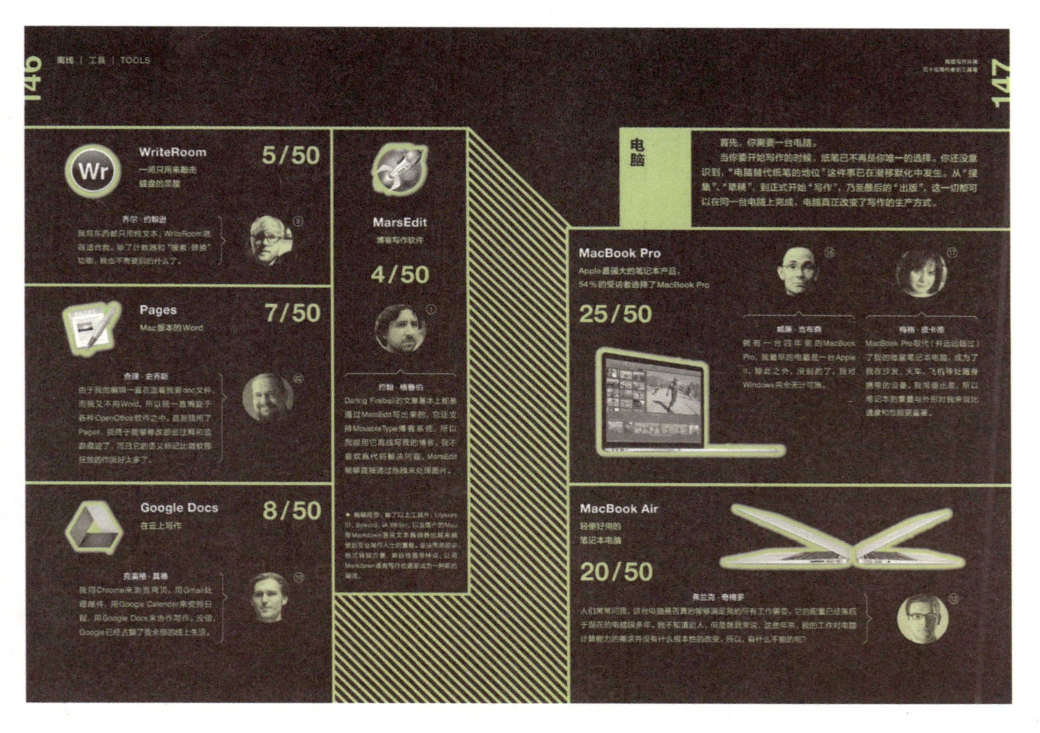
146
离线 | 工具 | TOOLS
147
WriteRoom
一间只用来敲击
键盘的屋
5/50
Pages
Mac版本的Word
7/50
Google Docs
在云上写作
8/50
MarsEdit
博客写作软件
4/50
电脑
首先，你需要一台电脑。
当你要开始写作的时候，纸笔已不再是你唯一的选择。你还没意识到，“电脑替代纸笔的地位”这件事已在潜移默化中发生。从“搜集”、“草稿”，到正式开始“写作”，乃至最后的“出版”，这一切都可以在同一台电脑上完成，电脑真正改变了写作的生产方式。
MacBook Pro
Apple最强大的笔记本产品，
54%的受访者选择了MacBook Pro
25/50
MacBook Air
轻便好用的
笔记本电脑
20/50

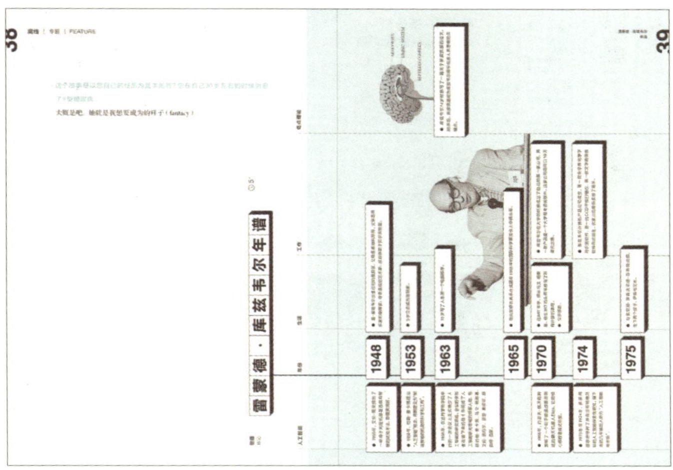
38
离线 | 专题 | FEATURE
39
雷蒙德·库兹韦尔年谱
1948
1953
1963
1965
1970
1974
1975

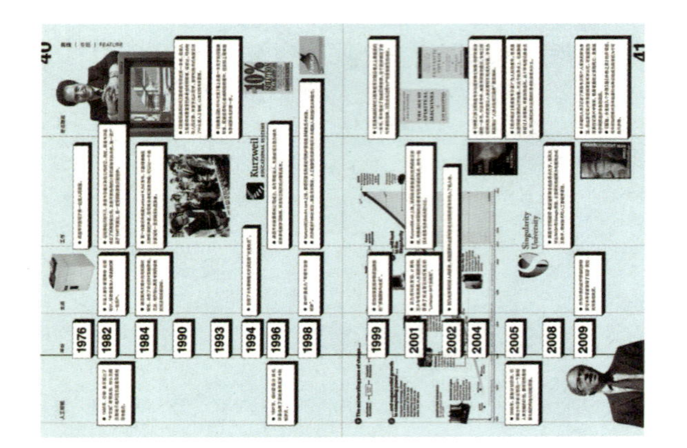

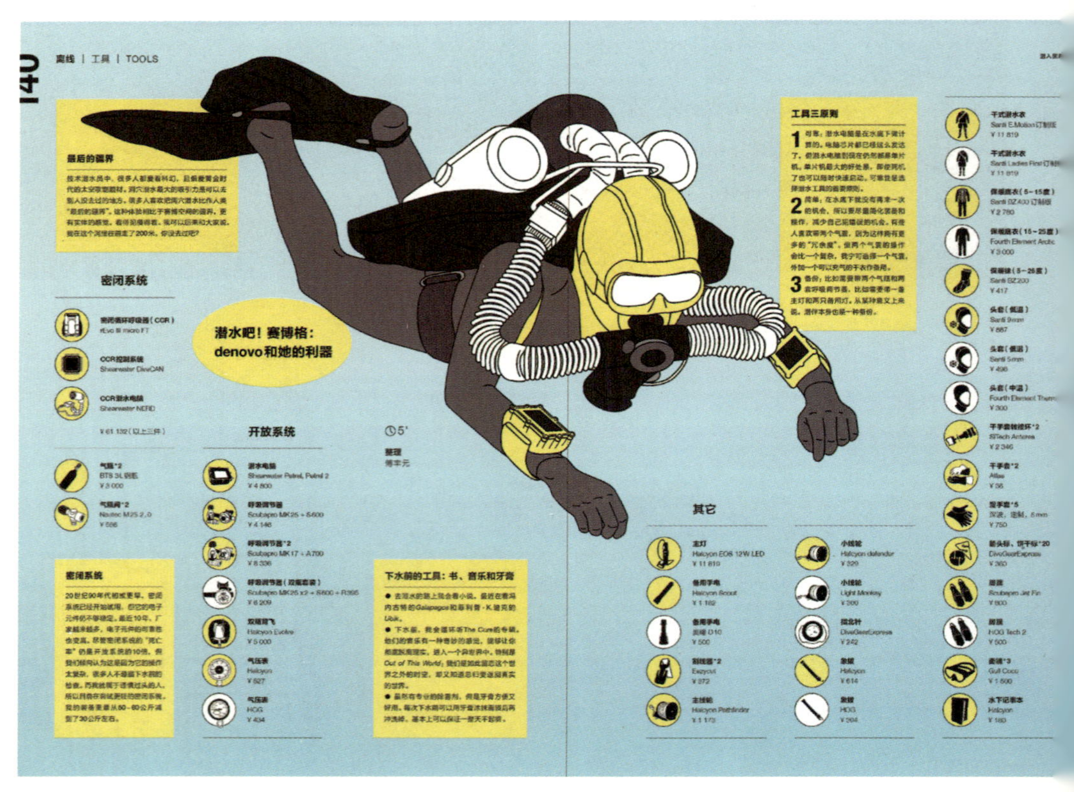
140
离线 | 工具 | TOOLS
最后的疆界
密闭系统
密闭循环呼吸器（CCR）
rEvo III micro FT
CCR控制系统
Shearwater DiveCAN
CCR潜水电脑
Shearwater NERD
￥61 132（以上三件）
潜水吧！赛博格：
denovo和她的利器
开放系统
潜水电脑
Shearwater Petrel, Petrel 2
￥4 800
呼吸调节器
Scubapro MK25 + S600
￥4 146
呼吸调节器*2
Scubapro MK17 + A700
￥8 336
双瓶背飞
Halcyon Evolve
￥5 000
气压表
Halcyon
气压表
HOG
￥434
5'
整理
气瓶*2
BTS 3L钢瓶
￥3 000
气瓶阀*2
Nautec M25 2.0
密闭系统
下水前的工具：书、音乐和牙膏
工具三原则
干式潜水衣
Santi E.Motion订制版
￥11 819
保暖底衣（5~15度）
保暖底衣（15~25度）
Fourth Element Arctic
￥3 000
头套（低温）
头套（中温）
￥300
其它
主灯
Halcyon EOS 12W LED
备用手电
Halcyon Scout
备用手电
￥500
主线轮
Halcyon Pathfinder
小线轮
Halcyon defender
小线轮
Light Monkey
指北针
DiveGearExpress
￥242
Halcyon
￥614
HOG
水下记事本
Halcyon
DiveGearExpress
Scubapro Jet Fin
HOG Tech 2
Gull Coco
￥1 500

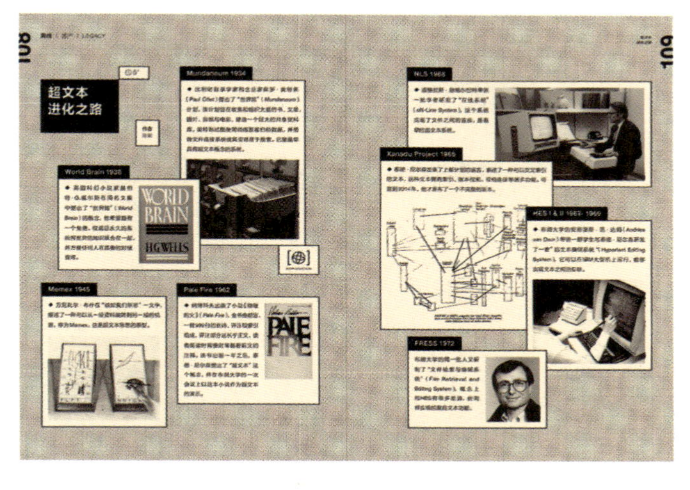
108
超文本
进化之路
Mundaneum 1934
World Brain 1938
Memex 1945
Pale Fire 1962
NLS 1968
Xanadu Project 1965
HES I & II 1967-1969
FRESS 1972
109

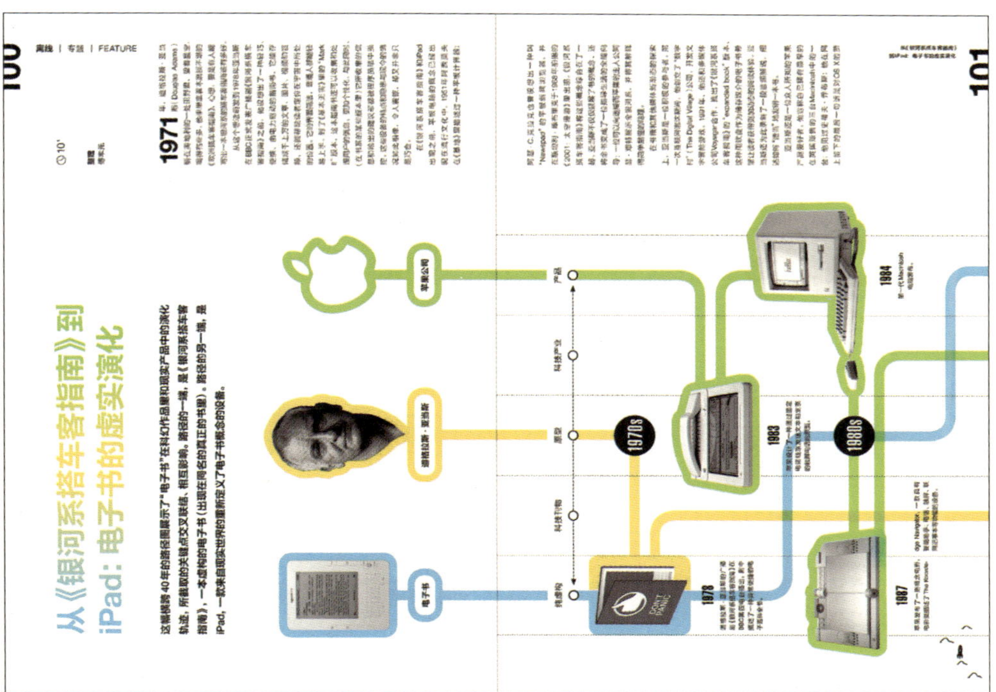
100
FEATURE
从《银河系搭车客指南》到
iPad: 电子书的虚实演化
这幅横跨40年的路径图展示了"电子书"在科幻作品里和现实产品中的演化轨迹，所截取的关键点交叉联络、相互影响。路径的一端，是《银河系搭车客指南》，一本虚构的电子书（出现在同名的真正的书里）。路径的另一端，是iPad，一款来自现实世界的重新定义了电子书概念的设备。
1971
电子书
道格拉斯·亚当斯
苹果公司
1970s
1980s
1978
1983
1984
1987
101

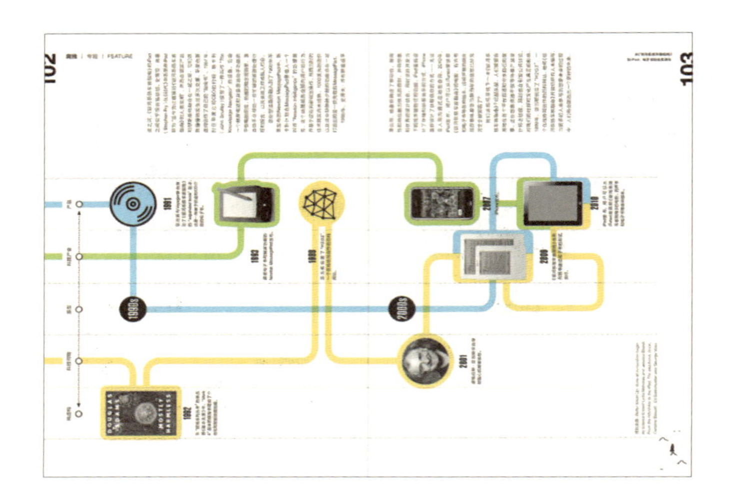

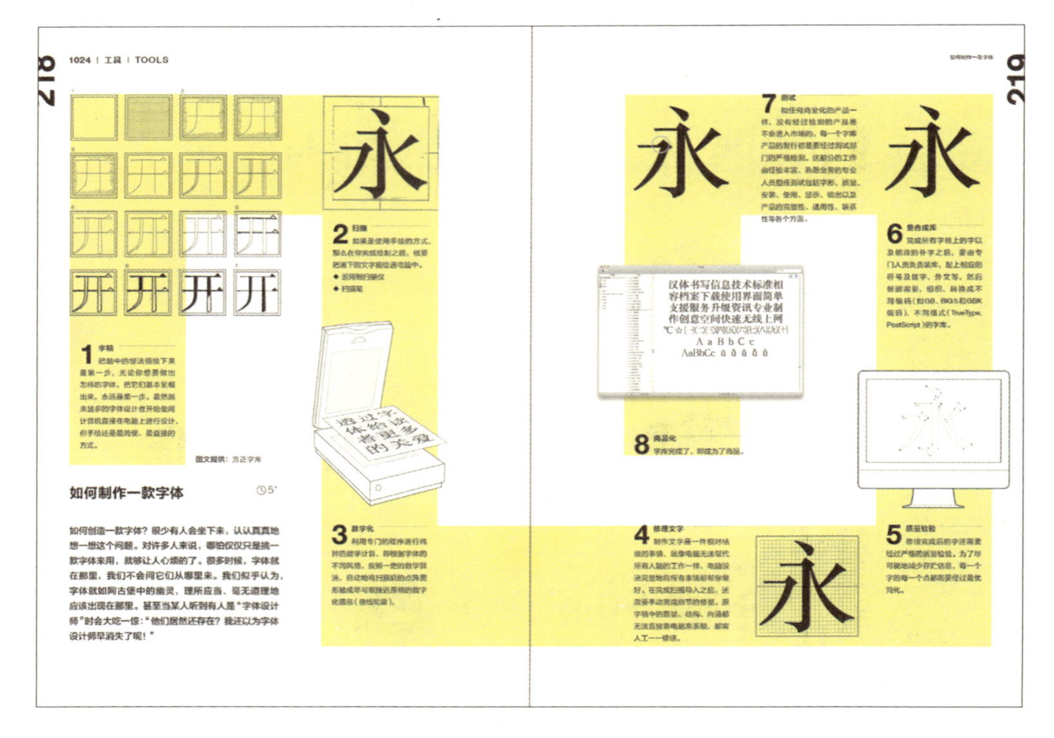

218

1024 | 工具 | TOOLS

如何制作一款字体

如何制作一款字体

5'

如何创造一款字体？很少有人会坐下来，认认真真地想一想这个问题。对许多人来说，哪怕仅仅只是挑一款字体来用，就够让人心烦的了。很多时候，字体就在那里，我们不会问它们从哪里来。我们似乎认为，字体就如同古堡中的幽灵，理所应当、毫无道理地应该出现在那里。甚至当某人听到有人是“字体设计师”时会大吃一惊：“他们居然还存在？我还以为字体设计师早消失了呢！”

1 字稿
把脑中的想法描绘下来是第一步，无论你想要做出怎样的字体，把它们基本呈现出来，永远是第一步。虽然越来越多的字体设计者开始使用计算机直接在电脑上进行设计，但手绘还是最简便、最直接的方式。

图文提供：方正字库

2 扫描
如果是使用手绘的方式，那么在你完成绘制之后，就要把画下的文字扫描进电脑中。
- 运用制扫描仪
- 扫描笔

3 数字化
利用专门的程序进行特种的数学计算，即根据字体的不同风格，按照一定的数学算法，自动地将扫描后的点阵图形抽成尽可能接近原稿的数字化信息（曲线轮廓）。

219

如何制作一款字体

4 修理文字
制作文字是一件相对枯燥的事情，就像电脑无法取代所有人脑的工作一样，电脑没法完整地将所有事情都帮你做好，在完成扫描导入之后，还需要手动完成细节的修整，原字稿中的质感、结构、内涵都无法直接靠电脑来表现，都需人工一一修缮。

5 质量检验
修缮完成后的字还需要经过严格的质量检验，为了尽可能地减少存贮信息，每一个字的每一个点都需要经过最优简化。

6 整合成库
完成所有字稿上的字以及相应的补字之后，要由专门人员负责装库，配上相应的符号及数字、外文等，然后根据需要，组织、转换成不同编码（如GB、BIG5和GBK编码）、不同格式（TrueType、PostScript）的字库。

7 测试
和任何商业化的产品一样，没有经过检测的产品是不会进入市场的。每一个字库产品的发行都是要经过测试部门的严格检测，这部分的工作由经验丰富、熟悉业务的专业人员担任测试包括字形、质量、安装、使用、显示、输出以及产品的完整性、通用性、联系性等各个方面。

8 商品化
字库完成了，即成为了商品。

阅读识别

什么叫阅读识别？读者长期在阅读一本杂志或里面的某个栏目时，在阅读内容的同时，逐渐也会对版面的视觉产生记忆。如果版面的特征给读者留下一种阅读的记忆，那这种记忆就会帮助读者进行识别。前面提到，杂志的阅读特征是片段式的，除了线性地阅读外，还可以选择性阅读。所以一个有着明显视觉特征的版面就会让读者在选择阅读时更加方便，这种可识别性对于杂志这个媒介非常重要。如果我们随意选择几本国内同类的杂志，并把封面撕了，那么我们很难通过内文来判断这是哪本杂志。但如果把《彭博商业周刊》《连线》的封面撕了，我们还是能够分辨出谁是谁，这就是因为它们的版式让我们在长期阅读时建立了一种识别记忆。

除了让杂志里面每个栏目被识别外，我还试图做到在翻书前可以达到检索功能。“检索”这个词有些互联网色彩。举例来说，就像我们对计算机里面的文件进行归类整理，为不同的文件夹取名，便于我们快捷地找到想读的内容。其实一本杂志也同样具备这种功能。所以不同栏目的文章在书的切口上可以有不同的质地，就像一个一个的文件夹，希望通过这种处理为阅读提供一种检索的可能性。

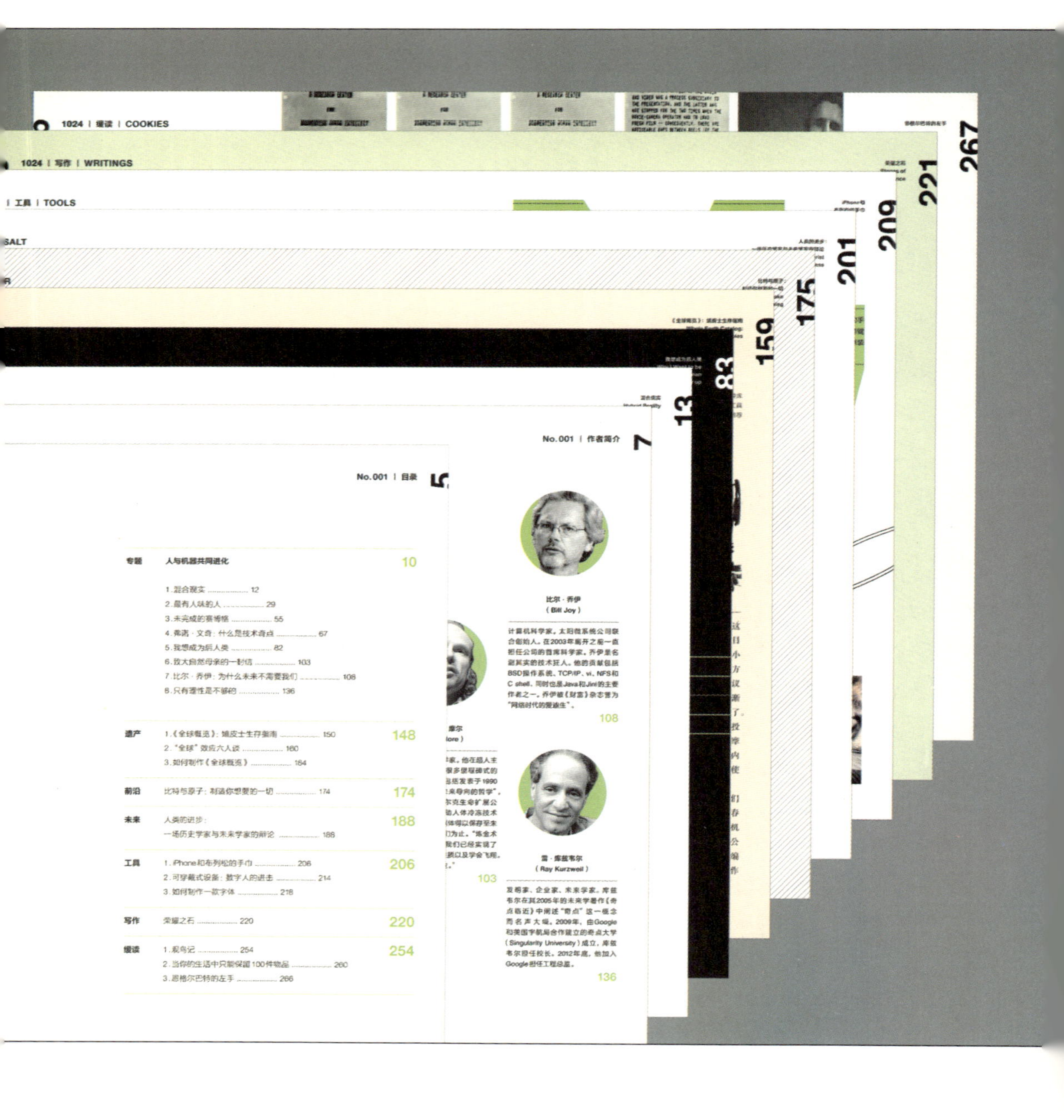
1024 | 缓读 | COOKIES
1024 | 写作 | WRITINGS
| 工具 | TOOLS
267
221
209
201
175
159
83
13
7
No.001 | 作者简介
比尔·乔伊
(Bill Joy)
计算机科学家，太阳微系统公司联合创始人。在2003年离开之前一直担任公司的首席科学家。乔伊是名副其实的技术狂人。他的贡献包括BSD操作系统、TCP/IP、vi、NFS和C shell。同时也是Java和Jini的主要作者之一。乔伊被《财富》杂志誉为"网络时代的爱迪生"。
108
雷·库兹韦尔
(Ray Kurzweil)
发明家、企业家、未来学家。库兹韦尔在其2005年的未来学著作《奇点临近》中阐述"奇点"这一概念而名声大噪。2009年，由Google和美国宇航局合作建立的奇点大学(Singularity University)成立，库兹韦尔担任校长。2012年底，他加入Google担任工程总监。
136
103
5
No.001 | 目录
专题 人与机器共同进化 10
1.混合现实 12
2.最有人味的人 29
3.未完成的赛博格 55
4.弗诺·文奇：什么是技术奇点 67
5.我想成为后人类 82
6.放大自然母亲的一封信 103
7.比尔·乔伊：为什么未来不需要我们 108
8.只有理性是不够的 136
遗产 148
1.《全球概览》：嬉皮士生存指南 150
2."全球"效应六人谈 160
3.如何制作《全球概览》 164
前沿 比特与原子：制造你想要的一切 174 174
未来 人类的进步：一场历史学家与未来学家的辩论 188 188
工具 206
1.iPhone和布列松的手作 206
2.可穿戴式设备：数字人的进击 214
3.如何制作一款字体 218
写作 荣耀之石 220 220
缓读 254
1.观鸟记 254
2.当你的生活中只能保留100件物品 260
3.恩格尔巴特的左手 266

0
The Co-evolution of

1024

这些不同的切口在无形中传递一种信息：这是一个文件夹，读者可以打开它，而且还很清楚这样的文件夹里面是什么样的内容，每次都是这样。虽然每期可能会有不同的颜色，但每个栏目在切口上的质感是保持一致的。

它们基于一个网格系统，彼此之间既有基因、血缘上的联系，又以非常不同的阅读面貌呈现出来。在有一定关联的情况下可以把整本书贯穿起来，它提供了这种阅读上的可能性。

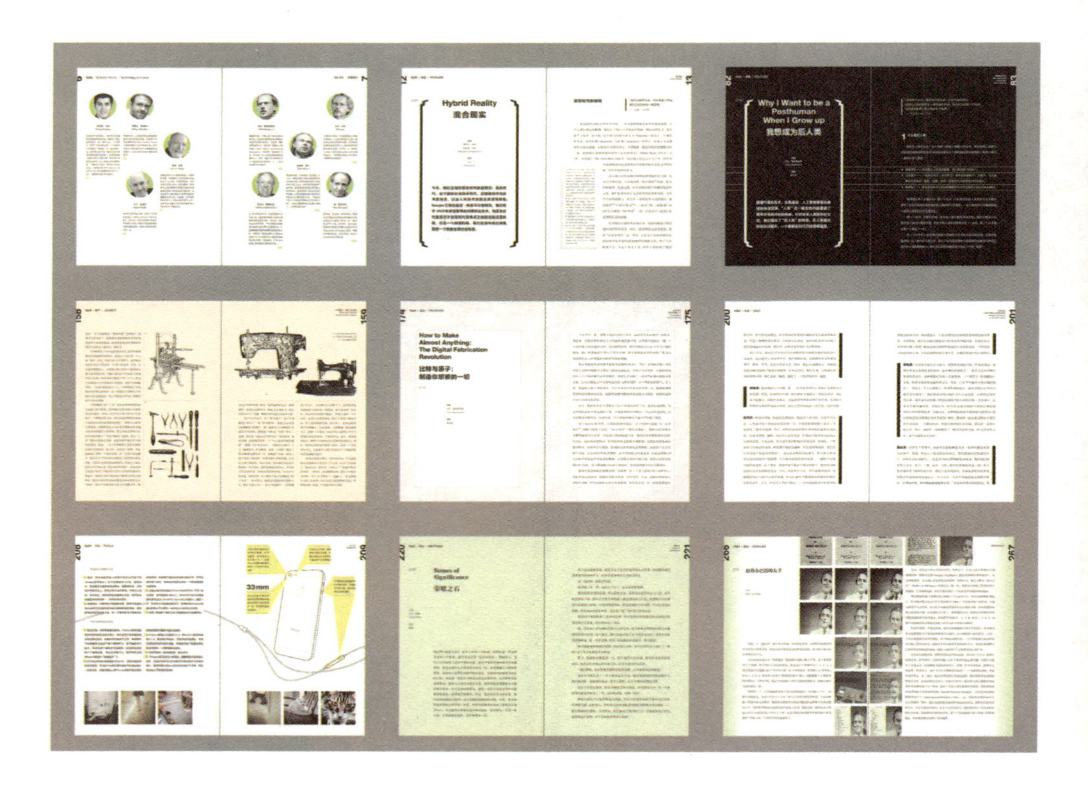

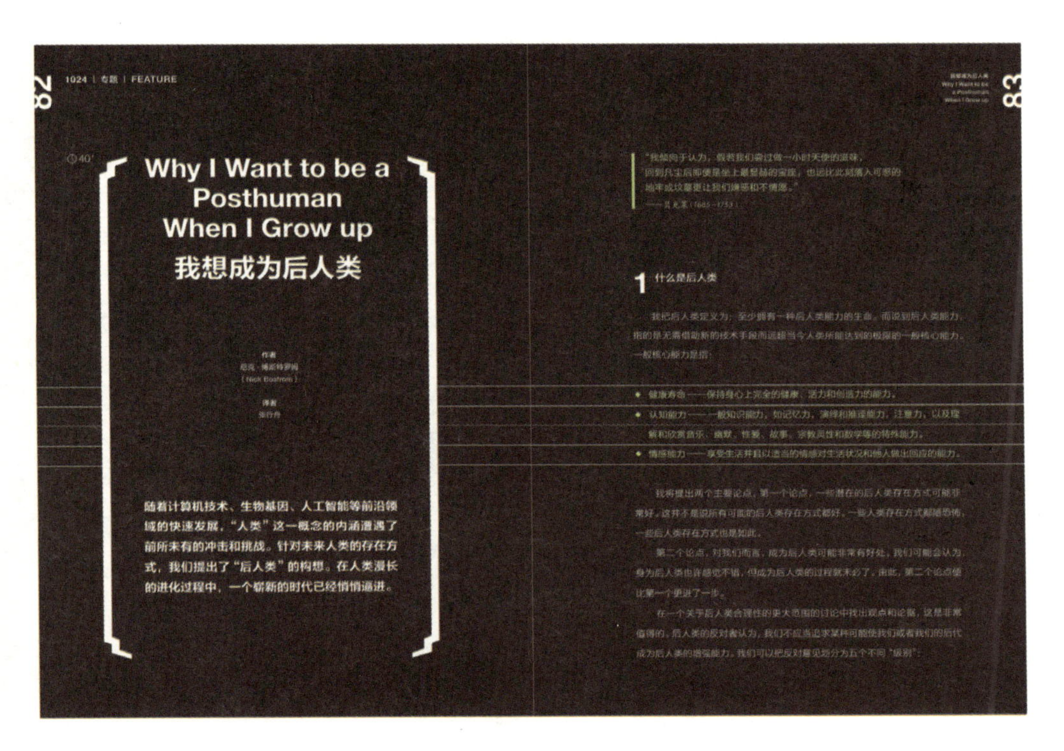
82
1024 | 专题 | FEATURE
40'
Why I Want to be a Posthuman When I Grow up
我想成为后人类
作者
尼克·博斯特罗姆
（Nick Bostrom）
译者
张行舟
随着计算机技术、生物基因、人工智能等前沿领域的快速发展，“人类”这一概念的内涵遭遇了前所未有的冲击和挑战。针对未来人类的存在方式，我们提出了“后人类”的构想。在人类漫长的进化过程中，一个崭新的时代已经悄悄逼进。
83
我想成为后人类
Why I Want to be a Posthuman When I Grow up
“我倾向于认为，假若我们尝过做一小时天使的滋味，
回到凡尘后即便是坐上最显赫的宝座，也远比此刻落入可憎的
地牢或坟墓更让我们嫌恶和不情愿。”
——贝克莱（1685－1753）
1 什么是后人类
我把后人类定义为：至少拥有一种后人类能力的生命。而说到后人类能力，指的是无需借助新的技术手段而远超当今人类所能达到的极限的一般核心能力。一般核心能力是指：
• 健康寿命——保持身心上完全的健康、活力和创造力的能力。
• 认知能力——一般知识能力，如记忆力、演绎和推理能力、注意力，以及理解和欣赏音乐、幽默、性爱、故事、宗教灵性和数学等的特殊能力。
• 情感能力——享受生活并且以适当的情感对生活状况和他人做出回应的能力。
我将提出两个主要论点。第一个论点，一些潜在的后人类存在方式可能非常好。这并不是说所有可能的后人类存在方式都好，一些人类存在方式都很恐怖，一些后人类存在方式也是如此。
第二个论点，对我们而言，成为后人类可能非常有好处。我们可能会认为，身为后人类也许感觉不错，但成为后人类的过程就未必了。由此，第二个论点便比第一个更进了一步。
在一个关于后人类合理性的更大范围的讨论中找出观点和论据，这是非常值得的。后人类的反对者认为，我们不应当追求某种可能使我们或者我们的后代成为后人类的增强能力。我们可以把反对意见划分为五个不同“级别”：

INDEX

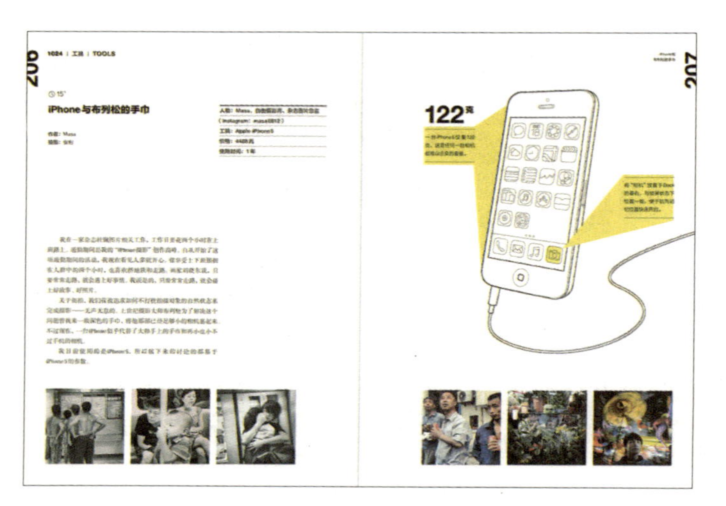

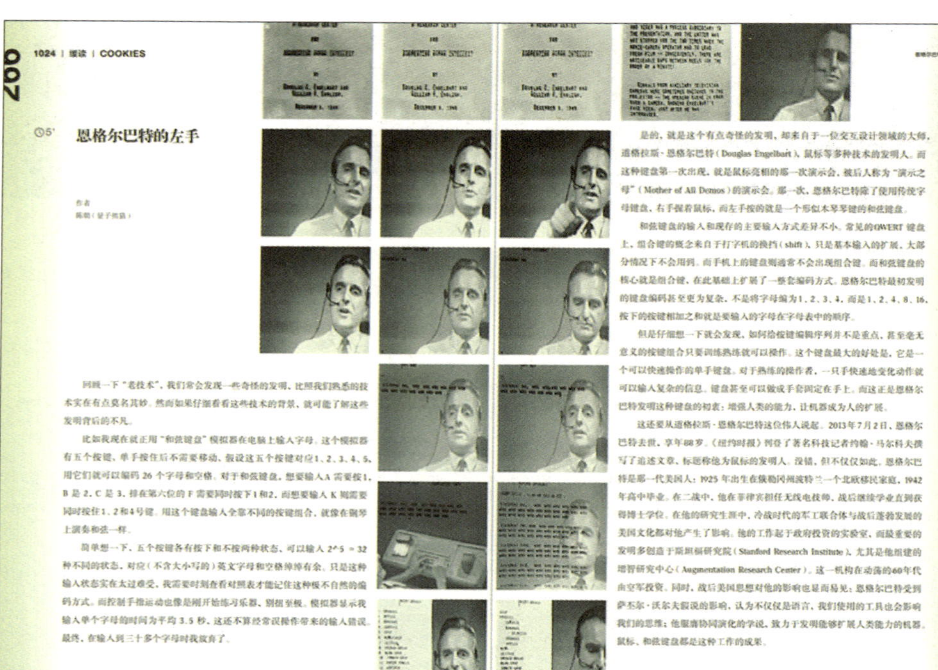

1024 | 缓读 | COOKIES

5'

恩格尔巴特的左手

回顾一下“老技术”，我们常会发现一些奇怪的发明，比照我们熟悉的技术实在有点莫名其妙。然而如果仔细看看这些技术的背景，就可能了解这些发明背后的不凡。

比如我现在就正用“和弦键盘”模拟器在电脑上输入字母。这个模拟器有五个按键，单手按住后不需要移动，假设这五个按键对应1、2、3、4、5，用它们就可以编码 26 个字母和空格。对于和弦键盘，想要输入A 需要按1，B 是 2，C 是 3，排在第六位的 F 需要同时按下1和2，而想要输入 K 则需要同时按住1、2和4号键。用这个键盘输入全靠不同的按键组合，就像在钢琴上演奏和弦一样。

简单想一下，五个按键各有按下和不按两种状态，可以输入 2^5 = 32 种不同的状态，对应（不含大小写的）英文字母和空格绰绰有余。只是这种输入状态实在太过难受，我需要时刻查看对照表才能记住这种很不自然的编码方式。而控制手指运动也像是刚开始练习乐器，别扭至极。模拟器显示我输入单个字母的时间为平均 3.5 秒，这还不算经常误操作带来的输入错误。最终，在输入到三十多个字母时我放弃了。

是的，就是这个有点奇怪的发明，却来自于一位交互设计领域的大师，道格拉斯·恩格尔巴特（Douglas Engelbart），鼠标等多种技术的发明人。而这种键盘第一次出现，就是鼠标亮相的那一次演示会，被后人称为“演示之母”（Mother of All Demos）的演示会。那一次，恩格尔巴特除了使用传统字母键盘、右手握着鼠标，而左手按的就是一个形似木琴琴键的和弦键盘。

和弦键盘的输入和现存的主要输入方式差异不小。常见的QWERT 键盘上，组合键的概念来自于打字机的换挡（shift），只是基本输入的扩展，大部分情况下不会用到。而手机上的键盘则通常不会出现组合键。而和弦键盘的核心就是组合键，在此基础上扩展了一整套编码方式。恩格尔巴特最初发明的键盘编码甚至更为复杂，不是将字母编为1、2、3、4，而是1、2、4、8、16，按下的按键相加之和就是要输入的字母在字母表中的顺序。

但是仔细想一下就会发现，如何给按键编辑序列并不是重点，甚至毫无意义的按键组合只要训练熟练就可以操作。这个键盘最大的好处是，它是一个可以快速操作的单手键盘。对于熟练的操作者，一只手快速地变化动作就可以输入复杂的信息。键盘甚至可以做成手套固定在手上。而这正是恩格尔巴特发明这种键盘的初衷：增强人类的能力，让机器成为人的扩展。

这还要从道格拉斯·恩格尔巴特这位伟人说起。2013年7月2日，恩格尔巴特去世，享年88岁。《纽约时报》刊登了著名科技记者约翰·马尔科夫撰写了追述文章，标题称他为鼠标的发明人。没错，但不仅仅如此。恩格尔巴特是那一代美国人：1925 年出生在俄勒冈州波特兰一个北欧移民家庭，1942年高中毕业。在二战中，他在菲律宾担任无线电技师，战后继续学业直到获得博士学位。在他的研究生涯中，冷战时代的军工联合体与战后蓬勃发展的美国文化都对他产生了影响。他的工作起于政府投资的实验室，而最重要的发明多创造于斯坦福研究院（Stanford Research Institute），尤其是他组建的增智研究中心（Augmentation Research Center）。这一机构在动荡的60年代由空军投资。同时，战后美国思想对他的影响也显而易见：恩格尔巴特受到萨丕尔·沃尔夫假说的影响，认为不仅仅是语言，我们使用的工具也会影响我们的思维；他服膺协同演化的学说，致力于发明能够扩展人类能力的机器。鼠标、和弦键盘都是这种工作的成果。

这是离线Mook第一期《离线·开始游戏》的整个版面，可以看到整个页面的构成。我们尝试只用双色来做科技杂志。

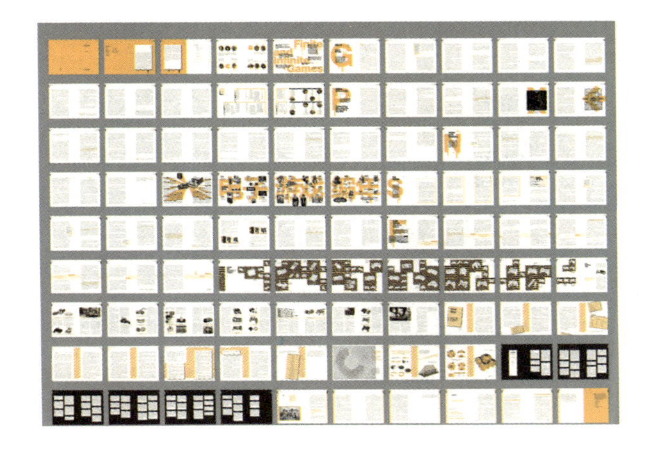

32 离线 | 专题 | FEATURE

30'

完美记录：
吃豆人 vs. 吃豆人

作者
约书亚·比尔曼
（Joshuah Bearman）

译者

作为《吃豆人》的长期记录保持者，比利全面分析了《吃豆人》的编程规则、目的及其完全形态，他渐渐意识到这个封闭的系统是完美的，是个完全可操控、可预测的盒中世界。他说：“一切都是有原因的。”

Perfect Game:
Five years with
the master of
Pac-Man

完美记录：
吃豆人 vs. 吃豆人
Perfect Game：Five years with
the master of Pac-Man 33

我第一次见比利·米切尔（Billy Mitchell）的时候，是在他的见面会现场，他边和粉丝打招呼，边给他们签名，还在派发保险杠贴纸，贴纸上印着：世界首位《吃豆人》游戏满分得主。那是2003年的夏天，第六届年度经典游戏博览会在拉斯维加斯一略显破败的酒店内举行。会场内，比利格外引人注目，他身材高大，仪表堂堂，爱穿紧身裤和黑衬衫，系着星条旗花纹的领带。他留着前短后长的19世纪渔夫发型，由于他个子高，即使站在远处，也能望见他那头怪异长发。趁着见面会的间歇，我上前搭讪。比利说，他1982年入行，没多久就成了传奇人物。“我记得，那时我才意识到，原来我也有可以百分百擅长的领域。每当人们问我，有什么经验可以传授，我会告诉他们：‘别费心了，这只会让你更难受。’”他讲述了最初名扬全美的经历。1983年《生活》杂志刊登了有关他的文章，也恰是那段时间前后，《吃豆人》游戏一跃跻身全美百强榜单的第九名。从那时起，电子游戏迅速发展起来，可比利依旧稳稳地保住了他在蓬勃发展的经典竞技类电子游戏界的中心地位。他是比利·米切尔——街机霸主：他平均每周都会收到采访邀请，还曾连续玩了整整两天两夜的《蜈蚣》。“我需要维护自己的声誉，”他说，“因此，我总会为粉丝腾出时间，尤其是孩子们。”在比利看来，他的名人形象重点在于他的发型，为了使头发定型，他要接连洗两次头，吹干后，再抹上免洗护发素。“我不会剪掉长发，除非我不再玩电子游戏了。”比利如是说。

博览会本身也是一个市集。《汉堡时间》、《阿果阿古》、《哪先生的城堡》之类的古董级街机游戏粉丝们有福了，他们可以在这里购买和出售古董级街机游戏家用机、游戏卡和未开封的使用说明书。这里还是经典电子游戏比赛的赛场之一，因而，这里也成了那些大部分时间都独自度过（据我所知是这样）的游戏迷们重要的社交场所。大多数经典电子游戏迷是从八十年代初期开始痴迷于此，如今，他们已经步入不惑之年，比利也不例外。他们中成绩最为突出的玩家，为了维持最佳状态，每天仍保持着数小时的游戏时间。每当他们在赛场上打破纪录时，总会吸引一帮围观的粉丝，场面就像当年街游

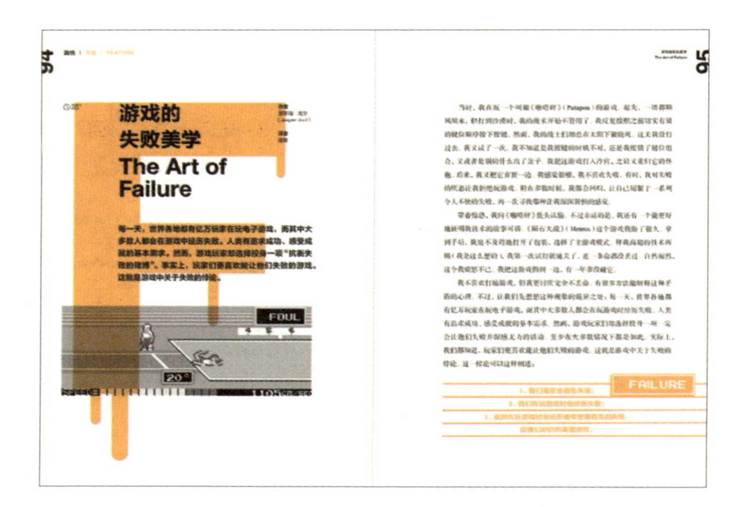
94
95
游戏的
失败美学
The Art of
Failure
FOUL
FAILURE

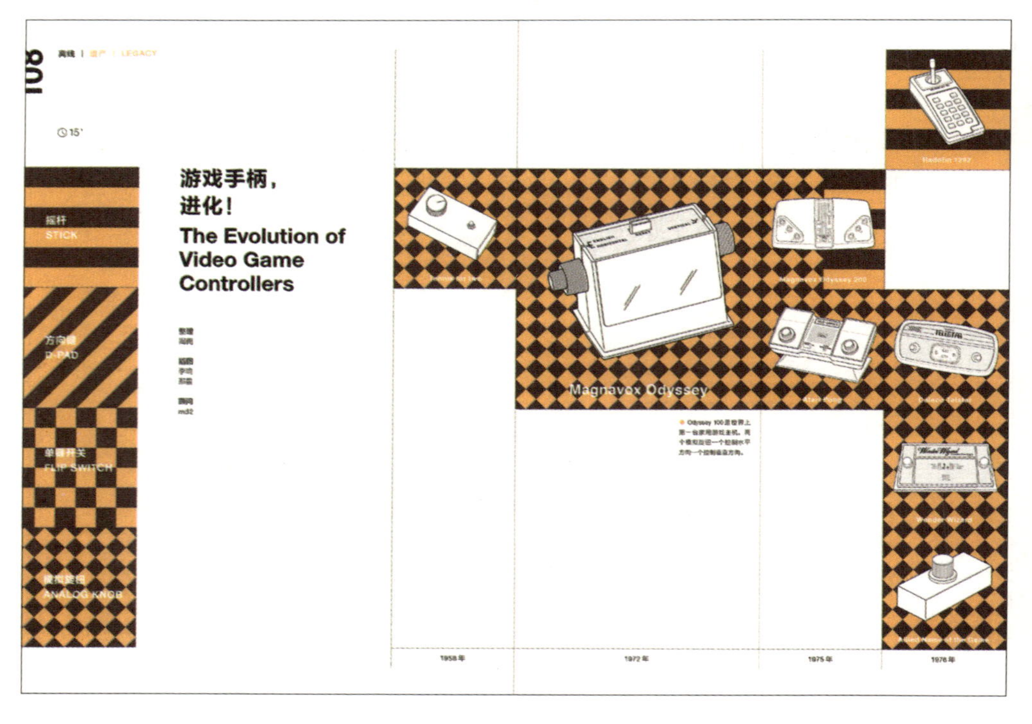
108
LEGACY
15'
游戏手柄，
进化！
The Evolution of
Video Game
Controllers
摇杆
STICK
方向键
D-PAD
FLIP SWITCH
ANALOG KNOB
Magnavox Odyssey
1958年
1972年
1975年
1976年

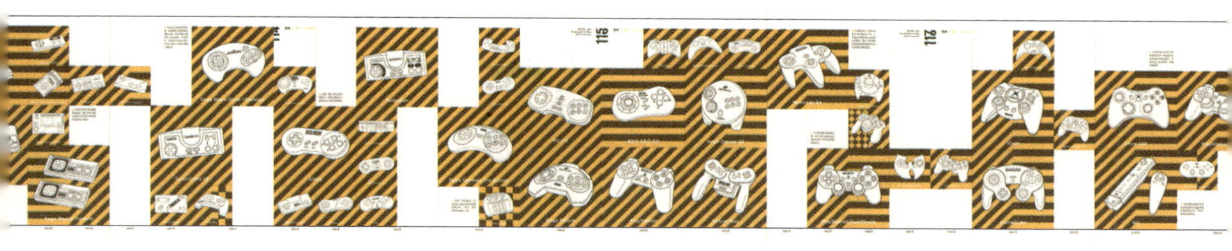

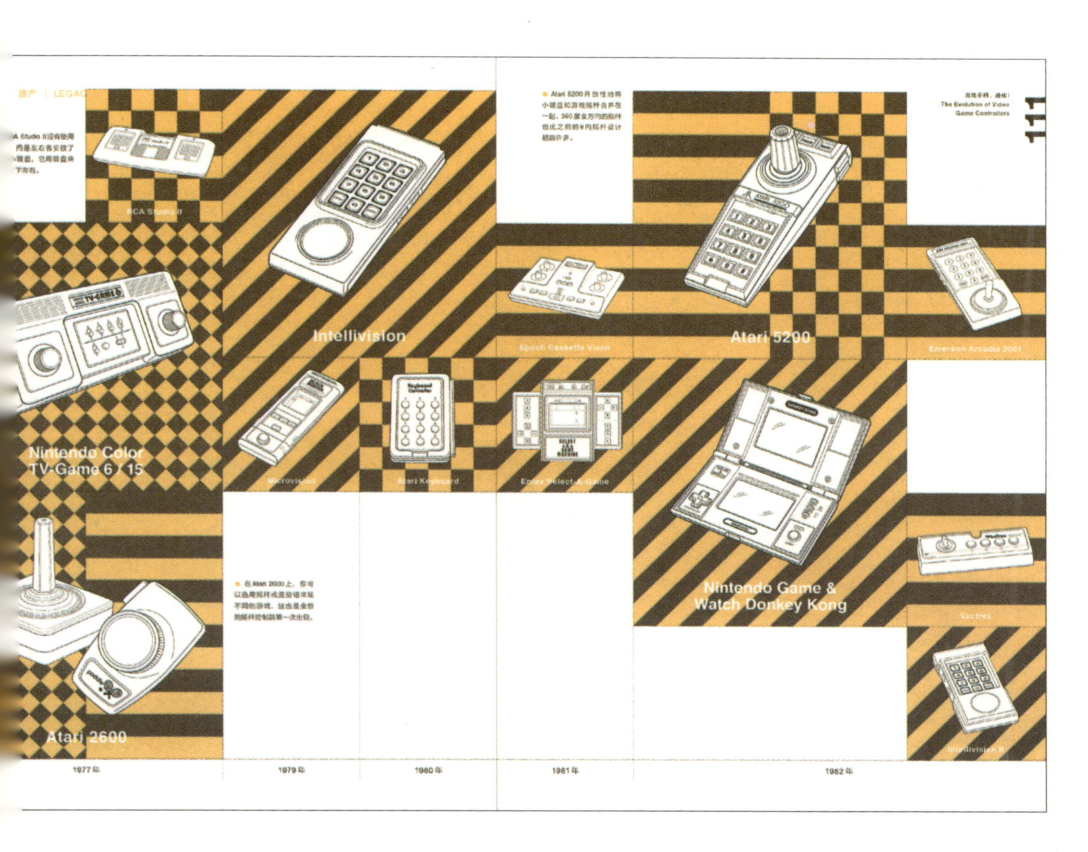
111
The Evolution of Video Game Controllers
RCA Studio II
Intellivision
Epoch Cassette Vison
Atari 5200
Emerson Arcadia 2001
Nintendo Color TV-Game 6 / 15
Microvision
Atari Keyboard
Entex Select-A-Game
Nintendo Game & Watch Donkey Kong
Vectrex
Atari 2600
Intellivision II
1977 年
1979 年
1980 年
1981 年
1982 年

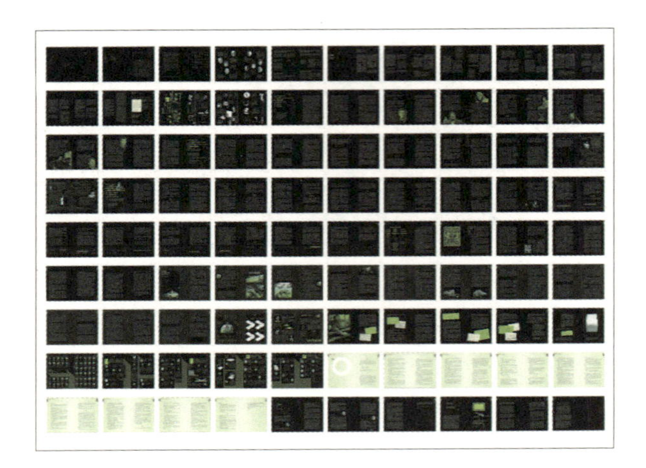

这是第二期《离线·黑客》的版式，做得非常“黑”。除了“写作”这个栏目外，其他部分都像是夜间阅读模式。

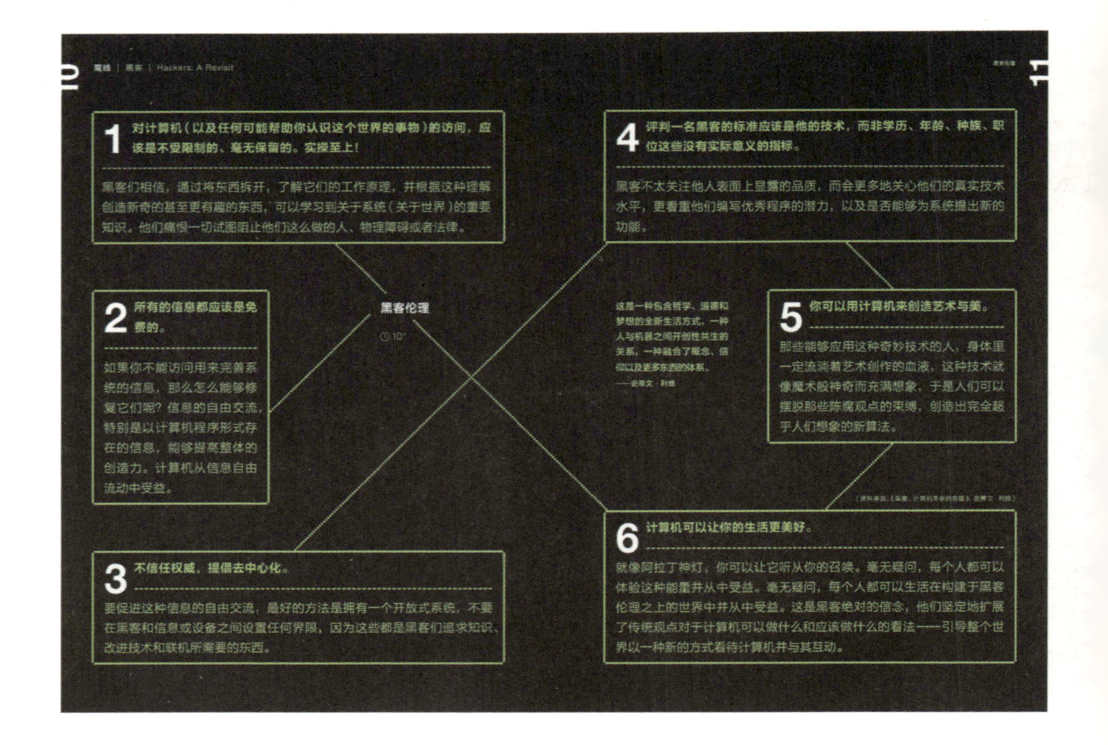

10 离线 | 黑客 | Hackers: A Revisit

黑客伦理

10'

1 对计算机（以及任何可能帮助你认识这个世界的事物）的访问，应该是不受限制的、毫无保留的。实操至上！

黑客们相信，通过将东西拆开，了解它们的工作原理，并根据这种理解创造新奇的甚至更有趣的东西，可以学习到关于系统（关于世界）的重要知识。他们痛恨一切试图阻止他们这么做的人、物理障碍或者法律。

2 所有的信息都应该是免费的。

如果你不能访问用来完善系统的信息，那么怎么能够修复它们呢？信息的自由交流，特别是以计算机程序形式存在的信息，能够提高整体的创造力。计算机从信息自由流动中受益。

3 不信任权威，提倡去中心化。

要促进这种信息的自由交流，最好的方法是拥有一个开放式系统，不要在黑客和信息或设备之间设置任何界限，因为这些都是黑客们追求知识、改进技术和联机所需要的东西。

4 评判一名黑客的标准应该是他的技术，而非学历、年龄、种族、职位这些没有实际意义的指标。

黑客不太关注他人表面上显露的品质，而会更多地关心他们的真实技术水平，更看重他们编写优秀程序的潜力，以及是否能够为系统提出新的功能。

这是一种包含哲学、道德和梦想的全新生活方式，一种人与机器之间开创性共生的关系，一种融合了概念、信仰以及更多东西的体系。
——史蒂文·利维

5 你可以用计算机来创造艺术与美。

那些能够应用这种奇妙技术的人，身体里一定流淌着艺术创作的血液，这种技术就像魔术般神奇而充满想象，于是人们可以摆脱那些陈腐观点的束缚，创造出完全超乎人们想象的新算法。

6 计算机可以让你的生活更美好。

就像阿拉丁神灯，你可以让它听从你的召唤。毫无疑问，每个人都可以体验这种能量并从中受益。毫无疑问，每个人都可以生活在构建于黑客伦理之上的世界中并从中受益。这是黑客绝对的信念，他们坚定地扩展了传统观点对于计算机可以做什么和应该做什么的看法——引导整个世界以一种新的方式看待计算机并与其互动。

11

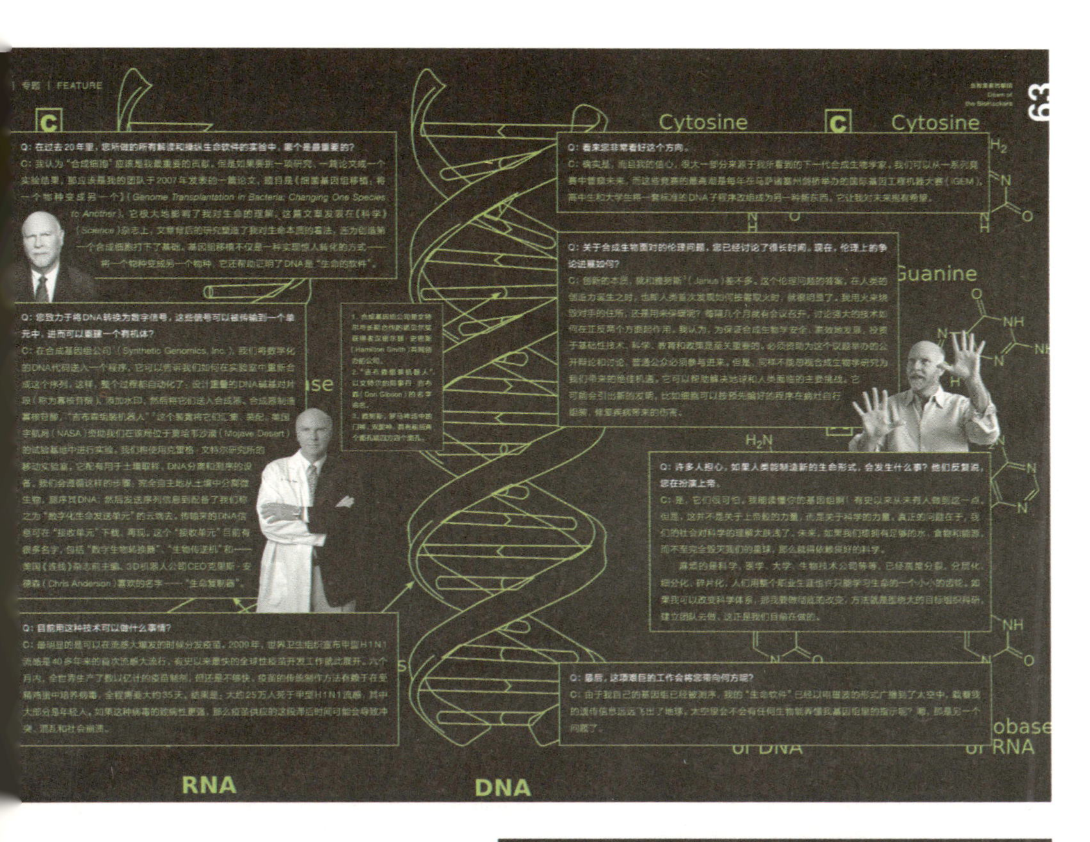
专题 | FEATURE
63
Cytosine
C
Cytosine
Guanine
RNA
DNA

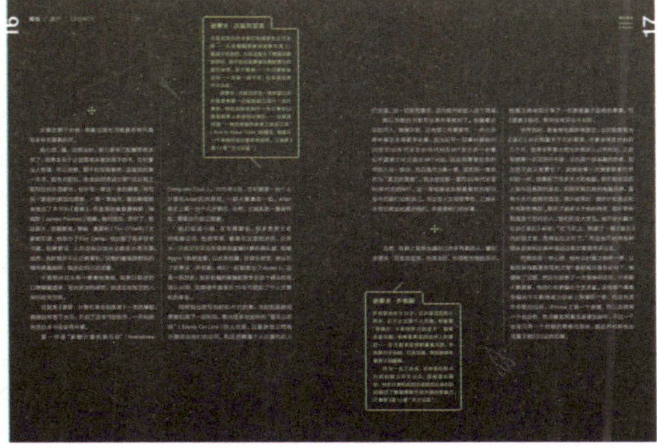
16
17

64 周刊 | 专题 | FEATURE

65

亚伦·斯沃茨：
理想主义者
The Idealist

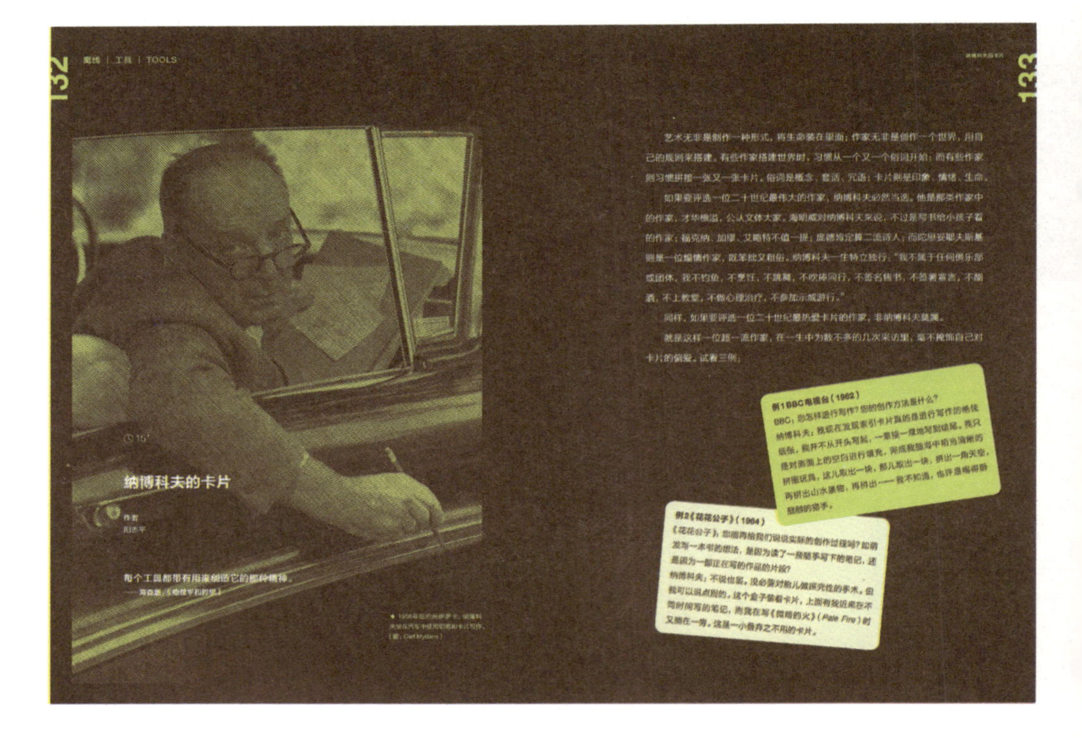

132 周刊 | 工具 | TOOLS

133

纳博科夫的卡片

作者
阳志平

每个工具都带有用来创造它的那种精神。
——海森堡《物理学和哲学》

艺术无非是制作一种形式，将生命装在里面；作家无非是创作一个世界，用自己的规则来搭建。有些作家搭建世界时，习惯从一个又一个俗词开始；而有些作家则习惯拼接一张又一张卡片。俗词是概念、套话、冗语；卡片则是印象、情绪、生命。

如果要评选一位二十世纪最伟大的作家，纳博科夫必然当选。他是那类作家中的作家，才华横溢，公认文体大家。海明威对纳博科夫来说，不过是写书给小孩子看的作家；福克纳、加缪、艾略特不值一提；庞德肯定算二流诗人；而陀思妥耶夫斯基则是一位煽情作家，既笨拙又粗俗。纳博科夫一生特立独行："我不属于任何俱乐部或团体。我不钓鱼，不烹饪，不跳舞，不吹捧同行，不签名售书，不签署宣言，不酗酒，不上教堂，不做心理治疗，不参加示威游行。"

同样，如果要评选一位二十世纪最热爱卡片的作家，非纳博科夫莫属。

就是这样一位超一流作家，在一生中为数不多的几次采访里，毫不掩饰自己对卡片的偏爱。试看三例：

例1 BBC电视台（1962）
BBC：您怎样进行写作？您的创作方法是什么？
纳博科夫：我现在发现索引卡片真的是进行写作的绝佳纸张。我并不从开头写起，一章接一章地写到结尾。我只是对图画上的空白进行填充，完成我脑海中相当清晰的拼图玩具，这儿取出一块，那儿取出一块，拼出一角天空，再拼出山水景物，再拼出——我不知道，也许是喝得醉醺醺的猎手。

例2《花花公子》（1964）
《花花公子》：您能再给我们说说实际的创作过程吗？如萌发写一本书的想法，是因为读了一些随手写下的笔记，还是因为一部正在写的作品的片段？
纳博科夫：不说也罢，没必要对胎儿做探究性的手术。但我可以说点别的，这个盒子装着卡片，上面有我近来在不同时间写的笔记，而我在写《微暗的火》（*Pale Fire*）时又搁在一旁，这是一小叠弃之不用的卡片。

中国
科幻
问卷

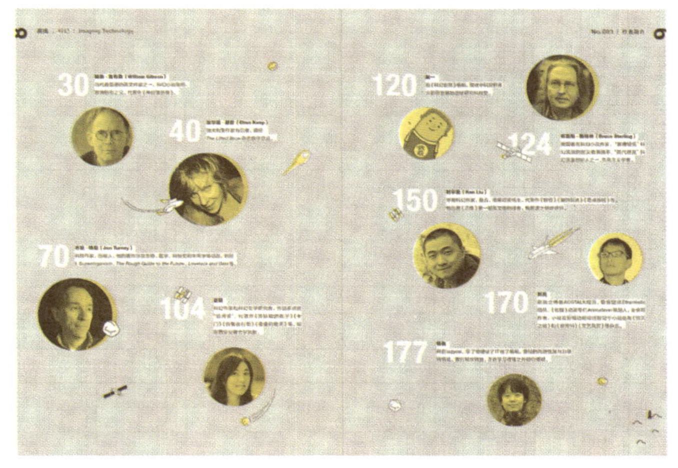
30
40
70
104
120
124
150
170
177

连线 | 专题 | FEATURE

13

王晋康

◆ 高级工程师，高产科幻作家，从事创作二十年，发表四百余万字，代表作类人

1 您认为中国科幻有没有可能迎来自己的"黄金时代"？

黄金时代实际有两点含义：首先它是一个高峰；其次题材和表现手法相对传统。这正符合今天中国科幻的特点。所以，后人将把上世纪90年代至今的时代定为中国科幻的黄金时代。

2 现在人们对软/硬科幻的划分已经十分模糊。您觉得科幻创作还存在流派分歧吗？未来科幻创作的风格还会发生什么样的变化？

不区分软硬科幻是我们的共识。但流派是天然存在的，有流派但没有分歧。"小眶"地预测一下，今后科幻的写作手法将吸收更多的后现代因素，文学性的增强和快餐式作品的壮大将是并行的两个趋势，而我称之为"核心科幻"的作品反倒会有所式微。

3 现代科技的更新换代非常快，似乎已经不会像从前那样令我们惊叹了，科技的神奇感消失了吗？您认为目前科技前沿的兴奋点在哪儿？

科技的神奇感不会消失，因为人类知道得越多，就会面对越大的未知。目前科技前沿的兴奋点是对人自身的认识，尤其是对于人脑的认识。

4 《连线》杂志创始主编凯文·凯利曾说"人是技术的性器官"，技术在借助人类而繁衍。您也曾在小说里提到"科学家是客观上帝的奴隶"，借助人类的发现欲望，机器在不断地变得更加智能，甚至超越人类。这样的观点是不是过于悲观？您个人也是这样认为的吗？

人类并非天生贵胄，并非上帝的造物，而只是物质的复杂缔合所产生的更高层面的东西。从这个观点看，电脑智力超过人脑并非了不起的事，但也非"机器人反叛"这类浅薄的预言，无所谓谁控制谁，只是智力平庸的人类无法再做世界的主人了。顺便说一句，人也会进化的，包括人为的智力强化，但强化后的人不能算纯粹的人了。

5 人类最有可能因为哪一种缺陷而灭亡？

目前看，哪一种缺陷都不会造成人性或人类物理本元的灭亡。最可能的是：因为脑结构的限制，人类科学发展到某个高度后面临一个无法逾越的瓶颈。

6 能否描述一个您的写作场景？

使用电脑写作，大部分是在白天写。

7 科幻写作之外，您还有在计划其他读者可能感兴趣的项目吗？

带孙子——读者会感兴趣吗？

8 能为您所在的城市预想一个未来吗，比如一百年后的南阳？

南阳是南水北调的起始地，这说明南阳的一大优点：水源相对充足。曾有过因考虑水源而把首都迁往豫西南、湖北一带的说法，希望一百年后它能成真。这个预言带有太多个人的感情分量，聊博一笑。

9 能否推荐一本非虚构类的图书？并简单说明一下推荐的理由。

曹天元的《上帝掷骰子吗》，这是我读过的，中国人写的文笔最自由的科普著作之一。

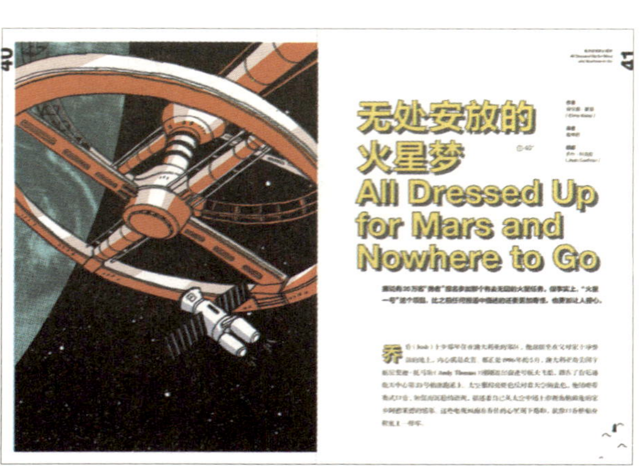

40

41

无处安放的火星梦

All Dressed Up for Mars and Nowhere to Go

70 离线 | 专题 | FEATURE

一种工具，一个故事：科幻如何影响技术的未来

Imaging Technology

科幻写作不仅是文学上的表达工具，还是日常生活中的辅助手段。它们是我们理解世界的途径，非常重要。

71

1 过去的未来

▼ 第四期《离线 · 机器觉醒》版式

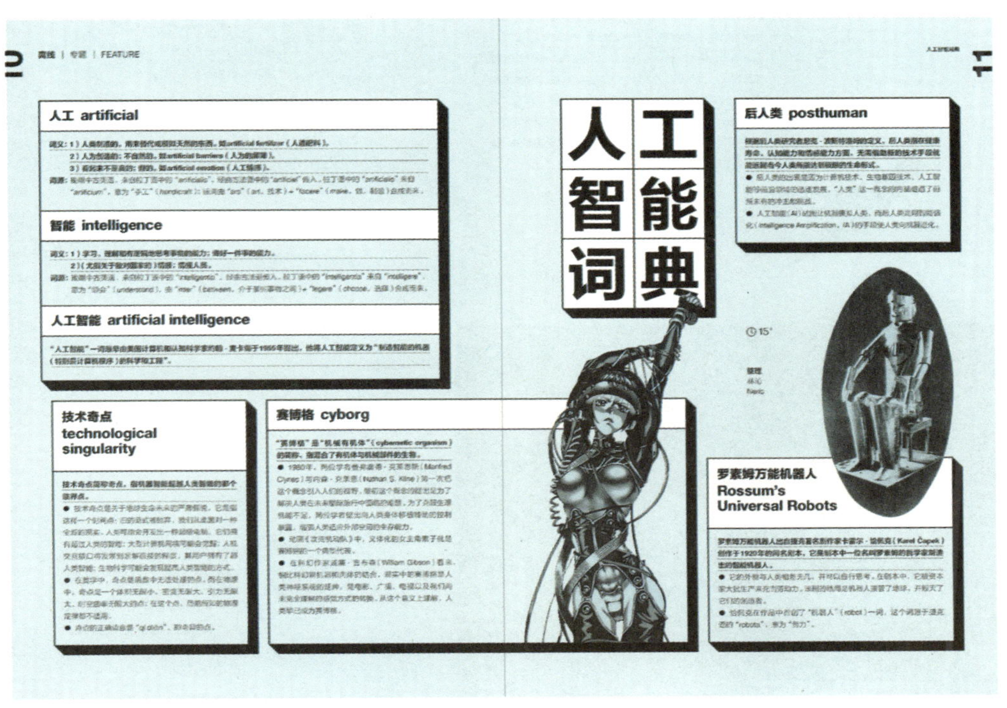

10 离线 | 专题 | FEATURE

人工 artificial

智能 intelligence

人工智能 artificial intelligence

技术奇点 technological singularity

赛博格 cyborg

11

人工智能词典

后人类 posthuman

罗素姆万能机器人 Rossum's Universal Robots

52
魔线 | 专题 | FEATURE
15'
奇点幻想记
记者
Nens
插图
second
2045年，奇点降临。我们虚构了2045年的6个平行世界和技术乌托邦，并采访了现实中的6位科技创业者，聊聊他们对未来的幻想。
虚构场景1
监控之眼
这是梦境么？公司在派人追杀我，无处可藏！男人冲过安检进入地铁站，边跑边左右张望，嘴里叨念着："他们要杀我！救救我！"惊惶的人群或不知所措地望着他，或诧异地绕道而行。突然，一个Machine Vision摄像头闪着红光的眼睛发现了他。在20公里外一栋别墅的书房里，电脑屏幕紧紧锁定并跟随着男人的面部移动。屏幕的主人敲击了几下键盘，收到一长串计算反馈。就在他轻轻按下回车键的同时，一颗内部嵌入了微电子机械系统以便激活空气动力装置的子弹飞出，弹身上的微型实时传感器和所有公共场所的Machine Vision摄像头相连。借助今早时速5公里的西南风，子弹优雅地加速并旋转，击穿地铁站天窗，钻进了男人的胸膛。

格灵深瞳 ※ 何博飞：

任何事物都有两面性，而且优势越大的东西，它的两面性越
能就是这样。当机器都拥有了视觉，我们的纽扣、鞋子、裤子都
时候，也挺恐怖的。万一它的数据泄漏了呢？关键在于数据掌握在

在这方面我是个乐观主义者。像格灵深瞳这样做人工智能的
开始就应该有所警惕和戒备，带着责任感和敬畏心，把预防机制
段时间，Space X的埃隆·马斯克提出了一个"人工智能恶魔论"，
觉得很不理解，他怎么会这样想呢？但后来我意识到，他作为一
这样说，是一种有效地唤起大众警惕心理的方式。如果我们平淡
智能的威胁，大众甚至都不会注意到这件事的严重性。

我认为机器智能渗入人类生活之后，更有可能发生的是人
比如，现在我们需要语音识别来询问智能设备。也许几年之后，
时手环之类的东西就自动感应到你口渴了，或者需要吃点维生素
自己去问。所有设备都是联网的，每个人可能需要一千个设备。
定会实现，因为从潜意识里，人类就一定会不懈地朝这个方向努
性也是一定有的，但我相信人有更高级的自制能力。未来人工智
做更多事情的时候，人就能够去做更有创造性、更高级的事情。
智能一定会朝着更便利、更智能、更美好的方向发展。

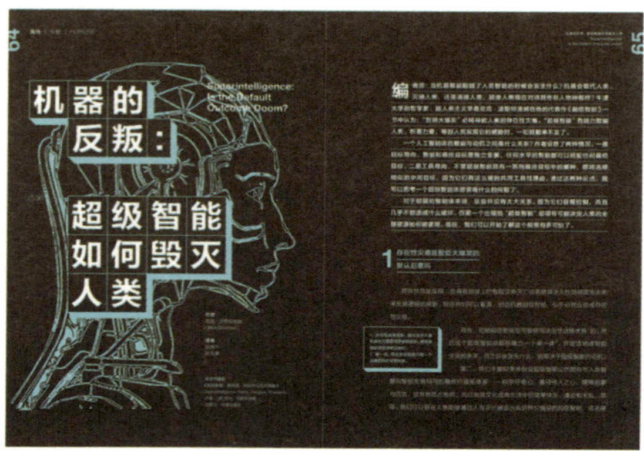

结语

随着电子阅读的加入，我们的阅读方式开始发生变化，同时也催生出各种新兴的阅读媒介。虽然Mook的外表看起来像一本书，但实际上编辑内容的方式已经发生根本性改变，同时阅读方式也受到影响。所以，我们不能单一地看待它的设计，而是要在两种媒介中寻找平衡。这里的平面设计实验只是一种探索和尝试，具体的设计呈现还得根据内容的属性再做分析。

这是《离线》纸质科技 Mook 与我之间的故事，而今《离线》再次改变：放下纸书轻装走上了探索数字化阅读的道路，对于科技 Mook 的设计尝试也就此告一段落。新改版的《离线》从一期 10 万多字，近 200 页的纸书，转变为一期 3 万字左右的数字阅读产品。而媒介的改变又会给《离线》带来什么新的变化？这是我们需要不断关注和探索的新课题。

品牌原动力

刘永清

“华思品牌营销设计机构及刘永清设计事务所创始人，深圳华礼文化产业董事长，先后担任深圳市平面设计协会秘书长、主席等职务，广州美术学院设计学院研究生课程导师、客座教授，同时担任中国地质大学艺术设计学院、湖南师范大学艺术设计学院、北师大艺术设计学院珠海分校、沈阳工学院艺术设计学院等多所院校客座教授，十大年度创意人物，《中国品牌年鉴》编委，意大利全球最佳品牌设计大奖赛评委，方正字库特邀字体设计师。”

华思致力于品牌营销咨询管理设计，通过持续创新和系统整合的方法，来解决品牌形象在传播中遇到的众多问题，为客户提供原创性、前瞻性、系统性、持续性的品牌营销设计专业服务。华思通过从业17年来对品牌的一些见解，用“一以贯之的品牌三大构成”系统来分享我们对于品牌独特的价值观及方法论，从道与术的层面来阐述项目操作的一些心得体会，以及对品牌设计行业的展望。

篇首语

原动力是指原来的、先前的动力，是一种在有意识前就存在于人体内的能力。品牌就像人一样，也有自身的原动力。而这个原动力则是指在消费者心智模式中，有强烈联想的因素，这既是品牌的核心基因，同时也是人类日常生活中潜移默化的文化认知。在品牌建设与营销传播中，原力有着不可思议的力量，它可以顺理成章地勾起消费者对这种基因的联想，无须刻意引导，随口将感知的信息说出，就是我们想向市场传递的信息。也可以在短时间内发动大规模的购买行为，还可以让一个新品牌在一夜之间成为亿万消费者的老朋友。

所以，我们常说做品牌就是做文化,任何一个品牌，都饱含着企业赋予它的深刻内涵。通过品牌，人们可以透视一个企业的价值观、经营理念、发展远景。品牌是一种比有形资产价值更高的特殊无形资产。品牌的价值，在于文化的沉淀，文化不能一蹴而就，它是企业发展的长期积累，它需要高品质的产品和优质的服务作为保证，更需要差异化的价值定位和富有个性的整体形象作为载体。

作为一个品牌营销咨询管理设计师，我也希望能通过本文与大家探讨品牌与设计的关系，结合华思相关案例全方位还原品牌原动力的发掘与使用过程。首先从品牌的定义出发，概述品牌的起源、我们的客户在品牌发展的过程中所遇到的问题，以及我们是如何通过华思的品牌战略方法为客户解决问题，并创造价值的。在第二部分主要通过案例的详细分解来体现设计的意义。我们常说，设计要让价值看得见，什么样的设计能解决问题，怎样的思考方式才能让设计体现价值？第三部分将详细介绍华思的工作方法——“一以贯之”，从道与术相结合的层面去进行判断、思考品牌设计。通过一系列的品牌全案操作过程还原，从头至尾的品牌策划思路梳理，将“一以贯之”的概念细化分解，揭开品牌原动力概念神秘的面纱。

回顾我们的每一个案例，其实都是我们“华思想”不断完善的印记。行业内十七年的摸爬滚打，不同行业、不同品牌经验模式的跨界交融，也算是见证了中国品牌近代的兴衰与崛起。至于我与设计结缘入这一行的原因，还得从初中说起，当时的兴趣爱好就是写写画画，在老师的指引下进入了具有艺术特色教育的高中，最终进入高等艺术设计院校从事设计专业学习。在设计的路上，我从来都不是一个人独行，我也非常喜欢跟身边喜爱设计的朋友们一起进步的感觉。最开始是由于多件作品入选了“中国美术学院高考优秀作品集”，所以在朋友的帮助下把经验与学弟学妹们分享，于是在高中期间就开办了高考艺术专业突击班，因为良好的效果以及学弟学妹们强烈的学习愿望，一开就是5年，使我深入体会到了什么叫“教学相长”。

几年的大学生活下来，时刻未曾放弃努力，收获良多，与社会也有了更多的接触，对设计的认识也处于不断地建设、改变之中。在毕业的那一刻，我已经与设计结下了不解之缘。2000年大学毕业，由于心怀对平面设计行业的憧憬与敬仰，基于从学时期屡获大奖的优异成绩，我满怀信心，收拾行囊，搭上南下的列车，先后师从陈绍华、杜华林老师学习设计，之后进了当时中国最早成立的第一家本土专业品牌顾问机构——力创，系统学习了品牌理念、行为、形象系统管理设计。我极其热爱这项事业，从创办公司到现在华思也跨入了一个十年，走向另一个十年目标，从纯设计的工作到系统的品牌规划设计，再到系统品牌营销设计，孜孜以求创新蜕变，如今整个团队逐渐成长壮大，从品牌设计的三化理论体系到品牌的三大构成的工具箱及方法论的逐步形成，用一以贯之的品牌系统创意帮助客户成长，看到客户成长总是超越我们的想象之外，这也让我们倍感欣慰和自豪，这也是我们对自己专业苛求最大的动力。我经常和伙伴们开玩笑说：我们这一行，是干了自己喜欢做的事，顺带帮助了别人，顺带还能赚到钱，这是天底下最好的事情。再大的工作强度也能让人乐此不疲。我们还为公司创造了司歌——《改变》，我们的愿景是要做“中国领先的品牌营销设计践行者”。无论是从公司的产品定位，还是品牌设计的理念，我们都有自己独特的方法，我们的精彩作品为社会带来的价值一直在继续。

品牌战略三大构成：文化、符号、产品

聊聊品牌的周边

谈到品牌原动力，首先需要清楚地知晓什么是品牌。其实，品牌一词来源于英文单词Brand，最初是烙印的意思，是人们用来区别家畜等私有财产时起到图形区隔功能的标记。到了中世纪的欧洲，手工艺匠人用这种打烙印的方法在自己的手工艺品上烙下标记，以便顾客识别产品的产地和生产者，这就产生了最初的商标，并以此为消费者提供担保，同时向生产者提供法律保护。到了1835年，苏格兰的酿酒者使用了“Old Smuggler” 这一品牌，以维护采用特殊蒸馏程序酿制的酒的质量声誉。

品牌作为一种图形印记诞生于人类走向社会的历史进程，是在长期积累中作为人类文明行为指向而诞生的印记。因此，品牌是人类文化的印记，这种印记作为人类发展的记忆形成一种纹路，聚合成一个国家、民族、企业，也就是我们所说的文化底蕴。所以品牌的最大结果是文化，是一种文化大符号的结果。品牌与文化是一种相辅相成的关系，一个企业的口号、宣传、形象、包装、产品、服务等都是文化符号，这些文化符号都是品牌和消费者之间产生的关联印记，是最终发生的某个类别联想信仰。什么是原动力，文化就是原动力，品牌的背后是文化，做品牌就是做文化。每个类别品牌都有巨大的文化土壤，文化土壤不在品牌也不复存在。文化就是消费的动力，文化成为信仰，继而推动给这个品类的品牌输入源源不断的动力源。不管哪个角度的消费都和文化有关，哪怕是色彩都和文化有关，中国的红，英国的红、蓝、白，巴西的黄、绿等，一切都归结于文化，文化就是原动力。

那什么是设计？在华思的方法论理中，“设”是设想，一个规划、一个概念、一个创意创想，是知的层面；“计”是计算，是一个严谨的分析执行的过程，是一个结果，是根据前面“设”的层面得到的结果，是行的层面。我们更喜欢把设计理解为“知行合一”。总而言之，品牌并不仅仅是画一个Logo就能解决的问题，我们总结为品牌战略三大构成：文化构成、符号构成、产品构成。文化构成是指定位、核心价值、传播语等说给消费者听的部分；而符号构成，则是视觉符号、空间符号、听觉符号、嗅觉符号、触觉符号等呈现给消费者五感感知的部分；产品构成，则是我们为消费者提供的产品或服务，也就是品牌最本质的东西。从虚到实，全方位打造消费者的服务体现。总的来说，品牌设计是一个总纲，空间设计也好，包装设计也好，产品设计也好，都是在这个总纲下解决各自问题的零部件。品牌设计是门类的总归，工业设计、产品设计、 CI设计等都是为品牌服务的。

道术结合，道术相长才能推动设计水平的提升

品牌设计经历了在欧美萌芽、在日韩完善的发展阶段，最早被运用并为人们熟知的有宝洁公司的商标、培特-贝伦斯为德国 AEG电子厂进行的应用设计、美国的IBM，后来发展到日韩、中国……最初人们更多的是在符号上做文章，并未将品牌设计系统化。直到后来意识到品牌战略发展的重要性，迎来了品牌设计百花齐放的时代，将品牌设计运用到生活细节中，如同可以根据闻到的不同香味辨别不同的酒店一般，这也是一种品牌运用。在从业17年的发展过程中，从最开始单纯为客户提供品牌形象设计服务，单纯追求设计感以表现技法，慢慢演变成由策略引导设计，体现策划思维在设计中的价值。我们认为如何做一个创意，这个创意要体现什么价值，是道的层面；而如何将这个结果表现得更生动、更精确，是技法，是术的层面。道术结合，道术相长，才能推动设计水平的提升。

我们曾经做过这样一个项目，在珠海有29年历史的凉茶甜品品

牌——古春堂，换了二代掌门上任，除了更改原来的品牌名“回春堂”为“古春堂”外，同时也带来了新的管理思路与理念。他们最开始找到我们，只是希望做一套更符合市场需求的新的品牌形象系统。但在接到项目后，我们进行全方位的访谈调研，对古春堂品牌进行诊断，发现这并不是重新做一个标志就能解决的问题。

◀ 古春堂 Logo 设计

◀ 古春堂 Logo 延伸设计

正如开始我提到的品牌战略三大构成，从品牌话语体系角度来说，当时的我们需要一个明确的价值点传播给消费者。为什么要选择古春堂？给消费者一个足以说服他们消费的理由，这才是做快消品的目的。纵观古春堂品牌29年的发展历史，传播语从第一阶段直扣消费理由的“对症下火，回春堂”“火了，渴了，回春堂”，非常直接地告诉消费者，在什么情况下你需要我们。到第二阶段开放式提问“养生时代，回春堂饮领我们喝什么”，这样的传播语不仅仅给自己做广告，同时也给所有饮品做了广告，并不能很好地起到引导消费的作用。再到近期的“天然的好”，这是一个泛指，一个概念。所谓的情怀，可以是饮品，可以是食品，同样也可以是补品或化妆品，适用于任何行业、任何讲究原料的产品，它不具备消费的引导与指令功能。传播语的最高境界是指令，可以引导消费者行动，像“送长辈，黄金酒”“今年过节不收礼，收礼只收脑白金”“过年吃旺旺，新的一年一定旺”等，这些词语都是有号召力的，可以刺激消费者的购买力。

因此在考察凉茶甜品市场后，我们发现凉茶行业，也存在非常成功的品牌案例，一句“怕上火，喝王老吉”将凉茶这个产品推向全国，风靡餐桌。王老吉的定位是：预防上火的饮料。而古春堂的凉茶主要是针对已经上火，需要降火的人群，因此就定位在“降火饮料”上。基于这样的考虑，在市场中锲入语言传播钉“下火更健康，就去古春堂”。用最简洁的十个字，既体现了传播主体——品牌名：古春堂，又体现了产品的功用——下火，最后带给消费者的是——更健康。所以整体组成一句行动指令——就去。每一个字符，各司其职，告诉消费者，你为什么需要我，在什么情况下，需要我。

而产品的核心价值，仍然是在阐述一个消费理由，不过是更单纯地说出一个“我有、你需、他无”的优势。在此之前古春堂的核心价值根据其最新一期的传播语“天然的好”进行延伸，意思是产品“选材好，工艺好，营养好，味道好”，简称为“四好”的核心价值。然而回过头用“我有、你需、他无”来检验，这很显然是一个我有、你需，他也有的价值点，并不具备古春堂品牌的特有性。二代掌门系驻港部队退伍军人，“做人要有良心，只做最好的产品，有添加剂，不健康的产品我们不会做”时常挂在他的嘴边。再结合古春堂做餐饮的品牌属性，随后提炼出了品牌最关键的“良心”文化，并由此进行品牌故事的延展，最后得出“做人如凉茶，凉茶即良茶”这样的品牌主旨，这也成了古春堂上下奉行的“良心文化”内核。

▲ 古春堂插图设计

由于确立了文化核心，古春堂也就有了和市场上其他同类品牌所不同的核心竞争力，因此提出了品牌的核心价值是“古法心造，岭南味道”。“古法”，我们是拥有29年历史的老品牌，是家族世代传承的技艺；“心造”，我们的文化内核是“良心文化”，食者父母心，正如同仁堂所说的“修合无人见，存心有天知”，我们用对得起天地良心的一片真心，制造出对得起天地良心的产品。正所谓知行合一致良知，我们是这么说的，也是这么做的。“岭南”则是占据了一个文化符号，品牌其实就是做文化，品牌的最高境界，其实就是成为一个文化符号。而凉茶自古以来都是岭南的特色，凉茶文化也是岭南文化不可分割的一部分。就像云南白药，因为中国中医文化的基础，所以云南白药创可贴才敢说 “云南白药创可贴，有药好得更快些”，消费者都买账，都认可；云南白药牙膏说能减轻牙龈出血，大家也都相信。并不是大家盲目追求高价国货产品，而是大家信任云南白药，信任中医文化。云南白药是创口止血的代名词，因此创可贴、牙膏都因为这个文化积累而被市场所信任。凉茶文化是岭南特有的文化符号，因此首先占领“岭南味道”这个文化符号。岭南味道的凉茶，才是最正宗、最好的凉茶。

▼ 古春堂胸章

▲ 手提袋

传统的凉茶店，自然离不开葫芦宝瓶，无论何种造型，都与传统凉茶铺有不解之缘。古春堂从最初到近期三个阶段的品牌形象，均以葫芦为主体，考虑到传承29年的品牌资产积累，我们建议保留葫芦元素。然而，在快消品牌的构建中，我们深知必须挖掘品牌文化的超级原动力，让一个原本和消费者就熟悉的形象成为品牌代言人，这样就能一夜之间让品牌成为广大消费者的老朋友。在品牌建设与营销传播中，这个具备品牌原动力的形象有着不可思议的力量。它可以轻易地改变消费者的品牌偏好，也可以在短时间内发动大规模的购买行为。就像很多品牌找明星代言，其目的也是借助明星在社会上的知名度，超级粉丝团及明星文化的信仰动力来拉近消费者市场关系，迅速建立市场认知度，让消费者熟知，从而引起共鸣，产生品牌原动力。

▲ 葫芦形象的 VI 应用展示

所以，这个具备超级原动力的品牌形象，肯定是大众熟知，并且是人人喜闻乐见的。看了感觉都认识，就算没看见，听描述也能很快在头脑中出现相对应的形象，因此图形可读化也是很重要的一环。图形可读化其实就是将图形用语言描述出来，而口头传播的内容必定是大众所熟知的。在快消品牌的传播过程中，能大大降低品牌传播的难度。在品牌建设与营销传播中，如何发动消费者准确无误地传达你的品牌将是占领市场的一大关键点，无须刻意引导，随口将看见的图形读出就是我们想向市场传递的信息。只是如何将消费者描绘的语言，精准地用图形去展现，这个过程需要去发掘。古春堂的葫芦元素需要保留，而且要塑造一个全国人民都熟悉的、正义的、有良知的、勇敢的葫芦形象。说到这里，其实大家脑海里都有一个这样的形象，那就是——葫芦娃。葫芦娃是动画片《葫芦兄弟》的主角，每一个都本领超群，正义勇敢，深受广大观众尤其是少年儿童们的喜爱，成为“80后”和“90后”心目中的经典卡通形象，这与古春堂的品牌形象不谋而合。我们可以看出，所谓图形可读，其实就是用大众身边都熟知的文化物象符号来表现品牌，让大家可以很轻易地明白对方说的是什么。就像目前市场上很多品牌用卡通动物作为品牌形象，例如：天猫、京东、苏宁、国美等，以及食品行业的达能王子、张君雅小妹妹、小茗同学等。除了增加品牌的亲切度外，其目的也是利用所有消费者都可以用语言描述这个品牌是什么，拉近市场关系，迅速建立市场认知度，让消费者熟知，从而引起共鸣，产生品牌传播力。

古春堂这个案例，是我们在快消品行业做得非常成功的案例，从品牌形象设计到空间门店规划，我们服务至今。更从声音识别的角度，给他们创作了品牌歌曲《葫芦娃》，用熟悉的曲调，请专业音乐人对曲谱进行改编，现已正式面市宣传：

葫芦啊，葫芦啊。

古春堂里都有它。

真材实料不做假，

啦啦啦啦。

下火健康，来古春堂， 身体棒。

美颜时尚，来古春堂， 变更靓。

啦啦啦啦，

古春堂 ，古春堂， 大家尝。

▼ 手提袋

好设计解决问题并创造价值

▲ 古春堂店内环境展示

历经两年，古春堂品牌连锁店已从原来的20多家，在短短两年时间，增至现在的将近100家。营业额也有了 60%以上的大幅度提升，最好的一家店，单店单月销售额增长了 200%。作为一家商业设计公司，行业内的获奖，只能说是行业内对我们的检验，体现我们在行业处于什么水准。而我们真正的价值在于为客户解决问题，并创造价值。品牌建设的最直接的目的是提高销量，这是客户追求的目标，也是我们为之努力的方向。

设计在商业中产生价值

我们无法把品牌进行某种划分，只有它存在于设计、存在于商业之中可能才会产生价值。 可以说，品牌设计与商业之间是桥梁的关系，因为有了产品、有了品牌经过发展才形成了现在的商业模式，它们是一种链接的关系。品牌是商业的一种工具、一个零部件。正如都是可乐却在品牌上存在差异。可口可乐倡导百年经典，是传统的味道，让消费者产生的联想是体育明星、体育赛事，因此历来被市场认为是正统的可乐。而百事可乐则通过广告语传达"百事可乐，新一代的选择"，在与可口可乐的竞争中，终于找到了突破口。首先是准确定位：从年轻人身上发现市场，把自己定位为新生代的可乐；并且选择合适的品牌代言人，邀请新生代喜欢的超级巨星作为自己的品牌代言人，把品牌形象人格化，通过新一代年轻人的偶像情节开始了文化的改造。围绕这一主题，百事可乐的合作伙伴BBDO为百事创作了许多极富想象力的电视广告，如“鲨鱼”“太空船”等。这些广告针对第二次世界大战后高峰期出生的美国青年，倡导“新鲜刺激，独树一帜”，独特的消费品鲜明地和老一代划清界限的叛逆心理，提出“新一代”的消费品位及生活方式，结果使百事可乐的销售量扶摇直上。1984年，百事可乐投入500万美元聘请了流行乐坛巨星麦克尔·杰克逊拍摄广告片——此举被誉为有史以来最大手笔的广告运动。把最流行的音乐文化贯穿到企业和产品之中，也开始了百事可乐的音乐之旅。从此以后，百事可乐进入了销售的快车道，音乐体育双剑合璧，同时这一攻势集中而明确，都围绕着“新一代”而展开，从而使文化传播具有明确的指向性。

同样的产品，不同的传播路径，会产生截然不同的市场信号。这也是品牌的魅力所在，创造独特的价值感染力，并引导市场的消费热潮。作为专业公司，我们的工作就是创造这样的品牌价值，并使它们持续散发出魅力，吸引消费者选择。

品牌设计领域没有标杆

在华思看来，品牌设计存在于不同的商业案例中，解决不同的商业问题。只要解决了问题，达到企业或者产品的商业目的，那品牌就成功了。从这个方面看，我觉得品牌设计领域没有标杆。常有人问我，什么样的品牌设计才是好设计？我认为可以帮助客户解决问题并创造价值的设计就是一个好的品牌设计。当你接触到新的项目或案子时，首先考虑的不是如何把它雕琢成艺术品，而是从它能解决什么问题，会带来什么好的设想，并且能给人类、社会创造多少价值等方面思考，这样设计出来的作品才会引起人们的共鸣。因此，好的设计能创造价值的同时扣人心弦，能达到知行合一。

来个包（LIKE BAG）就是典型的案例，这是一个原本做奢侈品女包出口代加工的企业。随着外贸风潮的日益衰退，厂家创造自有品牌的需求也日益显著。LIKE BAG 源于一群有着相同梦想的年轻人，曾为欧洲多个奢侈品牌设计过风靡全球的包包，也曾与日本设计大师跨界合作潮牌。正是有了这坚实的积淀，通过创造一匹会奔跑的马儿，向大家传达我们对时尚的追求。小马代表着朝气蓬勃、轻松时尚、悠闲轻切，充满了激情和活力，通过与线条的结合赋予小马生命，律动的马儿传达了年轻人突破传统，向往自由生活的美好愿望，也诠释了 LIKE BAG 作为国内首家提出轻时尚概念女包品牌的非凡魅力。用不朽的创意和精湛工艺告诉大家追求时尚不是一件奢侈的事，我们也有梦想，梦想全世界的年轻人可以轻松地拥有包包带来的时尚；时尚应该是轻松的、简单的，时尚与平价不是对立的。活泼生动的形象、清新亮丽的色彩昭示着 LIKE BAG 让年轻人拥有健康的轻时尚生活方式的决心与使命。小马向前奔腾，轻时尚不只是定位，不只是行业属性更是一种承诺！告诉所有人：LIKE BAG，包你喜欢，马上来个包，马上就有精彩。

▼ 来个包标志展示

▼ 来个包形象墙

◀ 来个包广告单页

从设计经验中发现，品牌设计师最常遇到的问题是容易陷入设计的怪圈，作为设计师总是习惯性从技术层面对设计进行切入，继而缺少整体设计思路的思考和方向的引导。就像我们在做来个包（LIKE BAG）的时候，很多人一开始会在乎表现技法是否新颖、风格是否创新，而没考虑到战略、定位上的不清晰。单纯地用设计技术层面的处理方式解决问题，设计出再美再好的作品往往也会因为无法迎合市场而变得得不偿失，这也是设计师的疑惑之处。在华思，所有出品的成果都依靠华思的方法论引导，利用独创的形象设计三化法则——品牌价值化、价值符号化、符号系统化，层层推进，步步剖析，先通过系统的思维方式思考再进行设计，这样就拨开乌云见青天，结果也变得不一样了。

▼ 来个包店面形象展示

吾道一以贯之

品牌设计的道与术

评价品牌设计作品高下的标准，应该从设计师在道的层面和术的层面上的造诣进行判断。道是设计师的思想，以及对问题的洞察，明白设计要解决的问题及解决的程度；而术则是表现的技法，也就是所谓的设计基本功。真正厉害的设计师会巧妙地将这两个层面结合起来，不但给人一种情理之中、意料之外的惊艳感，同时还赋予作品意义深远的厚度。你要明白先找到什么，并从道的层面出发，再用术的层面去表达，精确地控制住整个作品的美感及情感基调，也许这就是这些作品会成为经典的原因吧。前面提到的古春堂或者来个包（LIKE BAG），我们的入手点绝对不是该画一个什么样的图形，或者修一款什么样的字体来做Logo，而是先明白这一次的项目是基于什么样的背景，客户为什么需要这一次的工作，他们想实现的目的是什么。然后对问题进行拆解，要实现这个目的需要如何去做。最后才确定我们应该做什么，是图形？还是字体？或是寻找一个超级形象代言人？这也是我们形象设计三化法则的内容，品牌价值化、价值符号化和符号系统化。

形象设计三化法则

品牌价值化，首先设计要解决“我是谁”的问题，要让品牌自身的价值能被看见。这就是一开始所说的先明白你的工作内容是什么，项目需要体现的价值点在哪里。“古春堂”需要体现的是“古法心造，岭南味道”；“来个包”需要体现的是“年轻就要马上来个包”。先提炼出品牌核心价值点，然后就到了第二步的价值符号化，如何用符号来体现品牌的特定价值感染力。既要考虑品牌本身的价值，又要考虑市场的接受程度，如何能和消费者产生更深层的沟通与交流。“古春堂”这个项目会结合品牌29年的发展历程中尤为重要的葫芦元素，也会考虑品牌的良心文化，由此提炼出坚强勇敢、正义善良的葫芦娃形象。“来个包”也是通过年轻人对自由梦想的追求，并结合品牌宣传理念“年轻就要马上来个包”，从而创作出小马和包的结合图形。有了独特的符号元素，并将此进行系统化延伸，使品牌更全方位、更立体，这就是形象设计三化原则的最后一环：符号系统化。三化原则既是对项目设计思考的过程，同时也是指导设计工作的方法论，通过层层剖析，人人都可以是优秀的设计师，人人都可以对品牌有更深的认识。

品牌设计方法论

华思有一套自己很成功的品牌设计方法论：吾道一以贯之。其中，“一”是品牌独有的、唯一的、排他的，它是产品唯一的差异化，是品牌核心中的核心。但凡所有想要创建品牌的企业或个人，无不是从这个“一”开始的。比如华思做的古春堂案例，做品牌就是做文化，古春堂做的是岭南凉茶文化，同时消费是靠文化来引导心智的，如何将岭南凉茶文化引到生意当中呢？那就是找到古春堂的核心价值。这就相当于找到了打开生意大门的钥匙，于是有了“凉茶即良茶”，巧妙地找到凉茶做良心文化的契合点，即找到了最根本、最本质的东西，有良知才有凉茶。从中提练出了古春堂的核心价值“古法心造，岭南味道”，找到古春堂与受众产生共鸣的传播点“下火更健康，就去古春堂”。这个核心价值系统非常全面，构建了道的层面的系统，从术的层面去表现，找到它的明星代言人——葫芦娃。葫芦娃完全契合了古春堂的核心价值体系，达到了知行合一。因此，古春堂要成功是必然。

我们把华思做品牌设计时需要在道和术的层面上的

造诣，以及建立华思思想的吾道一以贯之的方法论相结合并综合分析。这套方法论由语言、符号、产品三大结构构成，涵盖着关于品牌方方面面的360°体验，进行视觉锤、传播钉、产品心全方位营销。即以产品为核心，运用视觉锤的工具将定位的钉子钉入消费者心智中。在术的层面建立了华思论，即知行合一，品牌战略三大构成：文化构成、符号构成、产品构成，品牌创意三元法则：消费理由、符号共鸣、符号沟通。品牌符号设计三化法则：品牌价值化、价值符号化和符号系统化；品牌的终极目标是让品牌成为消费者的信仰。最重要同时最关键的一步就是找到品牌的“一”，即整个品牌传承建立的总纲，统领后面的系统，它相当于一艘船的舵手，引导品牌未来的航向，船员是它的符号系统，而船上所承载的货物就是品牌的产品。它是品牌的思维航线纹理，这个纹理是找到和消费者之间的通路的钥匙，也就是独一无二的心智模式，它包括品牌的战略、定位、文化核心。

青岛世界博览城分析

2015年我们做了一个还算比较大的项目，中铁集团在青岛黄岛区投入500亿建设青岛西海岸。这标志着青岛西海岸新区和中铁置业集团有限公司建立起全面合作关系。双方将依托各自的资源优势和发展需求，共同对青岛西海岸新区核心区进行区域开发。一期占地约1 850亩，在青岛西海岸新区核心区南部规划建设东亚国际展览中心、东亚国际会议中心、国际文化艺术交流中心、国际会展配套商务中心、国际海滨医疗养生中心、国际海滨旅游购物中心、海滨森林公园运动中心、高铁新技术研发中心“八大中心”，以及海滨度假居住新城，引入东亚海洋经济合作论坛、青岛国际海事防务展、国际一流心血管专科医院、中国高铁装备研发展示中心，打造青岛西海岸新区城市“四张名片”，建设国际滨海博览新城。项目建成后，将立足国内、辐射东北亚，承接有影响力的全国性乃至国际性的大型展览，并自办或培育区域性的、在国内具有影响力的大型展览，使会展产业在西海岸不断发展，打造青岛西海岸经济增长新引擎。项目毗邻万达东方影都，如何与东方影都分庭抗衡，营造出青岛西海岸“两翼齐飞”的盛景，是我们工作的首要任务。

因此，我们提出了品牌全营销概念，品牌即营销、定位即营销、命名即营销、产品即营销。简单来说，品牌战略的三大构成：文化构成、符号构成、产品构成，共同在说一件事情，在传播一个价值点，就是华思的“吾道一以贯之”。我们一直在思考，有没有一个超级创意来概括这个项目，这个创意就是找到这个“一”，这个“一”就是这个项目的“魂”，为项目找到“魂”，创意也就成功了一半。我们从三个角度来进行工作，首先是文化构成，话语决定一切，我们要塑造大众心中唯一的话语体系；然后是符号构成，形象决定一切，它是整个品牌的敲门砖，是品牌传递的第一使者，用最具中国精神的视觉文化统领一切；最后是产品构成，必须建立新类别赢得解释权，唤起目前市场上只有我们才能满足的需求。

万达集团王健林在一次演讲中说：“未来几年，娱乐、体育和旅游行业最有前途。”未来最赚钱的三个行业，强调了旅游却没有房地产。以我们多年地产板块的业务经验，传统的商业地产，仅通过炒房卖楼如今已经很难从政府那里拿到优惠地皮，而且单纯的地产项目，土地增值税等税费的缴纳比例极高。但如果加以文化产业的包装，情况就会完全不同。一些地区为了促进文化旅游产业的发展，在对文化旅游产业的招商引资方面提供了很多优惠。在房地产行业平均利润率滑坡的大背景下，多元化发展成为大多数房地产公司的生存选择，旅游地产无疑是其中重要的业务板块。因此，近年来在万达、世茂、富力等知名房地产商纷纷斥巨资打造主题乐园，中铁集团该如何独树一帜，形成自己特有的品牌价值体系呢？

在做这个项目时，首先从三个角度的不同层面来剖析这个项目，第一是做势：如何才能从国际的角度、中国的高度、区域的广度、内容的深度来看这个项目。第二是做市，我们要做的不是一个单纯的地产项目，而是独一无二的创意，要让这个地方、这个地块世界瞩目，用一个巨大的创意将它营销出去。第三是做事，我们面对的对象不单单是购房者，而是为大家以及政府做出一个产业链，用品牌的说法就是开创一个新品类。所以，应该用运营城市、推广城市的方式来经营这个项目，最终达成一个超级品牌、超级产业、超级地产、超级案例。因此，结合项目前期“八大中心”“四张名片”的规划，我们给出的定位是：“世界聚集的中心地”。这并不是做简单的地产项目开发，而是地区经济的重建，既然说是“世界聚集的中心地”，那么就是依托中铁集团自身资源，以全球会展产业联动都市休闲旅游，双核驱动，共同拉升区域价值，并配以社区型商业、高端生态居住、国际学校医院配套，构建新经济极的大众认知，吸引投资，发展招商，活跃服务，打造会、商、游、闲、居一体化的青岛西海岸国际会展商务休闲区。以会展商务聚集全球资源，聚拢各界人士，带动区域经济活力，以旅游产业拉动区域消费，从而带动区域投资热度，在盘活经济、拉动热度的基础上，自然有人愿意来买房，来投资，来生活。这些都是果，是顺带的结果，把前期铺垫做好，栽下梧桐树，自然能引来金凤凰。在“世界聚集的中心地”这个定位的基础上，正式确认项目案名为“青岛世界博览城”，简称“青岛世博城”。我们常说命名即营销，品牌是从一个名字开始的。我们试想一下如果我们的名字是“青岛会展中心城”抑或是“青岛海心城”结果都会不一样，别说走出青岛，就连山东的市场都没辐射到。有句俗语叫“站得高，看得远”，后面的两个名字看得不远，也站得不高，它的辐射半径相当有限。试想一下这个地方它是世界性的，那我们非得站到月球上去不可，视野就完全不一样了，那这个地方就是世界的中心，也只有冠以“世界”二字的符号才能撬动一个这么大的项目。大家都知道世博会、奥运会、世园会是世界性的，那世博城也就是世界的了。所以一个项目、一个品牌的名字是非常重要的，投资品牌首先是投资名字。很多成功品牌，它们都有一个非常朗朗上口的名字，广为传播，被大众所认知，名字的本质就是降低传播成本。

▲ 标志英文展示

▼ 标志的标准组合展示

▼ 形象墙展示

怎么做到让命名降低传播成本呢？这就不得不提《孙子兵法》了，里面有兵势篇："故善战者，求之于势，故能择人而任势。任势者，其战人也，如转木石。木石之性，安则静，危则动，方则止，圆则行。故善战人之势，如转圆石于千仞之山者，势也。" 所谓借势就势，借力打力，用市场上已经形成影响力的词语，或者是人人都熟悉的物象来命名，传播量是最高的。比如"黄金酒"，硕大的金元宝，老百姓看了都觉得吉利；比如华润的"幸福里"，我家住在幸福里；还有深圳的"大运城"，其实是在关外的一个地方，但听着就让人联想到大运会，好像很繁华。因此我们考虑到，客户是做会展的，最大的会展是什么呢？当时就想到了"世界博览会"。世界博览会是由一个国家的政府主办，有多个国家或国际组织参加，以展现人类在社会、经济、文化和科技领域取得成就的国际性大型展示会。其特点是举办时间长、展出规模大、参展国家多、影响深远。按照国际展览局的最新规定，世界博览会按性质、规模、展期分为两种：一种是注册类（以前称综合性）世博会，展期通常为6个月，每5年举办一次；另一类是认可类（以前称专业性）世博会，展期通常为3个月，在两届注册类世博会之间举办一次。注册类世界博览会是全球最高级别的博览会。既然客户也是做会展的，而且是在运营青岛西海岸的一座城，那就干脆借一个最大的势，叫青岛世界博览城吧。提案后客户非常满意，觉得既体现了中铁集团的实力与魄力，也昭示出对这个项目的无限期许。命名就这么定了，"青岛世界博览城"，简称"青岛世博城"。

既然定了案名，那么，该如何用一句话说动人们来这里投资，到这里生活呢？传播语是品牌对外传播的最简洁的表现形式，是理念系统和整体传播策略的重要组成部分，它传递着项目的价值，体现项目的本质，并以指令、召唤、发动式语言给目标受众一个选择的理由，煽动目标受众的选择热情，拉近项目与受众之间的关系。所以，我们并不认为传播语只是一句口号，它必须是一个巨大的信息包，具备指称功能和信息浓缩的功能，而且还必须和之前所有的信息是一脉相承的。至此，我们已有项目案名"青岛世界博览城"，它的定位是"世界聚集的中心地"，所以在告诉别人我们是为了博览全球而来的，汇集了世界的资源和关注，你应该抓紧机会到这里投资或生活。那人们又为什么会相信你说的呢？这就值得推敲了，必须要让人们对你有信心，所以，我们最后选定的是"因博览，而世界"。"青岛世界博览城"不是随便说说而已，我们有中铁集团、八大中心、四张名片作为背景支撑；有会展博览行业和旅游度假产业作为两大引擎，实现项目的自我造血。所以，我们是真的可以因为博览而汇聚世界资源，跻身世界级会展业城市。

▲ VI 应用效果展示

▼ VI 应用效果展示

之前提到华思的核心思想：“吾道一以贯之”，找到品牌最核心的灵魂，从而贯穿我们的文化构成、符号构成和产品构成。现在文化构成的核心是世界博览，产品是商务会展、博览产业，因此，我们的符号系统如何结合青岛西海岸的区域特点，并展示出世界博览的产业价值，是接下来需要思考的重点。经过几轮创意会的沟通，最终确定“万国旗”的概念，体现项目“世界目的地，万国汇聚点”的地位特点。不同的色块，既代表各国旗帜招展飞舞，欢庆国际交流的盛会，又像一扇扇对外交流的窗口，为世界各国提供咨询互动的无限平台。色块汇聚成无限盘旋延伸的螺线，不但彰显着青岛作为海滨城市，同时也代表了西海岸的浪花和海螺，图形从形式上演绎出百川朝海、万流归宗的意象，预示着世博城的永续开拓、永续发展。图形整体丝丝相连，环环相扣，展现出项目作为一带一路的新起点，联动全球资源，在此共融共存，形成无限可能，相辅相成，相连相生之态。形象整体不但体现了项目“一城所有，博览全球”的气势，还体现了青岛热辣缤纷的城市性格，整体灵动飘逸，绚烂多姿，作为青岛世博城量体裁衣式的创意，完美彰显出项目的核心价值与独特个性。

华思所追求的“吾道一以贯之”的方法论是一条线路的贯彻，有了创意就有了设计。更多的是依靠客户和团队的执行力，而最怕遇到的问题就是一流的想法，三流的执行，再好的想法没有过硬的执行支撑时，这个设计基本上就没有希望了。因此，找到问题并强有力地解决问题，设计的怪圈就走出来了。

在青岛西海岸新区核心区，由中铁集团投资的青岛世界博览城项目现已落地。随着 2016年 7 月 26 日东亚海洋合作平台黄岛论坛在青岛西海岸新区开幕，滨海新城区呼之欲出。

青岛世界博览城要打造国际文化艺术交流中心，建立起与国际接轨的当代艺术展览、交流，组织艺术拍卖等活动，推动青岛成为中国艺术对外交流的新窗口。通过承办各种国际艺术交流、国际文化交流活动，举办艺术品及书画展览，进行公益活动及艺术品拍卖等，运用多功能会议厅等会议设备，与大型艺术品拍卖公司佳士得、苏富比等联合承办大型艺术臻品拍卖会，博览城将使西海岸成为青岛面向世界进行文化艺术交流的中心，成为一座连接世界的桥梁。

抓住品牌原动力就抓住了需求

很多人都在苦恼，如何正确地抓到客户和受众需求，这种需求分析是否有逻辑可循？也有很多人问我们，你们的品牌设计的创意又来自哪里？我的回答是找到品牌的核心价值，就抓住了客户和受众的需求。找到文化差异化就是找到品牌原动力的方法之一，而这种差异化不仅要找到品牌、定位的差异，而是所有差异化的结合符合受众的需求，即“我有、你需、他无”这是一个方法论，也是我们分析需求的逻辑主线，当找到品牌独有的、受众需要的，同时竞品缺少的交集点时，就抓住了品牌最具备说服力的原动力。

有些同事认为一个好的创意设计，或者一个好的品牌策划就是大家聚在一起搞“头脑风暴”及 “创意会”，这种方式来得更直接、更有效果。我个人更喜欢整理出清晰的思路后，以顺理成章、顺藤摸瓜的方式来激发创意，有时能隐约感觉到你想要的创意就在不远的前方。而且好的创意要有好的执行力，与其说现阶段的竞争是品牌的竞争，倒不如说是品牌管理执行力的竞争，好的创意需要很强的执行力才能散发出巨大的能量。

斑鱼火锅品牌项目

就在不久前，我们做了一个来自桂林的斑鱼火锅品牌——马家斑鱼。合作起始于去年的一个米粉品牌，客户非常满意，因此与他的另一个品牌继续合作。基于我们对门店快消的理解，所谓的品牌原动力，其实就是要有一个可描述的形象，既能代表品牌内涵，又能与消费者产生沟通。从前面我们提到的古春堂的葫芦娃，到来个包的小马，都能读出这样的含义，这是一个消费者都非常熟悉的图形，同时能代表品牌的价值特点。

马家斑鱼源自一段孝与爱的故事。20世纪70年代农村生活极其贫困，在桂林阳朔，马家斑鱼的创始人马小龙出生后，因母亲难产，身体极度虚弱，无奈家境贫寒，实在买不起好的补品为母亲进补。一次偶然的机会，父亲听说："漓江有一鱼，营养价值极佳，然生性凶猛，身狡如蛇，斑鱼也。"于是，农家出生的父亲决定到漓江边捕捉斑鱼，凭借着这份爱与勇气，父亲捕来了斑鱼并炖汤为母亲滋补身体。从此，马家与斑鱼结下了不解之缘。马小龙渐渐长大，学会了父亲捕捉斑鱼的技术，将母亲补养身体的重任扛了起来。为了让母亲吃上更好吃的斑鱼，马小龙潜心研究如何将斑鱼制作得更好吃。日复一日，终于片制出了形如蝴蝶、薄如蝉翼的斑鱼片，研制出了鲜美的斑鱼养生汤锅，同时毫不吝啬地将方法教给邻里，渐渐地这种做法成为了阳朔的一种特色，那不仅是一道美食，更是孝子为母亲烹饪的爱的味道。于是，民间对斑鱼汤锅有了这样的传唱："小龙抱福鱼，孝子传孝爱。三膳有斑鱼，百家有孝爱。"从此随着这份孝与爱，马家斑鱼走出阳朔，遍布全国，受到了广大食客的喜爱。在这样的品牌背景下，我们将品牌定位为"鲜补斑鱼火锅传承者"。"鲜补"是我们向市场提出的全新概念，鱼羊为鲜，而且食材都是最新鲜的，所有鱼片都是新鲜片制的。斑鱼营养价值高，对身体恢复有极大的帮助，因此鲜补概念完全有证可依。"斑鱼"点明经营品类，定位就是定生意和定未来，我们说任何为了定位而定的话语，都是徒劳的，必须言之有物，能落到实处，让人家知道我们是做什么的，我们就是做斑鱼的。做斑鱼的什么类型呢？斑鱼火锅！"传承者"体现了我们对孝爱文化的延续，彰显了品牌的历史传承。"鲜补斑鱼火锅传承者"九个字将我们需要向消费者传递的信息一字不落地说明阐述，不仅是马家斑鱼身份价值的体现，也形成了品牌区隔，创造出鲜补斑鱼火锅的新品类，并在此品类中掌握绝对的主导权与解释权，能更好地帮助品牌占领市场，在火锅的红海中，划分出独属于自己的那一片蓝海。

在"鲜补"的概念下，结合品牌故事所说的孝与爱，向市场传播的品牌消息是："马家斑鱼，献给最亲爱的人”。母亲是马小龙最亲爱的人，马小龙捕捞斑鱼为母亲补养身体，现在我们马家斑鱼传承这一份爱，继续将这份态度传承下来，将最鲜补的斑鱼，献给最亲爱的人。同时，也告诉消费者，如果她是你最亲爱的人，请带她来马家斑鱼。你带谁来马家斑鱼，说明谁是你最亲爱的人。这句话召唤了消费者来消费马家斑鱼的情绪，提供了一个行动的理由，告诉消费者来马家斑鱼是为了和最爱的人分享。通过“马家斑鱼，献给最亲爱的人”传递给孝爱文化的力量，既是马家斑鱼核心价值的传递，同时也是马家斑鱼处世哲学的展现，是马家斑鱼美好形象，以及品牌主体的有效传达。

▲ 马家斑鱼 Logo 延展

▲ 马家斑鱼 Logo 设计

开始也提到，所谓的“吾道一以贯之”，简单来说就是所有的事情都是一件事。我们为马家斑鱼梳理出一整套的品牌定位、传播语、核心价值、品牌故事，以及品牌形象，都是从一个“一”出发的。故事的起源是孩子对母亲的孝与爱，捕捞斑鱼献母亲，那么你就应该思考，有没有什么大家都熟悉的图形，能代表这个品牌呢。因此，按华思形象设计三化法则的第一步品牌价值化，先提炼出这个项目的核心价值“孝、爱、孩子、鱼、母亲” 这些关键词，然后进行第二步价值符号化，寻找一个合适的图形元素来体现这些价值。正好，天赐良图，“80后”及往前的大部分人，一定都记得

年画里面的抱鱼娃娃，年年有鱼。那是目前主流市场中大部分人的记忆，喜庆、热闹、吉祥。和马小龙捕捞斑鱼以后，抱着献给母亲的故事不谋而合，剩下的就是如何将年画娃娃设计得更像马小龙，更符合马家斑鱼的文化。于是，设计师以娃娃抱鱼的形象为原型设计出了马家斑鱼的新形象——小龙抱鱼。将此作为马家斑鱼的品牌形象，有利于马家斑鱼品牌传播到消费者的心智当中，给消费者一种熟悉感、亲切感。

▲ VI 应用效果展示

▼ 标志形象墙展示

另外，设计师在优化小龙抱鱼形象的基础上，添加了新元素，比如对孩童的发饰做出改变、给孩童穿上带有中国传统文化色彩的衣服及鞋子等，从一定程度上丰富了小龙抱鱼的故事延展线。从而，使整个标志形象生动了起来，成为马家斑鱼独特的印记。接下来就是第三步符号系统化，将创意进行延伸，使品牌看起来更系统、更饱满。三化法则的应用，能确保创意方向的准确性，提高设计师的工作时效性及完整度，是你开展工作前必须诵念的宝典，像口诀一样，在华思随处可见。

品牌创意的来源是调研，没有调研就没有发言权，只有研究透了产品、市场、竞品的来龙去脉，找到闪光点就抓住了创意的来源。马家斑鱼也是我们在对市场现有单品鱼品牌，以及火锅品牌进行全面的调研、梳理、归纳后才有的想法。吾道一以贯之的方法论就是华思的创意思想法宝，任何品牌的诞生，都是从零到一的开始，一画开天，找到品牌的“一”，在红海市场中开辟品牌的蓝海天地是华思灵感发散的思维方式。

艺术和风格的平衡

这个话题是商业设计师不可避免要谈到的。如何和客户进行沟通？如何阐述你的逻辑？各方的分歧点如何解决？如何做好商业和艺术的平衡？当然，你一定会在与客户的沟通过程中出现分析点，出现商业与艺术的碰撞与取舍。解决分歧点最好的方式是抓住问题看本质，找到了问题就相当于找到了答案。在我看来，商业和艺术是不冲突的，只是要看你怎么把握两者之间的度。我们曾经做过一个商业地产项目，客户始终纠结出去派发传单的营销人员穿的文化衫，是做成品牌主色系的宝蓝色，还是红色、黑色或者白色，还都各有理由：说红色的觉得喜庆，本来就是开盘宣传，要喜庆热闹；说黑色的觉得耐脏，而且看起来精神干练，也容易被一眼看到，有利于品牌传播；说白色的是觉得广东天气热，黑色的太吸热了，不如白色的穿起来舒服，而且白色的，平时生活中也能穿，目前很多品牌的文化衫都会选择白色，跟大部队走不会错。各种意见莫衷一是，争持不下，谁都觉得自己说的有道理，那怎么办呢？我们只问了一个问题：做文化衫的目的是什么？本质是要解决什么问题？所有人都说，是为了宣传品牌。那不就得了！既然是为了宣传品牌，那什么颜色最合适呢？当然是品牌的主色调宝蓝色。这就是问题的核心，是本质，也可以说是道的层面。而其他的都是从术的层面来看问题，只能看到眼前的一件文化衫，而看不见后面的大品牌宣传。

商业的体制使得它的人群沟通面较广，而做艺术的人基于他们的认识层面使得人群沟通面较窄，沟通面的不对等导致信息交流出现偏差，而你所要把握住的就是如何让艺术层面的人与商业层面的人发生关系，共同提高发展水平，从而达到商业和艺术的平衡。

华思强调的是方法论，从而弱化了个人设计风格的观念。对于设计师来说，最主要的是帮助客户解决问题并且创造价值，根据每个客户的需求设计出不同风格的作品，强调保持设计风格与客户基因的统一，这其中要把握的度，则是根据客户的身份和价值来体现的。对于品牌设计师来说不能有太多的个人色彩，它有别于纯艺术和纯绘画，因为纯艺术、纯绘画能通过一个手段或者一个手法将其定义，那是个人情绪、个人思想的宣泄。就像徐悲鸿，他的个人风格就是画马，结合东西方画法形成自己独有的绘画风格。而商业品牌设计师不能这样，因为商业不允许具备过多的个人色彩，商业为市场服务，所以不形成个人设计风格反而能得到更好的发挥。

随着品牌意识被人们逐渐关注起来，品牌设计行业这几年最大的变化是经历了从无到有，从有到泛滥的阶段。为何要用到泛滥一词？是因为大家意识到品牌对各行各业的重要性，但对品牌本身的了解和研究却不够深刻，导致品牌定义概念的混乱，使得品牌设计行业人员良莠不齐，品牌泛滥但优良作品却少之又少。同时也受到了经济不景气的波及，造成品牌设计行业低迷的景象。

学无止境

很多刚刚接触品牌设计行业的设计师，经常会混淆品牌设计的基本概念，进而产生对品牌设计的一些误解。拿标志和商标来打比方，初学者通常会觉着标志就是商标，而实际上，商标代表的是商品的标志，是经过注册，为法律所保护的。但标志只是一个符号，就是一个Logo，它注不注册都是存在的，就好比京基100可以代表深圳，但不是深圳的商标，它仅仅作为地标建筑成为这个城市的标志，存储在人们意识里面的图形记忆符号。对于容易混淆品牌的概念更是如此！

▲ 泡泡茶 Logo 展示

▼ 泡泡茶 Logo 延展

入门后对于技法的执着，对于表现形式的追求，又容易进入另一个误区。所以说，设计真的是学无止境，太多人觉得在培训班学了几天的Photoshop、CorelDRAW、Illustrator等设计软件，就算是设计师了。其实，设计师更重要的是内心对设计的追求与渴望，有欲望才能不懈地钻研。设计是一种态度，而不是仅仅作为吃饭的手段。我常和刚入行的设计师们说，如果你指望靠做设计发财，那趁早改行，尤其是做商业设计，有些客户从最开始合作时，可能还不如我们的规模大。但三五年后，他们几十、几百倍的成长，如果你仅仅是看着经济收入，那得郁闷死。我们常说自己的职责是为客户解决问题，并创造价值，就像是医生，对病人进行诊断，并给予合理可靠的解决方案，在其中感受到自我价值实现的成就感和满足感，是任何东西都无法比拟的。在设计道路上你我需要学习的东西还有很多，专业技能是最基础的，更多的是对市场需求的洞察、对消费趋势的把控、对消费者心理的钻研等，这是一个非常庞大的工程，只有对这一行秉持绝对的热情与冲动，才能愈钻愈精。

华思所追求的“吾道一以贯之”的方法论，是一条线路的贯彻，是我们工作的思维方式，有了创意就有了设计。更多的还是依靠客户和团队的执行力，而从创意到设计落地，最常遇到的问题和被忽视的点就是执行的重要性。我们常说，一流的想法，三流的执行，再好的想法没有过硬的执行支撑时，这个设计基本上就没有希望了。所以，对设计你首先要爱上它，然后去了解它，最后才能心神合一，真正用心去做好它。因此，找到问题并强有力地解决问题，设计的怪圈就走出来了。

对学习者的意见和展望

设计是一门很有趣味性的学科。哪怕是纯艺术型的设计作品一旦走进文博会，或者进入市场，就会诞生各种商机，这对产品生产、设计、消费各个环节来说都有好处：不仅能把设计师的设计带入更好的商业制作时代，通过设计师，还能帮助生产商丰富产品形态、增加商品附加价值；观众和消费者，则可因此享受到更有创意、精彩绝伦的产品。

▼ 泡泡茶 VI 应用

从而形成一个良性共生环境，打通整个产业链。反之，如果新的商业时代还局限在设计圈进行传播，那其产生的价值将非常有限，在这种情况下你更需要了解设计的方方面面。首先要对整个行业有所认识，所谓的认识就是对于常识的学习，什么是品牌、什么是设计，这些概念性的常识是必须具备的。还有就是技术层面的学习，包括如何命名、写传播语等，在不断地学习中形成一套方法论，设计的方法论可以通过学习，也可以通过总结不断完善起来，当方法论能够支撑起知识面时，就找到了设计的入门。而在平时的积累中，重要的是多练，厚积而薄发，先有量变再有质变。所有的建议都不如用心去学习来得有用，用心学习不断扩大知识面，是人生的财富。

深圳是设计之都，设计行业也是较早走在全国前列的，并且在不断地与时俱进，大大小小的各种设计公司较多，行业门槛低，公司大小及收费标准参差不齐。当然，这不仅仅是深圳才有的现状，这个行业虽然仍在蓬勃发展，到目前为止一直缺乏一个良好的行业标准。当下这个行业开始走下坡路，究其原因是品牌泛滥导致的。市场对行业的尊重变少了，因为多数人对于行业的了解只停留在表面，导致这一行业的从业人员良莠不齐，品牌的专业素养及运用支撑不起行业的发展，从而导致这个行业开始走下坡路。然而从另一个角度出发，这又何尝不是一个好现象，说明大家关注品牌的注意力变多了，当大家意识到真正能帮助自己的品牌不止表面上理解的这么简单时，需要具备更多的专业性和系统性学习才能简单地运用时，也将是这一行业的转折点。

即便如此，品牌设计行业未来的发展趋势还是值得让人看好的，毕竟品牌的历史厚度是不可磨灭的，每个企业甚至个人都需要一个品牌来支撑自身的发展，都希望自己的品牌成为一种信仰，就像苹果、谷歌甚至是LV、爱马仕一般，能够被人们提及时疯狂地热爱着。我愿意相信年轻一代的设计师对品牌设计的学习能力及创新能力，这一行业的未来也是值得期待的！我认为好的创意，是基于整个思路之后，水到渠成迸发出来的。思路方向定位清晰之后，创意灵感会自然产生。

对于当下大热的设计与城市、设计与市场的话题讨论，设计师的文化责任其实是不可推卸的。我一直坚信“设计让价值看得见”。在同质化日趋严重的今天，无论是苹果的成功还是小米手机的火爆，都足以说明设计的重要性。企业最关心的是市场，市场一方面表现出了未来需求的不可预测性；另一方面表现出未来商机发展的无限性。而设计的本质就是创造以前没有的东西，创造未来。设计与城市和市场都是密不可分的。城市设计贯穿于整个城市规划、景观、城市建筑之中。每个设计师也更应该明确自己的责任和使命，以多个层面、不同视角共同畅想，设计未来城市。作为一名设计师，肩负的更多是传承历史积淀，不断发展创新，真真切切以设计师的身份和视角去认识生命和世界，不断思考和探索，在最为简朴的生活中创造出最为本质、最为富足的精神世界。我的设计梦想一直在路上，希望通过自己的努力能让深圳设计行业多点创造力，变中国制造为中国创造，打造属于中国的世界级设计品牌，在全球设计界倾情放飞中国品牌梦想。

结语

伴随中国创造时代的来临，处于这个时代的设计师，其作用和价值将提升到一个前所未有的高度。对于这一点，我们需要的不是怀疑和麻木，而是做好准备，来迎接一个伟大时代的来临，迎接前所未有的机遇与挑战！设计是为人服务的，设计因人而存在。品牌设计要解决的是产品系统、文化系统、符号系统的三大课题，品牌设计不仅仅是设计一个符号或者印记，每个品牌都会有一个给消费者选择你的理由，这个理由就是你存在的价值，这个价值会有一个系统的设计，价值就在于为人类创造更完美的五感生活体验。所以我们需要明确的是，设计是一个比较宽泛的概念，设计不只是视觉呈现那么简单。 华思汇聚了一支钟爱设计，锐意进取，追求卓越，不负所托的设计团队，每个人都心怀高远追求，久经项目考验，秉承“设计改变生活”的企业使命，通过持续创新和系统整合方法，以全面的认识论、方法论及工具箱来解决品牌形象在传播中遇到的种种问题，面向各类客户提供原创性、前瞻性、系统性、持续性的品牌形象设计专业服务。

未来不远，心诚则灵。

感谢华思团队朱珊珊、周晨飞、王彦坤、刘西大、谢福军、于博、段羽飞为此付出的辛勤劳动。

设计的合理性

冯铁

“2000年进入互联网行业，从事设计执行、视觉序列管理及建设工作，提倡设计的合理性及舒适性。2004年开始从事设计管理工作，主要负责UED相关团队建设、全项目流程梳理、序列专业能力提升等工作。2013年开始研究设计师能力提升方法，并总结出设计师各阶段能力提升的实战体系。2015年与另外两位资深设计人联合成立5PLUS机构，出任CEO，专注于设计师专业技能培训领域。”

在我的从业过程中遇到过很多所谓的“阶段”，有的能通过思考解决，有的则不能。在信息传递如此发达的今天，很想将自己从业过程中整理的经验通过某种方式分享给那些遇到过同样问题的设计师们，为他们提供些许的思路，也许设计就不那么迷茫了。

本篇将着重讲述关于设计合理性的观点与实践方法，这是一个被很多设计师忽略的维度，希望能提醒更多的同行关注并讨论。涉及的所有内容仅为阶段性认识，且仅代表我的个人见解。

什么是设计合理性

UI设计综合了视觉设计、交互设计等众多细分领域，其核心是连接用户与服务两端，它更像一个载体，给用户一个优雅舒适的过程去体验、感受你的服务。从这个根本出发，UI设计在完成基本的美观与舒适后，衡量其优劣往往与推动服务的效果有关系。这个推动过程让我们更多去思考设计除了“美”以外，那些容易忽略

▼ 光华国际网站设计示意 2005

为什么设计需要合理性

一直以来，我们多是围绕UI与艺术之间的区别来阐述其不同的，这也未尝不是一种方法。但是客观来讲，我们对艺术本身的定义是很模糊的。简单一点，你只需要思考为什么这样设计就行。从目的入手，这将大大缩短你在这个维度的成长时间。这与我们从事的是不是艺术没有什么关

甚至一些与我们所认知的美有冲突的地方，而这部分就是设计的合理性。合理性是设计中的为什么，即“一切设计均有目标，一切设计均有解释”。这看上去像是一个应该重视的内容，却是很多设计师忽略或者没有关注的维度，我们来看一个案例（如上页图所示）。

这个案例符合大部分设计师对美的普遍定义，包括文字部分的排版。设计师采用了很多惯用手法展示该楼盘项目的一些假设目标，看上去还有点思考的小把戏，比如让人坐在一个变形的Logo上，类似的设计手法在这个设计中还可以找到很多。显然，设计师未能将美与设计合理性进行综合，大部分时间都在展示自己对软件、对设计手法追求的怪圈里。

- 用户在访问过程中，对主题浏览与信息获取需要更多的时间与思考，错落排版带来的阅读障碍远大于设计师想塑造的律动美；
- 对人文的视觉表现稀薄，无法体现楼盘品位；
- 对楼盘这个主旨表达突出得不够到位和真实，用户无法得到预判信息；
- 色彩的运用并不舒适、阳光，晚霞感觉很贴切，却又像世界大战一样，荒芜又带有反向情绪。

经过一番分析我们发现，仅仅从“美”的角度看这个案例，页面设计经不起过多的推敲，仅仅是该项目中一个简单的引导页，如果继续细致地推敲下去，剩下的大量页面都要面临重新设计的局面。

这样的设计，不合理。

系，我觉得UI也可以称为艺术，它们之间的差异是由于目标不同产生的。相对来讲，我们认为UI应该更容易理解，而且它本来就应该这样。

以下这些分析能让你意识到设计合理性的必要性！

设计目标

很少有设计分类让你自由自在地表现自我，那么一切工作的核心都与你推动的服务有关系，所有产品与用户的展示、推动、互动、功能以及商业行为，都将通过你设计的UI来连接。那么，产品目标与用户目标就是你工作的核心，这就是你的设计目标。“一切均有目的，一切就有解释”，这个设计目标需要竭尽全力完成。假设你想传达热情，但是选择了蓝色为主色调，就会让目标的传达变得更加困难。这是一个容易明白的设计目标与设计产出冲突的例子。

大部分时候，当用户决定使用某个应用时就已经开始设定目标，哪怕只是逛一逛。在这个过程中，用户需要一个舒适、有效的使用环境。设计的初级目标是美观，依次上升到舒适及合理。合理性通常会出现在设计师某个趋于成熟的阶段。在这个阶段，他已经能很好地解决美观与舒适的基本问题，方法众多，自然会分配更多的思考在设计合理性上。

我们提到的设计目标与合理性将涉及更多层面，甚至包括交互与行为预测。

美观性

作为设计师，我们总是花更多的精力在美观性上，当然美观是你作为设计师最基本的一个维度，我们必须做好。我们所讨论的一切设计维度都是建立在保证美的基础之上的。但是你应该知道，一套优秀的UI决不能用单纯的美来完成。因为UI是一座桥梁，需要承接服务与需求，那么当你完成了美观的部分，理应花时间去审核它与需求之间的差异性，进一步优化它。这样才能保证设计给需求带来推动，尽管很多时候它给我们带来的都是障碍。

设计的合理性是判断设计好坏非常核心的维度，这也是UI设计师存在的价值。合理的美总是比单纯的美更有意义。

美的抽象性

“一千个读者心中有一千个哈姆雷特！”

人的成长环境，关注美的精力，甚至对美的敏感程度都不同，这就导致人对客观存在的美与不美很难达到统一，越是复杂的东西，区分它们的美丑就越困难。

无论我们多么努力，都无法保证自己在审美上与用户的绝对统一，用户每天关注的美好与我们的UI体系相差甚远。审美差异是客观现象，你无法进行用户的审美教育。UI越简洁、越直接，用户获取相关视觉的时间就越短，越不需要思考。我们很容易迷失在自己的审美世界里，我温馨地提醒你要非常冷静地对待。当你开始关注设计的合理性，这些看起来过于复杂的视觉就会慢慢变得简洁，最后你会了解到：极简本身并不是一种流派，它是设计合理性的推进结果，尤其在我们的用户体验体系里。

我们总在担心简洁的UI会让视觉美观性减弱，其实不然。美的维度和高度是很宽泛的，或许你可以这样设想，越是简洁的UI越合理，因为它没有杂念，看上去是自然的、优雅的、清楚的，同时也很“美”。

就像每个偶像都有自己的粉丝群体，每个粉丝都觉得自己的偶像是最美的一样，这是一种普适现象。如何降低美在UI层的抽象性？通过精简差异性诱导元素，将那些容易产生判断偏差的视觉元素去掉，增强合理性，对美的阐述将更加直接。

综合以上分析来看，审美是一件非常抽象且无法达成共识的事情？答案是：未必。经过沉淀与总结，我们能梳理出一些关于美的共性，这些是基于人类特点与长期习惯而得出的结论。

美的共性

虽然美在客观的层面非常难以统一，但经过大量的积累与调研，很庆幸我们还可以整理出一些美的通性。例如：连续、渐变、对称、对比、比例、平衡、调和、律动、统一、完整、栅格化、黄金分割、格式塔，等等。这些关于美的基本法则都在不断地告诉我们一个意识，美是有一定共通性的。

作为UI设计师，我们应该更多使用并普及给用户：

1. 不可能用统一的、准确的标准概念为美观定义，但大部分时候我们可以识别丑；
2. 美观有偏好，且存在个人倾向；
3. 美观具有一致性，尤其在公众领域（产品、UI等）。

通过提炼归纳，我们整理出三个关于UI层面美的共性，这些都是针对UI体系的美，它不是唯一标准，但是围绕这些核心你的UI设计应该不会出什么问题。

我们习惯把目前从事产品线设计的人叫作用户体验设计师，围绕这三点可以形成一个让人感觉较为舒适，甚至优雅的用户体验，让访问之旅也变得愉快起来。这种观点应该在我们生活的各个设计领域都适用，这是好的设计的通性。

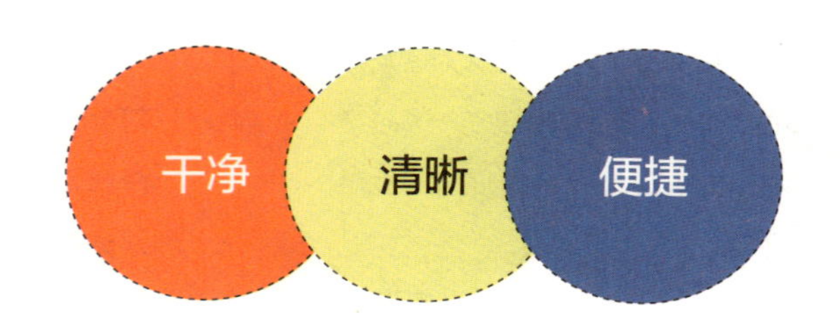

▲ UI 层面美的共性：干净、清晰、便捷

• 干净

干净即保持简洁与有效，去掉影响传达的部分，将视觉的无效信息删除，让用户更快地理解你传达的情绪与信息。

• 清晰

清晰即保持让人愉快的对比度，容易识别，能够长时间舒适地浏览，当然也包括图形部分。

• 便捷

用户带着固定的目标参与到你推动的目标中，每一次操作都应该便捷、有效。同时，你应该保证这些推动是用户容易发觉的。

设计合理性的思考过程

这是一个高端私房菜店铺，为了表现其背后的文化色彩，你可能会采用类似的方法来实现这一目标。当完成了这部分以后，你需要模拟用户来感受一下目前的设计，并且不断对自己提出问题。这有一点餐饮服务的影子吗？我们会不会对文化的体现过于刻意，导致核心业务已经被掩盖了？用户更关注口味还是气氛？这会不会太灰暗？黑色的文字在识别上是否有问题？用户知道下一步该如何操作吗？是等待还是探索性点击？经过这个询问过程你会发现，好像我们才完成了设计的一小部分，关于我们自我认可的美观，显然还有很很多问题需要我们去解决。当你开始思考这些并不断调整时，你已经开始变得优秀，而不是停留在自我喜好上。很显然，这样的设计无法打动客户，因为客户当下的目标是为了向用户展示自己的更多维度，让他们了解自己，操作并产生后续的商业推动。

合理性通常需要你已经具备完成美观设计的能力，而且针对同一个设计需求有着多种解决方案，这需要一些时间来练习。

在完成美观设计的过程中，你应该关注几个基本的问题：

色彩

色彩带有自己的属性，包括年龄、地域习惯、膨胀、情绪等，甚至还有音乐感。优秀的设计从颜色开始就应该准确、正向，并且关注正确情绪。如果这是一个节日，必然要使用那些让人感觉欢乐的色彩，红、黄、橙。为自己的设计目标选择一种合理的情绪，并且这一切都是围绕着设计目标进行的，不能带有自我喜好。优秀的设计师也从来不会限制自己色彩的使用范围。如果你做了很久却只能驾驭一两种颜色，这无法支撑你继续提升。色彩原本就是设计里最吸引人同时具有辨识度的视觉元素。

构图

构图需要关注两个核心：元素节奏与故事性。好的构图不会太复杂，至少在对比关系上是非常清晰的，并不需要用户花很长时间去辨别构图元素中的关系。同时在可能的情况下，构图需要你设计一个故事，建立元素之间的关系。

布局

布局针对UI设计，比较考究的设计方法是掌握点、线、面之间的节奏，但这里强调的“点线面”并不是学术上的视觉符号，而是指元素之间对比而得出的相对关系。“一段文字”在UI体系里尽量当作点来看待，而不是多点连接形成了线的概念。为什么这样？因为与UI体系里其他的构成相比，文字已经是非常分散的组成构件，与带有底色的容器、带有边框的容器及直线相比，它都是节奏中的点。简单的节奏可以这样安排：点>线>点>线……形成一个带有节奏同时赋予规则的内容安排，这样既避免了单调也遵循了规律。这种节奏设计的练习，可以从简单的一个小模块开始，然后将这种逻辑扩大到整个UI界面里。

以上这些只是一个优秀UI界面设计的开始，接下来你应该思考能不能更快地找到按钮，能不能更快地找到信息，内容关系能不能更清楚。这就是一个建立在基本美观性之上的合理性的推演过程。

针对这些问题你总能找到很多方法，应用这些方法，通过整理，让自己的设计合理甚至优秀起来。上面提到的所有问题会让你明白，我们应该将更多的时间用在这些思考上，因为每一个问题都是用户关注的，都与目标有关。

合理性能帮你有效地梳理视觉语言，并且精简它，解决设计师与用户之间的审美差异。其实设计的合理性思考从你决定设计一个美观的UI起就已经开始了！

如何完成设计合理性

Case（小故事）

小白兔每天都去钓鱼，却始终钓不到，苦思不得解决的方法，当她第N次再去钓鱼的时候，鱼忍住跃出水面说："同学，你再用胡萝卜钓我，我就跟你拼了！"

目标：钓到鱼

方法：诱饵

显然，小白兔并没有根据自己的目标进行诱惑分析，完全不顾鱼的需求，没有根据鱼的喜好选择诱饵，却根据自己喜好选择了胡萝卜，导致无法有效完成目标。这在设计上是很常见的情况，希望你不会成为这只小白兔。

只有你分析好目标，并且根据这个目标进行有效地安排，才能推动自己的设计产生结果与价值。这一点非常重要。

围绕设计目标进行

设计目标通常来源于需求，需要你具备一定的分析能力，帮助自己分解出产品目标，确认方法，用自己的设计对目标进行推动。

设计目标的分析方法

有效沟通

无论你要解决的问题出自产品还是商业客户，前期的沟通与分析很重要。沟通过程中你应该整理好问题，这些问题描述应该是直接的，便于普通人理解的，避免用太多的专业词汇。在客观情况下，他们不会去主动了解这些词汇。

假设客户的需求中有“Logo要大”类似的问题，你应该进行解读及引导，最终你会得到一个准确的目标：Logo要大是要强化品牌露出，这样的结果对设计方式有很好的指导性。针对品牌露出我们有很多种方法，大部分方法都比放大Logo合理，在设计中，客户关心的永远是目标与结果是否一致。

尝试站在用户的角度思考问题

某些时候，可以模拟用户（客户）进行一些期待性的思考，你会归纳出一些关键词汇，包括快速、便捷、醒目等，这些都是设计方向的有效指导，慢慢地你会尝试去掉那些影响用户的视觉元素，让设计看上去好看、好用。在设计前期，这对设计的准确性、可用性非常重要，也可以整理设计反馈进行迭代改善。很多互联网产品都有自己的数据整理系统，通过对某个位置的数据统计，你会得到更清晰的答案，根据这些数据进行必要的改善。

设计所能解决的问题

用户目标+客户目标=设计目标

我们面对庞大的用户群体，不但要考虑基本的美，更要解决庞大用户群的差异性及首要用户的需求。通常，你会面对两种需求：一种来自于商业设计服务的客户目标；一种来自平台类产品的用户目标。其实归根结底，这些都属于用户目标，没有哪个客户是自己开发一套UI体系自己欣赏的。这很容易帮助我们确定一件事情，设计要让用户使用，要让用户舒适，要让用户便捷。

很多时候，我们都是根据用户群体的特点进行设计的，通过一个案例来观察设计是如何解决不同特点的用户群需求的吧。

日本的设计发展期与其他同期欧美国家相比并不算早，所以当时的日本政府提出了设计学习的计划，很多日本设计师开始走访世界各国，尤其是欧美国家。在走访过程中不断观察和整理这些国家的优势与特点，并且推导出一系列针对自己国家的设计体系，进而形成了日本的当代设计文化。这并不是一味地模拟过程，他们需要分析出自己民族的生活特点、审美特点，这是一个学

▶ 日本刀具 & 德国刀具

习并优化的过程，是非常理智、优秀的设计学习方法。我们看一下关于生活用品设计的小故事。

对于上图中的两款刀具，我们能发现明显的区别，日本刀具的手柄是直的，并不考虑人体肌肉握持的舒适性，但是日本刀具通常提供更多的可能性：手柄与刀身是分体的，他们更希望使用者可以随意更换刀柄；德国的刀具更考虑人机工学（人机工学就是用科学的方法、理性的手段、量化的指标，把产品很严谨地处理成人机交互的形式，有一个理性的设计思想在背后支撑的设计方法），其手柄与刀身通常为钢质一体塑造，无法更换手柄。

从宏观的角度说，我们无法区分它们的好坏，因为这种设计的结果往往与受众群体的习惯有关。日本刀具解决的是可能性，可以用左手拿，也可以用右手拿，甚至反手拿；德国的刀具严谨、细致，却不能让你随心所欲。很多时候，我们的设计不能用一种方法满足所有人，你的方案应该围绕着自己的目标进行，用特定设计方式解决特定的问题。

我们到底为谁设计？

上面提到，UI体系永远脱离不开用户的使用与支持，那么所有的设计目标都应该围绕用户目标进行。在更多专业用户体验体系里，我们不得不提到一个关键节点——用户研究。很多产品与视觉优化的推动都应该是由它们推动的，好的用户研究能帮你确定用户特点，使用过程中可能遇到的问题，并且提供非常详尽的数据来帮助你改善。如果我们所处的环境并未提供用户研究，那么作为一个出色的设计师，你应该尽量去了解一下相关的知识，并且用这些知识来辅助自己设计更合理的UI界面。优秀的设计师一定具备站在用户角度思考的能力，他们擅长解决美、解决合理性、解决用户的目标。你可以简单了解一些用户心理学、行为学的知识。在前期，你甚至可以通过客观换位思考来完成用户研究的一小部分。

如何理解设计目标

设计开始之前就应该尽量清晰自己的设计目标。设计目标来源于需求，即能在保证美观性的前提下，通过视觉语言的组织向受众传达有效信息。同时，设计目标的出发点永远围绕着产品或用户，不离分毫。注意了上述问题，你对设计目标的理解将更加透明、准确。理解设计目标是一次对需求的分析与整理，如果我们有机会加入到产品早期的规划过程，这样会非常有效地帮助你理解需求，确定一个准确的设计目标；一旦设计流程不允许我们参与早期产品设计过程，需要仔细分析拿到的产品UE原型，并且让其他相关的专业人员进行补充分析，比如用户研究分析师、交互设计师。因为在他们的专业协助下，能最大限度地把产品形成过程中未能关注到的用户体验细节消化掉，让你的设计完成度更高。

当然，大部分情况我们是通过自己的经验来完成目标梳理的。

明确设计目标的关键点

客户目标

大多数客户为非专业人士，所以在这个过程中需要设计师通过降维的方式引导客户。所谓降维就是用更加通俗、容易理解的方式沟通，尽可能少地使用极度专业的词汇。很多时候，我们为了表现专业性，不停地提到专业词汇，比如饱和度、明度、色度等，一旦使用类似词汇，一定要紧接着用通俗的语言或者案例来告诉他们，这些都是什么，有什么作用，推演的结果是什么，为什么要这样。反过来说，很多客户在沟通过程中使用的描述非常抽象，比如，我希望有一种沉浸感，我希望更大气等。作为设计师，你要善于引导他们使用对方可以理解的方式。大气？是不是说更有品质感？如果你刚巧有合适的案例，可以直接展示给客户，直接问他，是不是这样的感觉？这个过程一定是采用双方都能理解的语言进行沟通确认的。同时你必须意识到，客户并非专业人士，他没有义务能听懂你的专业语言，也没有义务通过专业语言与你描述，站在他的角度思考问题你的设计目标会更加清晰，设计产出会更贴近他的要求。解读客户的需求是一件非常重要的事情，同时你要学会站在他的角度思考。

在与客户的沟通过程中，要不断地询问自己：“我了解他的真实目标是什么吗？”

用户目标

用户目标往往更直接、纯粹。尝试去了解用户的目标（需求）会让你的设计更符合用户期望，正确地推动产品目标与公司业务。

互联网产品丰富多彩，但是针对某种特定的领域，都能找到为用户提供的核心服务，从这些特点出发才能保证你的设计在助力产品、推动业务。比如：

- 搜索功能醒目，方便用户查找
- 商品列表清晰，参数明确
- 购买引导按钮要明确

以上都是常见产品类型所需要提供的关键点。Google作为全球搜索引擎的领军人物，在近20年的发展中都没有偏离这个核心，搜索功能醒目、方便用户查找、易于操作。针对搜索这一点，Google的形式无懈可击。

这就是设计的价值与核心，当你开始为某个产品提供设计时，一定要围绕着产品核心进行，所有关于视觉的美都不偏离这一核心，不影响用户感知，不影响用户辨别，同时保证遵循习惯与梳理好的设计体系。

设计师目标

显然，我们作为设计师，以上两种目标几乎涵盖了全部的工作价值，设计师的目标就是满足并围绕以上目标进行的优化。视觉的手法千万种，你一定要选择可以推动用户与客户目标的手法进行，这是很关键的设计价值产出。一旦过程中忽略了这些目标，你的设计将很难得到认同，也无法展示你作为设计师的职业价值。

在设计过程中，目标是如何消失的

在很多时候你会发现，我们在设计过程中经常会失去焦点，甚至更多的时候都忘了UI界面的使用者，完全沉浸在自己的视觉体系里，还有很多情况导致你的UI设计是无法完成用户目标推动的，可能有以下几种情况。

开始就完全没有目标

很多设计师不习惯从用户目标或者产品目标出发，从一开始就不能通过思考来完成设计目标的分析；还有一些设计师已经开始思考，但不能深入。这都会导致设计目标消失，你需要尽可能地站在使用者的角度去思考如何设计，甚至去阅读相关的心理学书籍来补充这部分知识，并且让这种思考方法成为一种设计习惯，这能大大降低设计目标消失的可能性。

好看，被深深地吸引

我们在设计成长过程中，谁都不可避免地在某个阶段将美观这件事情放大到极限，美观是一个设计师存在的基本价值，但你不能假想一切都是通过美来解决的。而且很多时候，我们自己眼中的美都是有缺陷的。美是UI体系中的一个重要的组成，它必然存在着但绝不是全部。换一个维度来思考这个问题，一套UI要完成美观，我们有很多不同的方法，要进行一些对比来确认哪种方法才是最合理的，最能解决用户问题。优秀的设计师永远不会沉迷于自己的视觉手法里，他们会不停思考，这种美是否具备代表性，是不是正确的情绪，是不是能被用户感知。这样的美才是UI体系里真正的美。所以不要被自己迷惑，因为用户完全没有精力与时间去仔细地感受美，尽量用宏观上容易察觉的共性来完成美观性。

新技能，寻找机会练习

有的时候，我们被某种设计手法所吸引，时刻都想在自己的设计里有机会去使用，针对我们追求流行与设计前沿性来说，这是好的方面，但是过于牵强地使用不恰当的技法非常容易导致设计目标被模糊。那么你应该明白，在一个严肃的官方宣传通道里，过于绚烂的技法并不适合。

竞品公司是这么做的

这是设计师常常遇见的情况，在设计过程中，不断被合作同事或相关Leader进行了部分设计干预，可能是没有更好的设计方式来完成目标推动，设计师也无法合理阐述自己的设计思考，最后不得已进行了竞品参考。但是不要着急，通过合理性的思考你会发现，推动自己的设计非常容易。当然，首先你要保证自己的设计具有合理性。合情合理，言之有物。

设计过程中围绕目标的合理性思考

合理性思考的源头就是设计目标，而设计目标的源头是用户或客户目标。假设你的客户跟你说Logo要大，你不能去思考Logo太大所带来的美观性损失，你应该挖掘他背后的目的。很显然，他希望自己的品牌或者产品能给用户留下较深刻的记忆，那么你应该有很多的设计方法来实现这个目标。比如，利用背景纹理、辅助图形、色彩特点，甚至可以利用大量的留白与对比完成这个部分的设计。这些都能让人更深刻地记住某个产品，而不是仅仅围绕Logo太大显得不精致来讨论这个问题，如果你能够分析出他背后的目的，你的设计空间将更大。因为在这个目标上，你们是同步的，既能解决他的问题，又能在设计上有更好的产出。在你与他的设计讨论中，你会更有立场，更有说服力。

我们之所以无法推动更有效、更合理的设计，是因为很多设计师并没有进行这种思考，他们完全沉浸在自己的审美观里，而不是从目的出发。切记，所有需求方都比你更关心设计的结果，只因为他们不是专业的设计师，无法提供有效的设计方法才导致沟通上的冲突。而从他的目的出发，用你的专业性来解决美、解决目标是一个设计师的根本。宏观上，没有什么“设计要求”会让设计师无法设计出美观的东西，这要看你掌握了多少种方法。

事实上，你会看到很多优秀的设计师能在看起来反审美的需求上有精彩的产出，回忆一下那些红蓝搭配的经典案例，你就会更清楚地意识到这一点。当然，这与你的进步以及对设计能力的掌握密不可分。

让自己掌握更多的方法

更多地观察优秀设计背后的逻辑与方法，并且不间断，当你遇到新的需求时，就能迅速从大脑里提取出这些想法，经过一些匹配与调整，你终究会产出一个既优秀又满足需求的设计方案。

总带着疑问去设计是非常好的方法。当你画一条线时，询问自己是否可以用面来分割，并且立刻动手去试验，对比它们之间的差异性，而且每次设计都应该这样。

我们能导出设计合理性的关键能力：针对某个设计需求，你要掌握更多的设计方法。

我们根据一个案例来展开这部分，这个过程中的变化细节应该根据具体参与的项目来确定，希望能让你举一反三，使用正确的方式解决设计目标。

案例分析1

假设我们需要对某个list进行设计

下图是要进行设计变化的原稿，我们使用几种不同的设计方法来训练自己的设计方法多样性。这些变化都是围绕固定的设计目标进行的，即内容展示、级别展示。

▼ 原稿

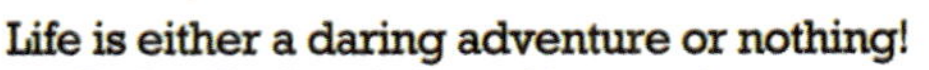

Life is either a daring adventure or nothing!
The Best Skydivers in the world on your door step.

Sky School

Tandem Jump

Experienced

Age
You must be at least 18 years of age (by Gregorian calendar), please come with a valid ID

Weather
Skydive is sensitive to weather. If the conditions are not perfect, your experience may take a little longer

Weight
You MUST be within the weight limit (with clothing and shoes) and BMI (body mass index) limits.

Zero Tolerance
Absolutely no alcohol and/or drugs in your system 24 hours before making a tandem skydive.

Hours of operation
Zone is open from September until the end of May, Monday to Saturday, 10:00am until sunset.

Join us Today!
just pay $320 with first jump

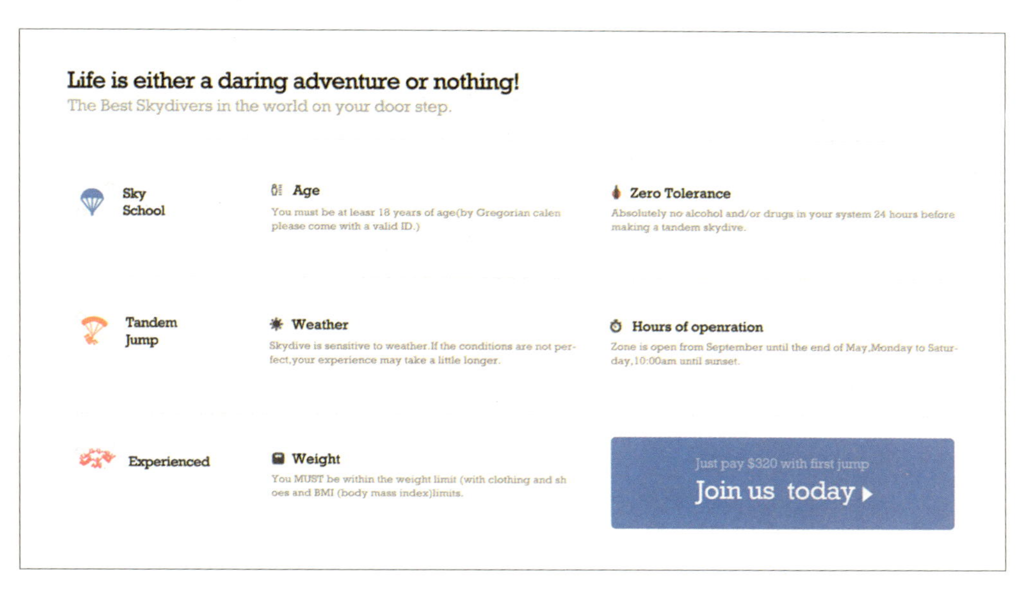

▲ 类型 A

类型 A

与原稿相比，类型A有如下变化：

• 整体排版形式居左

这是为了遵循更大范围的阅读习惯。

• 横向分割内容

根据设计可能性进行的设计变化，横向分割较原稿的纵向分割不同，我们不能采用原来的间距区分三项内容的关系，需要放大它们的间距，避免横向级别与纵向级别混乱。这部分使用了设计上的邻近性原则，刻意放大横向的距离，让用户更加清楚三块内容之间的关系。由于距离的关系，分割线可以适度变淡，甚至去掉。距离分割在简洁设计里是一种高级的分割方法。

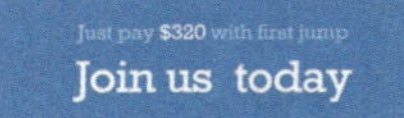

▲ 类型 B

类型 B

与原稿相比，类型B有如下变化：

• 分割线

我们将分割线刻意加深是为了强化视觉上的对齐基线，深色线条有很好的起始点与终点，那么用户很容易判断它们所在范围的内容关系。这是一个不错的方法。

• 对齐方式

传统的阅读习惯是从上至下，从左至右。在绝大部分的设计里，我建议大家更多地使用左侧对齐，经过很长时间的变化与积累，这种阅读习惯几乎成了潜意识行为。当视觉跨行时，人们能下意识地进行一个起始位置的判断。相对来讲，在正文排版时使用居中对齐是一种相对体验不好的排版方法。只有当这种排版与阅读习惯培养出更大的基数时才可以大量使用。

类型C

与原稿相比，类型C有如下变化：

• 整体左对齐

与类型B不同，在对齐方式上，我们将大标题也进行居左排版，如果放在一个内容较多的页面里，非常好用。有统一的居左规则，通过标题长短产生节奏。

• 内容关系

分割内容的方式在变化，将标题与内容用线分割，内容之间通过距离与视觉软基线分割。

虽然在变化，但是视觉上我们仍然可以清楚地区分它们之间的关系，在阅读时也不会有障碍。

▼ 类型C

类型D

与原稿相比，类型D有如下变化：

• 引入面容器

面容器是很好用的分割方式，在视觉归纳上，面的有效性通常比亲密性归纳更直观。考虑到文字的独立识别所形成的点特性，在面容器引入之后，在视觉上将形成典型的（点面）节奏。同时，在对标题级别的展示与内容级别的展示上也更为清楚。

• 内容关系

在面容器中的各项信息中，我们依然保持了左对齐方式，通过距离来维持三项内容区。在面容器中，可以的情况下应该尽量减少引入其他分割方法，比如线、其他的面容器等。

▼ 类型D

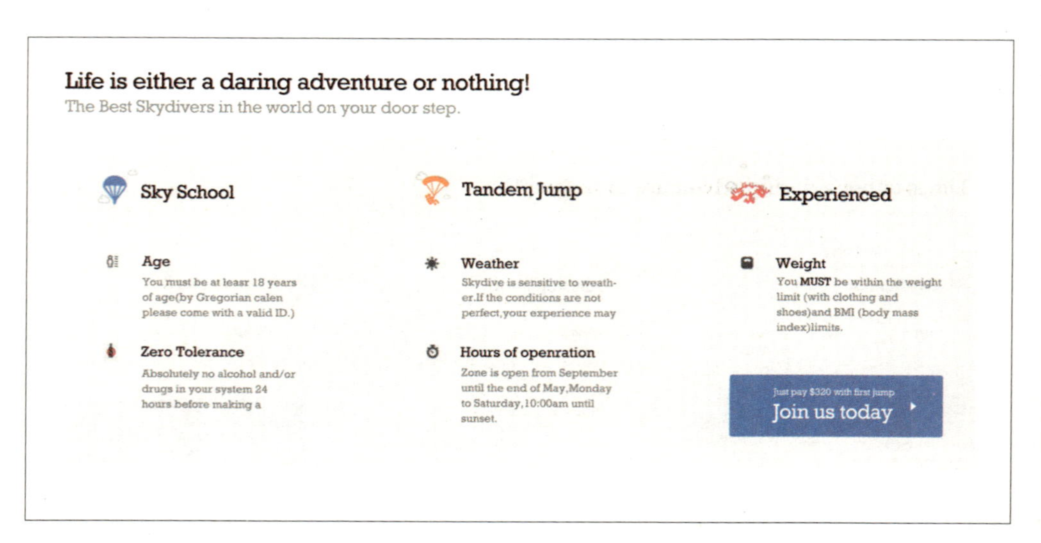

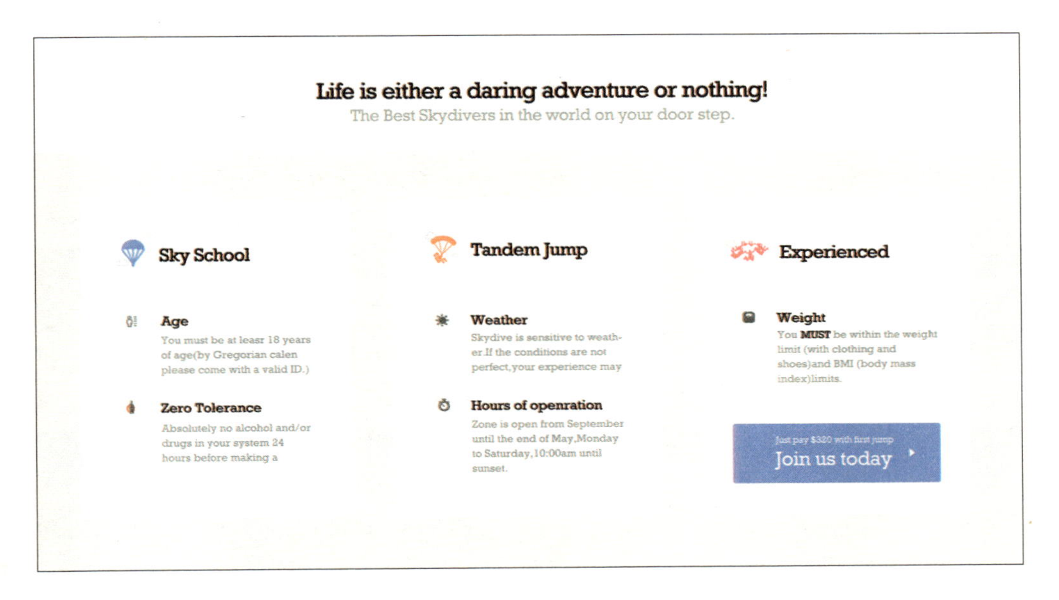

▲ 类型 E

类型 E

与原稿相比，类型E有如下变化：

•卡片式

我们尝试用卡片式来区分关系，同级别的内容包含在一个容器里（淡灰色背景），让标题统领整个内容区，这时视觉上的大级别居中关系更容易被发现，级别递进与层级关系则非常明显。

灰色与白色的对比关系明显直接，卡片设计又是近几年经常出现的一种视觉手法，能让设计看上去更年轻化、更新颖，同时满足任何方面的设计目标，不失为很优秀的选择。

通过以上的过程你应该知道，哪怕是针对这么一个简单的设计需求，我们也能够找到很多方法来实现，并且不断地确定这些方法均是可行的，只是它们中强调的维度有些区别而已。最终我们将根据产品的要求、用户的需求、客户的需求进行判断选择，而最后确定的方法应该是非常全面并且满足所有需求点的设计方案。

在设计方法的练习上，首先要确保这些方法都是可行的，基本的美观，内容不缺失，功能清楚，级别无偏差。

只有积累更多的方法，才能随时处理矛盾。UI设计在很多时候都会出现冲突，如果你只能用单一的手法来解决设计目标，将难以应对变化与矛盾。掌握了更多的设计方法，你能对设计目标进行有效的筛选，如果可能，这些方法应该在设计的前期或进行过程中应对随时可能出现的变化，那么最终提交的设计方案应该是极容易推动的，包括在产品层。

这是一个不断积累的过程，需要勤奋地练习，并且不停思考设计的可能性，如果还没找到一个切入点，可以先从不断地变化开始，设计前不给自己一个固定的方法去实现，不断增加对变化的要求，不断分析还有没有其他更好的方法。长此以往，你在设计方法的掌握上将有大幅提升。

掌握更多的设计方法，你才有可能去改善自己的设计，改善存在的设计。

案例分析2

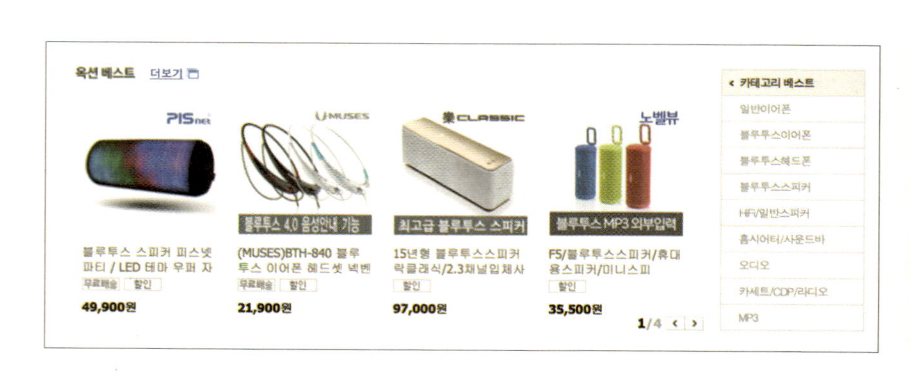

▲ 某电商网站截图原稿

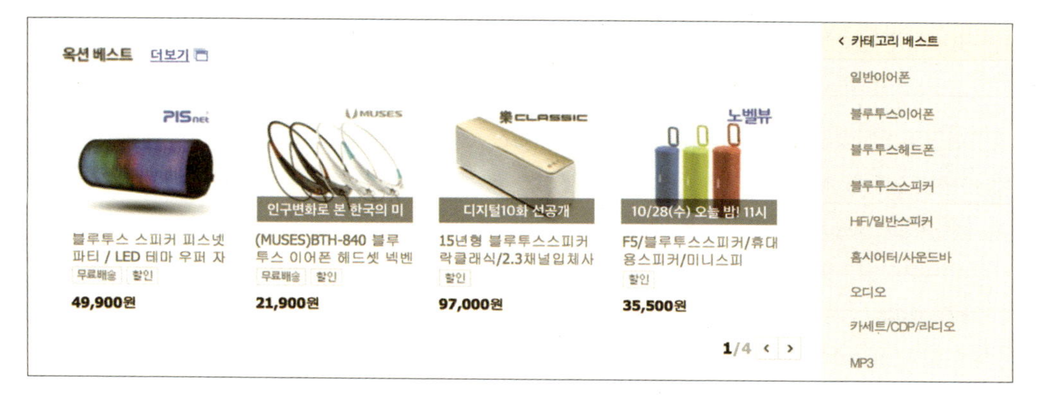

▲ 类型 A

在改善的方案（类型 A）中，我们有如下的变化：

• 商品图片变得更小，这是为了增加图片之间的距离，提供视觉上的透气性与舒适性；
• 提醒内容的背景变得更淡并增加了透明效果，使其更加醒目，更方便阅读，同时让其大小一致保证统一性；
• 改变了标签的大小与空间关系，提供透气性与扩张规则；
• 翻页按钮变成正方形，扩大了点击面积，同时视觉上有更好的规则性；
• 右侧分类列表采用面来分割，醒目、清晰，级别关系明显，同时去掉了多余的框线，让设计看起来更加干净、简洁。

TIPS

如果你感兴趣，可以把这个区域设计当成一次练习，争取用更多的方法改善与完成设计目标，看看自己能用多少种方式完成同样的内容与设计需求。

不断解决与设计目标之间的冲突

有了更多的设计方法，我们就能够开始解决矛盾。目标是固定的，相对这个设计目标，一定存在着无数个可能，我们需要做的是从它们中间选择一个最合适的方法。

你当然知道，文字是用来阅读的，那么在设计过程中，你需要不断关注这一点甚至去放大，因为只有这样，你想传达的信息才会更清晰，更容易阅读，更容易让用户知道，这是一个非常容易理解的设计合理性维度。

感知与辨别

不要过度相信自己的设计。前面提到过，用户针对某套界面体系的理解时间非常有限，可能是瞬间的，这就要求你非常清楚、直接地表达信息与意图。如果你是为了售卖服装，那么衣服的款式与价格、用料这些信息才有可能是用户最关注的，所以你的设计就应该围绕这几个关键点进行，不做更多复杂的、影响用户感知的设计。这是很多设计师在工作中都容易忽略的问题，常见于初级设计师、中级设计师，他们更关注以自我为中心的美，不关注宏观的美，以及美的目的性。

感知

所有用户都是带着某些目标进行产品使用的，控制好你的视觉语言，不要使用难以理解的、抽象的视觉元素来影响用户感知，控制视觉语言的抽象程度，使用户更快地了解你要传达的意思。

梵高的《星空》是非常著名的艺术品。艺术品的受众是小众并且带有极强特点的群体，那么针对这一群体，梵高完成了其自我感知的表现，甚至呼唤了能够产生共鸣的

▼ 梵高《星空》

▲ 某吸尘电器广告

群体。从这个维度来讲，艺术品是成功的，有目标：自我与呼唤；有结果：共鸣。甚至在某个角度，他不需要你理解，因为这本身就是这种艺术品的独特之处。但是对于绝大部分设计师来说，我们从事的工作，往往比这种艺术品更需要清晰的目标与结果。

上图为某吸尘器平面广告，设计师利用强对比的创意方法来表现吸尘器的超强吸力，三名猎人，两人用猎枪，一人用吸尘器。这个创意本身并不算精彩，但构图中的故事简单明了，几乎不需要思考就能理解产品的宣传点。我们知道，设计师在很多时候需要创意与夸张，那么你对自己视觉语言的抽象程度，就应该控制到这种程度，除去必要的场景、故事线、关系等，控制好其他元素的抽象程度与出现频率，让用户能够在最短的时间就能理解你的传达，毕竟我们不想让用户在理解时太费神。而事实证明，那些更隐晦的视觉设计，往往带来的都是负面情绪，用户甚至会有挫败感，这不是我们想要的。所以一定记住，抽象不是我们追求设计感的主要目的，我们在表现文化的时候会适度使用，但这部分一定不是设计的核心，我们希望让更多用户清晰、便捷地使用产品，不会浪费自己的精力在没有意义的事情上。

我们再来看两个案例，加深对抽象视觉与创意的理解。

▼ 三星扫地机器人广告

左页图为三星扫地机器人广告图，我们经过长时间研究，也未能发现这个广告创意(如果不够智能，你的扫地机器人将打碎这一切，因为它们无法躲避)的构图与故事要传达的终极观点。这就是抽象视觉的控制出现了用户层的不匹配，用户要花更多的时间才能了解你要传达的意思，那么从用户目标与产品目标的角度来说，类似的广告都不算用户级。可以首先来设定，用户永远不肯花更多的时间在你的视觉传达上进行过多的停留，实际上用户就是这样。

可以找到更多类似这样的案例，从UI设计的角度，这样的设计应该让你非常敏感地认识到，视觉语言与视觉创意在表现上的关键点。

如果范围缩小到更精准的UI，希望我们更多的设计师让自己的视觉语言看起来清爽干净、清晰明确，并且不需要思考。

▼ 某电商平台 Banner 设计方案

上页图为典型的UI广宣图，设计师应该用了很多时间思考故事，但是仔细分析这个设计就会发现，从一开始，设计师就已经失去了目标，这是非常典型的设计合理性缺失的案例。我们都知道用户在购买或者点击目标时，需要快速进行决定，而大部分电商的广宣设计都在用更多的时间做着与这一目标毫无关系的设计。设计师进行了合成设计、故事设计，还有夸张的创意手法。从信息传达的角度来说，用户思考很久都无法知道他是否应该点击，看不到服装的细节、价格，也看不到折扣信息，还有那些非常小的英文说明。从画面的角度来说，这可能没什么问题，一旦跟设计目标匹配分析，就发现这个设计可能从一开始就错了。很显然，一个人在半空中的状态并不是要表达衣服的材质有多轻盈，而且作为关键的主角，浮在空中的状态并不能让用户与自己的生活场景迅速匹配，也一定不是为了表现秋天风很大，人被吹起来了。我们的设计都有目标，如果是做某个品牌的调性系列海报，我觉得尚可，但作为面向大量用户的UI，这是一个错误的设计。

通过上面的两个案例，我们总结出关于感知部分需要注意的关键：

1.用户带着目标使用设计,并自动过滤与目标无关的视觉语言。

2.控制视觉语言的抽象程度，让用户更快地了解你要传达的意思。

3.不使用过度且毫无关联的视觉语言影响传达，永远不抛弃并远离设计目标。

辨别

辨别通常是用户在感知后的判断，所以一个抽象，一个具象。

1. 让级别清晰

这是某购物网站的产品UI界面，从设计的完成度来看，它似乎完成了基本的设计，每当你设计到这个程度时，希望能进一步进行合理性思考，并且推动设计进行完善。绝大部分人都能通过判断区分它们的所属关系，

▲ 某购物网站的产品 UI 界面

但一定有小部分用户开始模糊这种关系。这样排列应该是上下结构还是左右结构？那么这盏灯应该叫RANARP还是SJOBRIS？这些困惑一旦产生，证明设计是失败的。作为优秀的设计师，我们应该杜绝类似情况的发生。

▲ 修正方案 1

使用更多的可能性来完成它，然后进行判断并选择一种正确的设计方法。现在我们在两款产品中间增加了一条线，这条的线的目的是分割，将内容关系区分得更清晰，这样能很好地解决原稿中遇到的糟糕体验的可能性，甚至不用对其他视觉元素进行任何变化。这就是我们设计上要注意的细节，也是设计过程中要解决的矛盾与问题。

由于线的凌乱感较强，很多设计师都在做去线的工作，想让设计看上去更加清晰、干净。所以，我们可以这么做，将本应该同区域的内容间距变得更小，将不同区域的内容间距变得更大，这样的内容关系是不是消灭了原稿中视觉区分模糊的问题？为了让这种关系更加清楚，我们还将文本的对齐方式变成底部对齐。

▼ 修正方案 2

上面的案例证明，我们很容易遵守也容易忽略一些设计细节，比如简单的邻近性原则，在原稿上体现得不够清楚，用户极有可能无法快速分辨产品与文字之间的关系，我们需要一些调整与优化，来解决用户要面临的分辨问题。相对来讲，第一种方案更直接一些，如果你正处在简洁化设计阶段，也可以让同一组内容的距离更近、不同组的距离更远来完成。这些设计原则我们很早就知道，只不过由于过程中的种种原因导致我们失去了目标。辨别也是用户非常基本的一种UI体验，一定要放在重要的位置看待。

▼ Icon 设计舒适度 &Icon 设计舒适度调整

2. 让色彩清晰

如果你对色彩很敏感，就能非常清楚地判断上面两组图片的清晰度、对比度。左图为原作者发布，右图为调整色阶后的效果。

我们如何从中选择一个正确的设计？为什么？

当然是选择右图，色彩更清晰，对比更明显，无论在什么屏幕上，都能有效地传达图形示意。当用户不能快速感受图形与色彩时，你所承载的示意性在一套图标中将失去核心意义。另外，在很抽象的感知层，用户一定会有视觉上的不舒适感，这是一个无法有效掌控干净与对比度平衡的案例。目标是设计一套干净、淡雅的图标，但是结果因为使用了错误的对比度、明度，导致设计结果与目标只有小部分吻合。

3. 让示意清晰

辨别也涉及目前最为流行的细分移动UI体系。我们都知道移动UI始于小型屏幕的内容安排，为了表现更多的、更集中的应用入口，我们常常用Icon来示意用户进行选择与操作。显然，在整个Icon设计过程中，最为重要的就是示意性。

▼ Icon

我们经常被这样精美巧妙的Icon（上图）所吸引，那是因为有更多的设计师在讨论它，而用户层需要的是更直接的示意，当我们盖上文字后，这两个Icon的示意性几乎是没有的，在我们的工作中，这种现象层出不穷。作为一个优秀的设计师，应该更强化Icon的示意性，让用户用更短的时间分辨你要表达的意图。如果还是解决不了，不要轻易使用不带文字的Icon进行功能表达。我们加入文字后再来评估它的示意能力。

▼ Icon 与文字关系

大量的使用都证明了在Icon中加入文字示意的必要性，原因是我们面临着更多的视觉表达与功能表达上的冲突矛盾，甚至有创造与合理的矛盾。从职业职责上，建议你更多地思考功能表达与合理性。只有这样，你的设计才可能被更多的人使用。同时，他们的使用过程是愉快且无障碍的。不要设计一套只有你自己能识别的Icon，那违背了设计师的职业核心。记住，美是根本，我们的一切价值都要建立在美上，同时有更多的信息输送与产品推动。

遵循

遵循自然与习惯

如果你意识到自己的设计要被百万级、千万级，甚至亿级用户使用时，你应该非常谨慎地对待关于UI的一切视觉元素。通过对视觉上的感知，用户将进行判断是否该点击，是否该进入下一个使用。在这个过程中，你要尽量遵循用户习惯的视觉语言，包括交互部分。遵循已经形成习惯的交互及视觉语言，可以让用户更快地进入使用阶段，并且每次判断不会有偏差，而对于那些有创意的新视觉或交互习惯，你需要提供一个非常明显的学习通道，并且你要知道，这种新习惯的培养通常成本都很高。在设计师眼里所存在的趣味与学习上的娱乐性，真正的用户层占比是极小的，绝大部分用户都希望用最快的速度完成某种操作，达成某种目标。

▼ Icon 设计的识别普遍性

上面的三个Icon，我们不用注释就能让用户瞬间理解，这就是视觉习惯。在可能的时候，尽量使用这些已经形成的、具有深刻认识的图形，控制你对习惯性视觉元素的破坏程度，让它一直停留在可以瞬间理解，触发操作的幅度上。这些已经形成习惯的视觉语言，应该出现在准确的传达与功能上，不能随意挪用。

当然，说到视觉习惯就不得不提到它的对立面——创新， 追求变化与创新一直都是设计师的梦想，我们希望自己的设计是独一无二的，是有突破性的，是大有想法的，这当然是对的。不过当你静心回顾自己那些所谓的创新设计时，你会发现很多问题，甚至它仅仅停留在一个小把戏的阶段，这不是创新。完美的创新不但要别具一格，还要好看、好用、合理。

当然，遵循习惯也包括用户的交互行为。在用户基础上，大多在采用划动翻页的时候，你不会设计一个将手机扔到天空翻页的交互行为。所谓遵循就是我们的创新总是停留在改善上，而不是为了看起来不一样而改变。

尽量遵循设计规则

当设计开始时，我们应该设定一些规则，包括色彩、距离、分割方法、节奏、级别等，而这些规则一旦建立，就应该扩散并且延续到后面的设计中。一旦你改变了规则，就应该给自己一个充足的理由，就像我们不会轻易改变设计中的主色调一样。规则本身就是设计的一个重要组成。

宏观上，优秀的规则设计能让设计看起来更有整体性、统一性、延续性。严格遵守能在用户培养出习惯时不被轻易破坏，每一次新的改变，用户都要花时间去适应与分析，这一定不是你希望的。

规则设计到达更宏观的层面，对设计能力的要求会变得更高。所以你应该从现在就养成一种设计习惯，在可能的情况下去遵守已经存在的规则，并且忽略你思考的所谓变化与节奏。感受到设计上的肆意变化并不是用户的目标，用户更希望在已经理解的规则里习惯性操作，而不是每一次点击或观察都能发现不一致，你必须知道，在这个过程中并没有乐趣，只有耗费更多的精力。规则的一致对于那些用户群体异常庞大的产品至关重要。

规则设计也是Guide（通过对设计规则的总结整理，呈现一个可指导、可遵循、可延续、可扩展的设计文档）的核心，正因为我们设计了规则，才能进行复制扩展，并且为更多的设计师提供遵循条件。这是一个非常宏观需要缜密思考的过程。在规则设计中，我们不但要考虑对目前设计目标的实现，也要考虑扩展性，甚至极限值。我们可以看到很多体量庞大的平台在整理自己的设计规则，同时共享给可能的第三方，这是希望在视觉层、体验层保持某种设计文化上的统一。

如果你是需要遵循设计规则的后来者，希望你不要肆意破坏已经存在的规则，通常你无法了解当时规则设计的细节，规则一旦形成，原则上你将无权更改。可以试想，一套设计规则可以随意改变的时候，带来的都是随意性，这将失去Guide的核心意义。

几点建议

技巧是工具，手法是途径，一切设计的核心都是在解决问题

相信有很多刚刚进入设计领域的朋友，更关注视觉表达，通过色彩、酷炫的技法来表达自己的设计认知，这只是一个开始。当你的UI设计被大量用户使用时，我们不得不围绕目标进行自己的设计，这些设计不属于你，属于所有使用者。这就要求我们按照他们的需求去设计，当你能够很好地满足用户需求，甚至提升他们使用过程的愉悦度时，那么你一定是一个优秀的设计师。

“工欲善其事必先利其器”，我们在初期关注了技能与手法没什么不对，但是希望你是一个聪明的设计师，知道我们最终价值的体现是什么。你几乎没什么机会用设计来表现自我。在成长的过程中，你越早关注别人需要什么，就能越快成熟。

美观性是基石，与舒适性、合理性、创意性组合才能盖起设计的摩天大楼

审美力可以通过大量的观察培养。首先培养自己的品位，这能帮助你判断自己的UI设计是否符合“美”这个基本要求。在早期，我们的品位一定远超于自己的实现能力，不要心急，持续观察那些优秀的设计并且辅助大量练习，你会发现，慢慢地那些我们之前看到的好设计好像也不那么惊艳了，那是因为你的品位在提升，对美的要求与实现已经开始接近品位。

当你完成了美观性，我们应该投入更多精力去关注其他几个设计维度。实现美有很多种方法，哪一种最匹配设计目标？如果时间允许，你要进行更多的尝试，而这些尝试都是基于美观的。设计不止美观这么简单。

敬畏与苛刻

设计的复杂性远超出我们当前的认知，并且不断在进化，客观上也不存在完美的设计方案。希望你是一个懂得敬畏的设计师，无论进步到哪个阶段，都有自己下一个追求的高度。

对自己苛刻，如果某个设计方案因为时间的关系导致一些瑕疵，这是可接受的。但是你要保证在这个期间，你已经穷尽自己所能，不允许自己大意与懒惰导致设计上的失误。

从现在起，开始追求合理性

合理性的维度众多，涉及设计的每个细节，总结来说，一条线、一个点都有出处，都是为了解决某个视觉上的问题、产品上的问题或者用户的问题。当你做到这个程度时，你的设计会变得无懈可击。

合理性不是为自己寻找一个牵强的理由或开脱借口，是客观上有目标、有理由的解决方案，当你阐述时，不让人质疑，不让人困惑。当然，这并不简单。

设计是一个充满矛盾、维度众多的领域，我们无法用非常清晰的方程式来解决这些问题，善于思考能帮助你离用户更近。所谓“己所欲，施于人”，如果你是一个用户，你需要什么，那么大部分用户应该跟你的目的一样。当你换位思考时，忘记自己设计师的身份，关注目标。希望本章内容能帮助一些设计师朋友，同时唤起更多同行对设计合理性的思考。

“一切设计均有目标，一切设计均有解释”，一旦你无法解释清楚，就有可能是出了问题。改善它!

我的用户体验观

刘宓

原美柚设计总监，负责产品用户体验和品牌设计。打造美柚、柚宝宝、柚宝宝相册、柚子街4款精致的女性产品，带领UED团队在工具、社区、电商、广告的用户体验和实践中反复打磨优化，实现设计管理和精益UX的平衡。曾供职于阿里巴巴，负责阿里云OS设计、铃音和动画业务。之后加入搜狗，负责用户平台事业部设计业务，作品为搜狗地图、搜狗网址导航、搜狗游戏、智能硬件等。

经常有人说，“顾客就是上帝”。而对于APP产品来讲：用户就是上帝。因为用户对某个方面的需求、对界面的理性和感性的认知、对图标大小的使用率都非常重要。而美柚UED，是一只小而美的团队，在发展自身多元化的产品业务的同时，比如经期记录、育儿、孕期等，依旧强调其基础风格和交互共性。在共性的基础上寻求个性特点，同时也围绕着设计规范和设计语言的这条主线迭代设计。

APP真正广泛地使用传播和流行是从2007、2008年开始的，标志是由苹果公司推出了第一款iPhone智能手机并创建应用商店，苹果的APP把可交互、可操作的智能应用真正带入了我们的生活。比如2007年之前诺基亚塞班系统自带的贪吃蛇,以及简单的类似于飞信一样的彩信订阅一直在你我的生活中。在中国，2006—2010这4年，我的理解是智能APP发展的1.0时代，这4年中APP发展比较迅猛，比如我们熟知的唱吧、人人网（校内网）、飞信等。人人网（校内网）、飞信主要面向的人群是在校学生，通过智能手机的地理位置服务和信息推送服务引领了人与人、人与社会对接的刚需。认真回顾，飞信的爆发是有策略性的，它采取一个月给用户若干条免费短信的策略，对运营商产生了极大冲击，而PC版和手机客户端可以传输更多丰富的信息和任务，完成较好的用户体验而不仅仅是每条5毛钱的彩信；唱吧的录歌功能很早体现了点对点的资源共享，上传服务器并提供平台让用户分享，是一个真正打破了点对点的工具，再从工具转向社交，最终完成了一个从工具转向广场的突破。

而2010—2012年是APP的一个爆发点，在中国的移动手机用户增持和移动互联网化的大环境下，诞生了一批现象级的APP，比如滴滴和微信，三四年时间，让产品的用户黏性和数量等方面都做到了飞跃式的增长。随着一大批APP的做大做强，用户体验和产品服务体验的重要性凸显出来，诞生了很多专门的设计部门，或叫作设计交互部门的雏形。它存在于产品与视觉设计之间，重视了交互环节，以便优化设计流程和用户路径。

第三个阶段，2013—2015年的中国互联网开始了全民创业、万众创新的新热潮，在资本温床下出现了千万款APP，比如2013年成立的女性APP美柚。当每年出现的一些窗口期开始有资本进入，并有新产品的出现和相对的创造时，资本的整合与合并、APP之间的整合与独立运营的发生，就会促使APP从广泛走向垂直。比如，一款APP的目标是希望解决14~25岁女生的经期记录问题，即使仍然有超过30岁年龄段的女性使用这款APP。这时候目标用户成长轨迹的重点阶段也随之被关注，因为14~25岁女性是这个年龄段的主要研究对象，结论是这款APP会更加专注于解决这部分年龄层女性的经期问题并研发对应的产品功能。这两年内，在众多细分的领域里出现了多样的APP内容，如何做饭、如何置换二手商品、如何在宜家进行更好的体验，等等。越来越多垂直领域APP的出现，也在某种程度上体现着市场需求以及人的生活方式在发生着变化，用户体验的时代已经正式到来。

让用户体验脱颖而出

令人愉悦的APP设计

现在的APP已经包罗万象，如何让一款APP在种类繁多的应用市场中脱颖而出，成为众多APP中的翘楚呢？这是一个很难解释的问题，它需要资金的持续投入、有爆点的活动运营策划、专业团队做ASO优化、产品刚需切入目标用户、用户体验极致等，各种因素交杂在一起。其实用户总会尝试下载一些新的应用产品，随后再删除那些不好玩、不好用的APP以保证手机内存充足。我一直很好奇，那些可以长时间被保存在手机上的APP，在用户体验上会有哪些共性？这应该是让APP脱颖而出的答案，客观地说应该是基于产品和用户体验的维度。在实际工作中我发现这些很棒的APP具备的特点是：易用、可交互、好玩并且是传递和输出美的。这几个特点正是判断一款APP产品是否优秀的标准。

产品易用

产品产生的第一要义，是人类某种需求缺失时出现的必然结果。举个例子，第一把石斧的出现可能是出于砍伐的需求被打造出来的。原始人造的石斧需要完成抡起和下劈的动作，所以握把的地方被反复设计，长度也被加长，比如今天我们在商场楼道的墙上看到任何一把消防斧，在出现突发事件时，人们都可以出于本能去使用这把斧子，形象和功能简单理解、易用性高。千百万年过去，石斧的基础形态仍旧被保留，更多被进化的部分是把手和斧头的材质和锐利程度。这个例子告诉我们可用、好用、使用简单、方便使用一定是产品的第一属性，易用的产品会被长久传播、便于加深记忆。

▲ 消防斧的设计

交互之妙

如果一个产品，只是在某种程度上吸引了用户片刻的注意，那么兴趣之后的短暂停留只是在最初与用户发生了表象的互动，这样的产品可能会引起“热度”，却不能引起长久共鸣。只有当用户与产品之间产生了某种互动操作，这种持续的吸引力，能够在用户触发一个弹窗按钮或者给APP一个语音指令时，APP条件反射般地满足了用户的某种自我需求，从而带动心理反馈与互动便是我们通常而言的产品与用户之间的交互，这也是保证一个产品能够持续下去的原动力。

美妙交互一般是由一系列顺畅、有序、达人心的操作反馈组成的。相信很多苹果粉丝永远也不会忘记在iPhone 4S上第一次和Siri的那场傻傻的对话。APP设计最大的特点是可交互与用户界面设计。交互设计是一门学科，从20世纪80年代的人机交互（HCI）开始，着力解决有情感的人和冰冷的界面问题。而设计领域的交互与其他领域不同，当设计师开始在产品与人之间建立逻辑的时候，交互的逻辑随即产生。交互的逻辑简单来说就是：告知用户从哪里来到哪里去，在下一个标准或者非标准的场景下引导着用户前进和后退。同时，保证用户路径的顺畅性亦非常重要。

▼ iPhone 4S 上的 Siri 操作

玩乐属性

产品本身具有传播和娱乐属性，尤其是APP在这种属性方面更加显著。当一个产品作为工具使用时，“好玩”并不能作为衡量一个产品好坏的决定性标准，但是我们发现一款优秀的APP一定具备“好玩”这一特征。尤其当一款APP的定位和主要受众确定在15~25岁这一阶段的年轻群体之后，不自觉地对这款APP产品的娱乐属性也提出了更高的要求。举个例子，年轻人尤其喜欢自拍，深受年轻人追捧的相机APP就会在原有的拍照基础上追加很多娱乐性的功能，如滤镜、虚拟配饰、搞笑贴纸等，方便年轻人拍照后分享到各个社交平台。

▲ 美柚 APP 的头部设计

传递美的过程

也许每个人都有着自己对于美的判断和追求，但任何事物的普遍性和特殊性之间总是存在着“灰色地带”，这部分就是可能被我们探索的“留白”区域。而一个产品可以被大众接受、熟知、记住并长期使用，除了满足功能需要这项必然的因素外，它也在某种程度上发现和推崇着人们精神上对于美的欲望。这一点，大到对于整个社会而言都是重要的，落实到APP，很多设计者也在朝着这个方向努力。比如，美柚APP在最初定位时已经想到了这个部分，我们把一些记录工具和较为复杂的用户身份信息重新排列组合，最终以简单、好玩、可交互的形式呈现并传达给用户一个美好的产品。当这些特点之间不断地融合、互动、穿插，当APP的互动里带着有趣儿，带着精心设计后的动效，画面的转化开始产生一定的节奏，从而促进了美的形成，实现了与用户的交互，这样的良性循环才是正确的。

▼ 柚宝宝孕期 APP 的头部设计

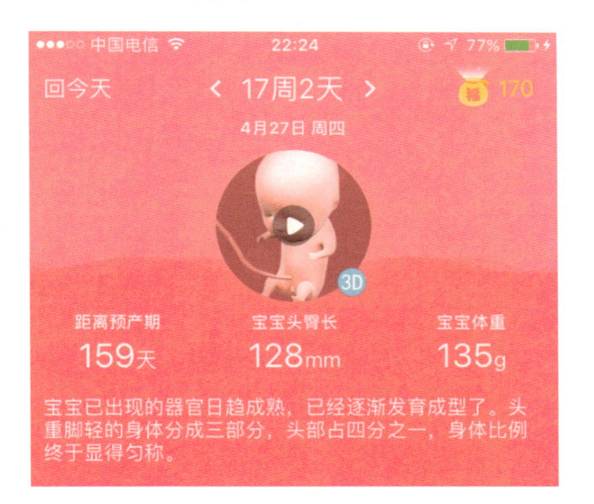

在1997年，苹果推出了一个名为“非同凡响”的广告，其中结尾有一句广告词：那些疯狂到以为自己能够改变世界的人，就是那些真正改变世界的人。也许放在当下的情景中，并不能引起太广泛的共鸣，但真正优秀APP的始作俑者，能够对产品进行预设，站在未来的某个视角或者需求层面研究人的行为，洞察人可能出现的操作并传输美。这样的预判更像是科学家。

设计与认知

设计和商业之间的深浅层关系

在企业中，设计定位与风格在很大程度上会受到公司主体业务影响。比如一款以女性用户为主的产品，界面多以清新和唯美风格呈现，久而久之设计团队会产生很多关于女性柔美的定义和设计沉淀。忽然有一天，公司业务突然向男性精品生活转型，对于部门的设计团队会产生较大的认知领域和设计方式的跨度，长久形成的设计风格和设计轨迹也会有较大难度的逆转。但是设计师们需要尽快学习、掌握一些诸如绅士、俱乐部、运动健康、数字娱乐等图文信息和设计表达，运用到新的业务里面。

很多时候，业务需要做出哪种风格，设计师就要尝试并完成这种风格的设计。

▼ 美柚 APP 个性主题设计

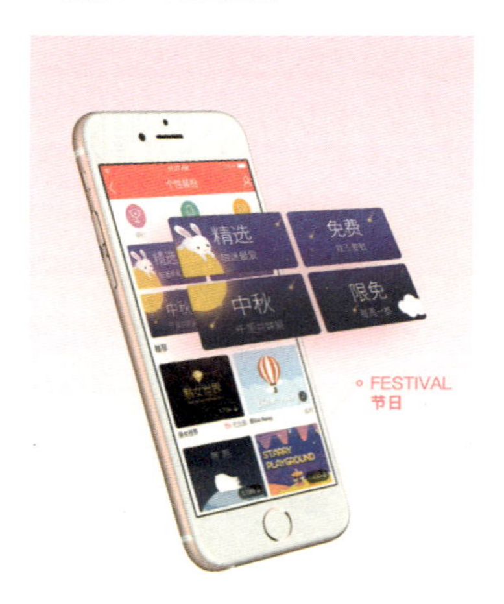

APP设计，通常根据产品需求给出设计定位，再根据主流用户的口味和喜好慢慢调优，很多时候我们希望自己的设计具有辨识度，但无论是否因为业务需要，还是其他，设计师对“美”都要有极致的追求并反复验证，得到共性的设计语言和有秩序性的用户体验。只有这样，才能在市场中迎合用户的“口味”，从而再逐步地进行细节的优化，或者主题多元化风格的设计。当下的美柚APP也在发展自身多元化的产品业务，比如经期记录、育儿、孕期等，但无论业务怎样发展，设计师还是会强调其基础风格和交互共性，比如旗下所有APP均呈现粉色和圆润的设计语言，不做层次较深的页面交互从而降低用户使用和认知门槛等。我们在不断地尝试增加新的个性主题，满足年轻女性对个性化装扮的需求。设计师们在共性的基础上寻求个性特点，同时也围绕着设计规范和设计语言的这条主线迭代设计。

当设计不仅仅是“设计”，而与一些商业行为产生关联性的时候，无论你是什么身份，都应该意识到在设计与商业设计之间画等号的重要性。“商业化设计”有两个层面，比如你在电商性质的公司做设计，那你的运营、广告点击率、社区等数据与商业转化是息息相关的。也许这个比方可以让你更好地理解最浅显的商业化设计的含义。其次，深度一点的就是产品数据，APP的一个默认按钮为什么设计成线性蓝色？是静态还是动态？是全部屏幕静态而图标动态还是与此反之？每一个选择都会产生不同的结果以及用户体验差异。讲到这里可能有些读者还是对设计呈现和产品数据好坏不敏感。以实际的页面跳出率举例：新用户下载一款APP后需要完成注册，录入用户关键的个人信息后才能开始使用，在用户首次进入注册页面的时候发现表单和选项过于复杂，如果不是刚需，用户就会放弃并删除这款APP，那么这个注册环节的页面跳出率一般就会飙升。我们知道市场渠道的投放需要大量资金投入，用户都是通过真金白银的广告、口碑推荐等多种方式换来的，跳出率居高不下，运营推广获得的宝贵用户，结果来了就走掉，钱白花了。唯有优化用户注册和加速操作路径，比如使用短信验证，并持续优化和加速新用户灌入的场景体验，可以有效降低页面跳出率，优秀的设计可以换取最大转化率。深究这些产品数据，其实都是商业数据，所以好的APP设计会为企业带来意想不到的商业化价值。

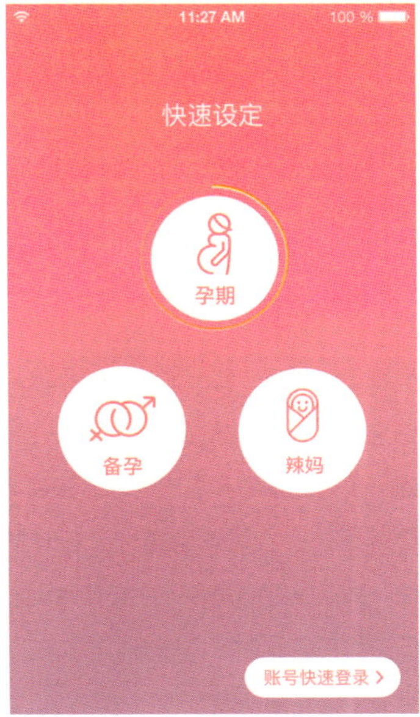

▶ 柚宝宝孕期 APP 在新用户登录时快速设定场景

设计的关键：正确梳理设计流程

任何一款APP，从接受产品的需求制定开始到发布完成，都存在着一些相似的逻辑和步骤。比如从产品的需求制定开始，经历了一系列的生产流水线；比如PRD文档的书写、交互流程优化、UI设计执行、前端开发、服务端开发、回归测试和发布。从想法到模型，从草图到最终发布，看似烦琐的流程中有着逐步摸索出来的基本流程和步骤。论其APP设计流程，我们一般采用以交互设计和UI设计为主体，用户研究全程参与的形式。

每个人都有自己的设计方法和设计风格，一个设计团队亦是如此。在彼此的磨合与逐步的完善过程中也会产生适合团队的规范， 一个优秀的设计团队一定有适合自己的设计流程和工作节奏。我会把设计流程的各职能设计师参与的先后顺序进行梳理：①一般接到产品的需求通知后，交互设计师会进入到第一个设计阶段，并以主导的角色完成交互原型设计工作和设计评审，产出交互文档作为交付物。②UI设计师会参与到第二个设计阶段，根据交互原型展开界面设计和图形创意，以主导的角色完成UI设计工作和设计评审，产出UI界面和工程素材资源作为交付物。③用户研究员会全程参与并约访用户，给出客观的观点和用户建议，产出可用性设计报告作为交付物。在流程中我们也会建立职能范围和角色卡位，一般我会在流程中把各个设计阶段用“正方形”串联起来，同时把交互设计师、UI设计师、用户研究员、产品经理等角色放到正方形不同的位置。比如下图黄色区域正方向内部表示主导，正方形边缘表示参与，正方形外部表示旁观，这样你会清楚地看到在不同的设计阶段主导人是谁，各个步骤之间有哪些角色会进

▼ APP 发布流程和设计站位

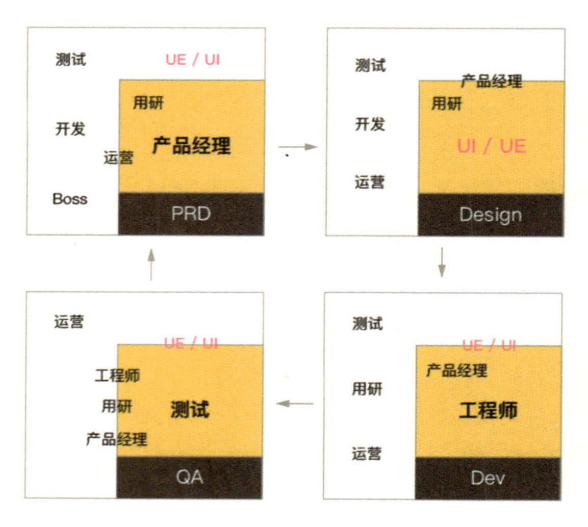

行穿插和相互配合。这样，会让每个人明确自己的工作内容和需要考虑的问题。清晰的分工、合理的流程、密切的配合，就会避免很多不必要的矛盾争执和会议时间的浪费，对于设计团队会是一个有效的工作方法。

看似完美的设计流程在实际使用中也会被一些突发事件破坏，我们都遇到过，甲方（产品经理或老板）瞬息万变的需求变化总会令设计师抓狂，需求和交互的变更会导致设计的返工和重复，开发周期会被一拖再拖甚至被砍掉。在这里我建议要把各部门一致通过的完整产品需求“冻结”，即本次版本不能被改动，将需求事件放到下个版本的开发计划里，保证之后所有的设计开发流程稳定。在设计过程中，一般设计师们会进行一轮或多轮的头脑风暴和设计发散，绘制多个版本的交互方案，进行不同视觉风格的探索和验证，这样根据产品原型产生的方案不再是单一的，多方案设计提案也验证了一些可能的设计机会。后期尽可能地去提炼本次版本的交互和视觉规范，也就是设计沉淀，这是我对用户体验团队和设计师们提出的最高标准。

创意和设计

设计有很多共性和个性，无论网页、UI、APP设计还是平面设计，你都会有需要灵感产生的碰撞点和寻找灵感来源的方式，也许这种方式存在差异性，但这种需求是每一个设计人都会有的“刚需”。

创意来源

首先，我会推荐设计师使用情绪板工具（Moodboard），这种方法虽然产生较早但一直很实用。我在2004年的大学期间开始使用这种较早的设计方法，并一直延续到现在。情绪板早期是从报纸、彩色杂志上剪下图片，按照类别进行收集并重新粘贴排版。当时我们要设计一款产品，首先设计师确定设计方向并提取了一系列相关的关键词，然后根据设计感觉进行剪报，这样会为设计提供最基础的一种来源和依据，通过制作情绪板，可以挑选出合适的色彩和设计语言。后来我开始用软件制作情绪板，提高了制作效率，我会在版权图库中找寻合适的图片，配色、氛围渲染、元素等是我考虑的最主要因素。当然，创意的来源也包括多看设计网站，比如Dribbble、Behance、站酷、UI中国等，这些是APP设计师常用的一些国内外开源设计资源网站。当你把多看培养成一种工作习惯，长期不断的积累，定期的搜图分类，交换个人设计收藏，开源和共享优质资源的习惯就会产生，短期的知识归纳与长期的视觉沉淀相结合会成为你灵感最基础的部分。

设计计划

第二个是灵感发散，找寻逻辑思维方法。设计思维的发散需要脑洞更需要落地，制定设计的灵感周期和时间分布是个不错的选择。比如我把一个月作为一款APP视觉设计创意和设计工作的完整周期。在一个月内建立四个工作周期，第一周进行头脑风暴的创意联想、设计探索和发散目标的冲刺，最终确定主题风格和颜色；第二周进行界面排版和内部元素的确定；第三周进行关键页面设计和流程验证；第四周进行设计工程资源输出并提交可用性测试。我建议设计师提前做好创意和设计工作计划，严格地按照阶段性周期进行设计推导是有必要的，而不要在设计中给自己无尽的期限，也许灵感需要契机，但需求方和市场机会并不能一直等下去。你需要在不断地碰撞、推翻、讨论和实操中不断地摸索和让你的想法变成现实，在APP设计中我们总有机会去实现设计迭代，制定一个好的设计计划最为重要。

设计对象

在APP设计和用户体验行业，我们常常提到UED、UCD、精益UX、敏捷UX，[1]它们的相同点都是以用户为中心进行设计迭代和优化，区别是设计针对性和团队弹性。重点是设计师需要清晰了解“用户是谁”，才能知道要如何对症下药，也许你心里会疑惑，身为设计师的我们会不知道自己的用户是谁吗？看似最简单的问题，经常会被我们忽略。在项目中，需求和设计是上下游关系，设计师经常把产品经理、上级领导和真实的APP用户混淆。一个好的工作习惯是设计师要去多了解用户后台数据和用户反馈，因为真实的用户声音在这些渠道可以集中找到。在APP项目中一个较大版本的新增需求或者设计思维调整，一般是通过大数据用户直接或间接的反馈得到的，通过给用户做分类标签，可以很好地分析和了解典型性用户的画像和行为。其次，设计师应该重视用户问卷和访谈，在工作中我们会做大量的用户调查问卷和用户访谈，这是方法也是途径。我们针对不同的产品功能设计具有针对性的问题脚本和调研方式，重视用户研究可以有效地模拟真实场景，验证需求真伪，实现用户体验价值的最大化。

注 1:
UCD：以用户为中心的设计
UED：用户体验设计中心
敏捷 UX：遵循敏捷开发和实践的设计
精益 UX：低成本、高效率、跨领域的设计

需求影响设计

和产品经理相处久了，我大致可以把他们提出的产品需求分为三类：刚需、急需、伪需求。刚性需求，简介刚需又称硬性需求，一些最基础的工具或是大众服务类产品，是人类在生活方式和工作效率方面不可或缺的需求。刚需的设计表达，需要满足大众口味并符合基础的用户习惯，一般以效率为优先级最高，视觉层次清晰、产品认知明确，不需要有过于花哨和个性化的设计呈现。这就好像很多年轻夫妻购买首套婚房，89平米的两室一厅户型，简单装修即可入住。可接受范围的价格和居住面积就是年轻夫妻的刚性需求，而楼层结构、风水、周边配套、物业、大空间等就成了未来二套房改善型居住户型的需求。作为APP设计应该首先着眼于研究刚需的设计表达，因为受众广、用户使用黏性高。

急需，是指在某个阶段或者风口点，非常时期需要快速达到某种目的的需求，但只要过了这个风口点，需求就会立刻衰减。一般专题类运营和电商大促活动，均属于急需。急需的设计表达，需要具备强烈的氛围设计和烘托呈现，比如彩票理财、体育竞技、百货大卖场、文娱演唱会等，说白了是要把场景和调性做足。以双11为例，很多电商企业希望趁着双11的热潮进行产品宣传，就双11本身而言，这属于急需。是在特殊时间与场合下进行的典型案例，好的急需产品设计是有预热铺垫和进阶升华的，比如天猫双11的运营设计，从早期的商家品牌为天猫造势，在双11前成功地打造了本次活动的流行设计元素和形象，在活动当天用户可以在主会场看到琳琅满目的商品类目和绚丽缤纷的霓虹闪烁，造就了天猫营业额1 207亿元。让天猫和所有电商企业在这次活动中一起赚了个盆满钵满。

最后一项是伪需求，产品经理将伪需求和未经过梳理的需求下发给设计师执行制作是常有的事情。在真实战场，真伪需求判断混淆，会影响一款APP的用户体验，甚者会因为功能的缺失导致用户流失，让企业丧失弯道超车的机会。需求的产生属于认知范畴，而真伪需要用知识去识别，工作经验不足、对用户了解不深入的产品经理会做错误的产品需求。有经验的设计师拿到产品需求后，首先会结合APP的典型用户，如若发现疑惑会找到产品经理和用户研究员，共同讨论验证后再展开设计。

优秀的设计体验

无论从交互还是设计的角度，APP未来的趋势都会更加“简单”， 扁平化从2012年底开始传播，截止到2014年，基本上完成从拟物化向扁平化迁移。原因自然不必多说，从开发的角度，扁平化资源切图和SVG、Iconfont等矢量代码化设计资源，对于内存和整体响应及刷新率都是革命性的提速。从用户体验应用层面的角度看，视觉减法会促使未来的设计走向极简路线，淡化视觉设计和包装成分，干练直接地以内容为王的设计呈现给用户。未来的人机交互行为也趋于优雅和平淡，那些试图通过一系列手势或动画、利用头脑风暴冒出怪诞的突发奇想，这些交互小心思，并不是一种行业的趋势。

国外有很多优秀的设计案例，比如Google和LINE。我觉得Google的设计很强大且设计语言高度统一，我们在使用Web产品和移动客户端产品的用户体验是一致的。这家搜索引擎公司的交互/UI规范、VI体系在全球范围内是有统一标准的，但同时也很好地保持各个地域的文化差异性，这在谷歌地图中体现得较为明显。比如德国地图与日本地图，在高速、主干道、颜色等各个方面的展示均存在着差异，但搜索列表和展现的形式却是相同的。因为德国纸质地图的主路颜色是白色的，而日本纸质地图的主路是黄色的，用户从纸制品看地图的习惯可以较好地迁移到线上，而搜索展示结果被要求使用统一的设计规范，从而降低开发成本。

▲ Google 地图

而LINE是另一类产品。有一次我去台北，发现年轻人都在使用LINE的周边设计产品。后来，我在日本的大阪、东京，泰国的曼谷、华欣等一些亚洲主流城市都发现了LINE丰富的周边产品。我开始研究LINE这家公司，发现除了贴纸文化和社交应用被广泛传播外，他们能够准确地把控当下亚洲年轻人的“潮流”“萌系”以及大众喜好，并赋予这些概念新的定义。LINE官方设计了可爱且特色鲜明的馒头人、可妮兔、布朗熊和詹姆士，备受好评，通过线上商城和各个城市的实体店，把公仔、玩偶、贴纸、合作品牌等，全方位触及粉丝。你会发现LINE卡通形象的眼睛都是线形的，男主人公的头发给人像被风吹起的感觉，这与传统美学上的对称和严谨性有着强烈的差异性。这正好符合亚洲青少年趋向突破既有的社会主流认知，以及对可爱甜美形象的追求。LINE文化在亚洲多国引爆，品牌定位和调性把控得十分到位，非常值得设计师学习。从好的产品中不断地学习、归纳、总结，是设计师需要具备的一项技能。

▼ LINE 的周边设计

和设计团队共同成长

UED设计团队的构成和独特性

APP的设计团队和其他设计领域或行业的企业不同，它是“团队”和“迭代”。这里的团队意味着任何一款APP的设计部门，不仅包括设计团队，还会囊括产品团队、开发团队、市场团队等，这几个部门协同作战，共同完成一个功能上线或者产品研发。迭代是指团队在进行一个产品的版本设计时，一边摸索用户需求做产品功能设计并制定阶段性的功能研发目标，一边在较短周期内做研发冲刺，这样可以在较早的时间点拿出一个相对粗糙的产品交付给用户，从而得到最及时的反馈。基于此优化修改，继续做研发冲刺，经过多次产品迭代，最终交付到用户手中的产品就会比较符合用户使用习惯。这种敏捷的设计流程，可以较为有效地保证产品在上线发布之前达到符合预期的用户体验标准。

团队协作

APP设计与平面创意或装置艺术还是有较大的区别的，简单地说APP设计的用户体验更加看中商业转化和用户数据层面，而后者看中的是艺术呈现和价值的传递。在实际工作中，视觉或者交互设计师甚至要在市场或市场部门提出的运营数据面前做出艺术性的让步，有倾向性地完成商业化设计方案和运营解决方案。优秀的APP设计师应该具有一定的商业前瞻性，进行适当的设计预判、平衡设计创新性和交互易用性，和多开发部门沟通，必要的时候也可以做一些可用性验证。

在企业里，APP的用户体验是由一支完整的设计师队伍组成的，按照工作角色一般分为交互、视觉、前端、用研、平面，当然更为精益一些的设计团队不会有太多不同角色的设计师，交互和视觉经常是由同一名设计师完成，用研也常常去做一些产品和功能探索的事情。我们习惯于把这样的设计部门称为UED部门，业务线APP的设计和把控一般交由一名主设计师或设计负责人做规划和执笔，简称为owner。owner需要具备丰富的设计经验、较高的专业度，对个性化和整体性平衡可做出判断和把控。前期owner会参与到APP风格设定和交互原型的探索和讨论中。如果是一项较大的版本迭代，在完成视觉方向和交互验证的基础上，owner会邀请并引入更多的设计师参与到其中，协同完成APP各个功能和模块的设计体验输出。在这种推动式的设计进程中，owner会辅导参与设计的低级别设计师完成设计细节，保持设计语言的统一性，同时可以高效地和外部资源对接工作进度。

为了保持品牌对外的一致性和整体感，UED团队内部会定期召开设计评审会，保证业务线设计对外输出的品质，同时需要传递出整体性设计风格和公司品牌化的一致性，这些对于公司和产品用户体验都非常重要。

当个人的创新性设计风格与团队或企业的格调发生冲突时，这时候我们会以“设计价值观”为重，倾向性是团队价值大于个人价值，设计师要遵循公司主体的设计风格和用户体验，这是一种团队价值观的基本体现和认同，但并不意味着完全照搬或者抛弃个人独特的创意风格，一味僵化地推行家族设计路线，毕竟创意设计会让设计团队时刻保持着新鲜感、有趣和多元化，建议设计团队在季度或者半年度的设计评审中推动一些来自个人的前沿设计风格和优秀创意，赋予设计资源，给予设计落地的机会。

▲ 美柚 UED 用户体验设计团队

加入一支UED团队，你需要具备哪些设计能力？

以美柚APP为例，美柚UED是一支小而精的团队，负责三款APP用户体验和相关的后台设计支持，我们不具备BAT公司设计团队百余人的规模，但是一支精益的UED团队，始终保持着船小好调头的敏捷节奏。团队的设计师是跨界高手，大多掌握着2~3门手艺，每一位成员的设计能力和输出质量直接影响着整支UED团队的品质和口碑。举个例子，美柚UED设有一个小型前端组，他们既可以完成设计Demo的前端开发，又可以胜任较为复杂的任务，诸如数据库搭建或者数字可视化呈现，他们是公司率先使用先进的React Native框架制作出美柚的产品设计原型并完成发布的前端工程师。这套原型Demo的页面刷新速率和操作体感基本可以把设计原稿无差别地呈现出来，有效而敏捷地帮助了用户研究员完成可用性测试。另外，兴趣爱好的深入挖掘和培养也成为UED设计师们日常生活的谈资，天文学、胶片相机、越野自驾、瑜伽、日漫、德州扑克、穷游、棒球、滑板等在这支团队中都能找到意见领袖，彼此互相影响，碰撞出更精彩的设计创意。

我总结了加入用户体验设计团队的一些建议，如下：

1. 对于非交互、UI专业背景的应届生，本科是艺术设计专业，比如雕塑、建筑、工业产品、平面设计等相关专业，我们认为经历了四年的本科学习，候选人已经具备了良好的美学基础和较强的手绘执行能力，唯独欠缺的是项目的实践经验和未定型的设计风格，这些是可以在之后的工作中慢慢弥补的。建议在校生可以尽早地进行职业规划，通过投递简历，参加互联网科技公司的寒暑假实习，或许这份实习会成为你步入职场的第一份工作。对于已拿到实习offer的同学，更要珍惜实习机会，在工作岗位不断地汲取工作和职场经验，毕竟这和在校园的阶梯课堂听课是不一样的体验。
2. 对于在传统行业工作具备多年工作经验，希望转入互联网行业的设计师，需要体系化地去了解一下互联网产品和用户体验，比如运营知识、产品需求、开发流程、用户访谈等。一般平面创意或者运营设计岗位是一个很好的起步平台，具体工作内容和传统设计行业类似，同时在工作中可以向团队学习互联网知识，熟悉UED团队的工作流程、规范。这样系统地学习一段时间，设计规范和流程化的专题设计会加快知识沉淀，再去选择是否要继续学习和探索UI或者交互岗位所需的知识。
3. 对于跨专业转入互联网设计行业的同学，比如金融、地产、化工等领域向互联网设计转行，必须清楚地了解，转行并不是一件容易的事情，不仅是因为你在和数十万的拥有UI、UE设计专业背景的竞争者相互比拼技能，而且互联网工作模式和其他行业的工作模式有较大差异，必须提前熟悉“996办公”、敏捷开发、BUG优化、延期等互联网公司常见的工作模式并做好心理建设。其实业界无数的设计大牛，也都是来自经济或者工科等专业，通过自身努力杀出重围，在中国互联网用户体验领域有所建树。英雄向来不问出处。建议可以先从微型互联网公司做起，以实习生或者设计助理的身份迈入设计行业。

我的入行经历

我高考同时考取了清华美院和中央美院，后来我选择了清华美院，并进入汽车设计专业，只是因为自己当时很喜欢科技。而且始终认为男子汉如果不学建筑就要学汽车。实习，是把你大学学习的理论真正转化到实践的过程。也许你还不知道自己想要干什么，实习就是验证你想法的好机会，更是找到职业方向的最好途径。大三我进入联想亚洲研究院参加暑期实习，接触到了人机交互和用户体验，做一个迭代很快的内部网站设计项目。大四下半年申请进入了微软亚洲研究院参加毕业实习，主攻Eink电子书设计研发。本科毕业后保送研究生去了上海同济大学，学习设计艺术学，并申请进入了迪卡侬亚洲设计中心实习。求学期间有机会得到米兰理工大学双学位的机会，攻读产品服务系统设计。在米兰上学，课堂上接触到最有意思的还是AE和视频剪辑，这是一个从静态到动态的设计过程，可以清晰地表达服务设计的理念和流程。研究生下学期我进入了一家米兰当地的视频设计工作室实习，完成一些电视专题栏目和电影后期特效项目。回国后我赶上了中国互联网时代高速发展和人口红利期，并正式加入阿里巴巴工作。现在看来，我仍然喜爱着汽车设计，但已经成为我的一种爱好被收藏起来，工作可能会改变，但爱好可以相伴许久。

我的研究生导师殷正声教授教导说，“设计的范畴可大可小，设计张力应该具备可以完成建筑设计，也可以完成螺丝钉的细节设计”。可以跳出自己固有的思维，宏观地看待设计环节，更能走进项目之中，洞察用户需求，保持理性的态度和思维。

Q：那从创意到设计落地，最常遇到的问题有哪些？

A：设计师从产生创意到设计真正的落地执行，一定会遇到很多的困难和疑问，也有很多是你自动屏蔽的、不该被忽视的真正的重点问题。以我的经验对这些问题进行了总结和阐述，希望可以对读者有所帮助和引导。

[对话]

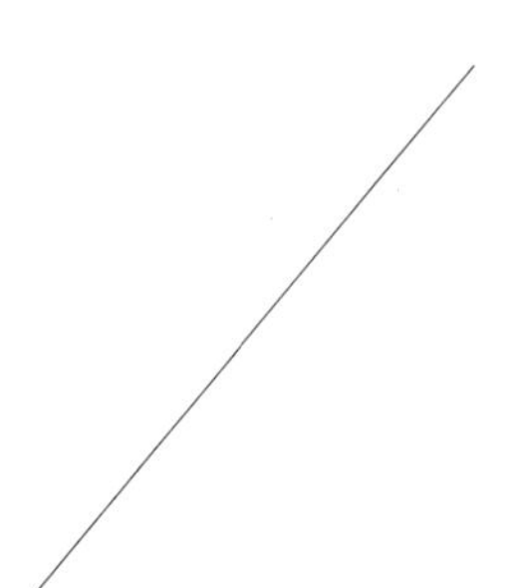

Q=站酷网　**A**=刘宓

眼高手低，表达不出

并不是所有人都会随时都有好的灵感，也并不是你的每一个好创意随时都能实现。最初你还没有很好地了解设计表达方式的时候，一定出现过好的创意做不出来的时候。这是所有设计师都会遇到的，或曾经遇到过的问题。

解决方案：临摹和逆向。其中，很多作家的写作风格也不是一开始就自发形成的，他们会模仿或翻译自己喜欢的作家的作品，学习他们的撰写方式、表达情感的路径等，在模仿中逐步寻找到适合自己的写作风格。而设计也一样，如果说做好设计有什么捷径，那可能就是尽可能多地“临摹”。找到一个高级的设计样片，Logo 、界面、配色风格都可以模仿。请不要小看这件“拾人牙慧”的事情，也许你可以从开发人那里领悟一下“软件逆向工程”这件事情的价值。软件逆向工程，类似于我们搭积木的逻辑和顺序。而逆向完全需要思考者从相反的方向去理解软件运行方式，类似于去思考如何制造积木、塑形、对接样式、接口位置等，这就意味着你是逆向思考对方这样做的逻辑与核心点。在设计练习中，我们应该多做一些这样的逆向思考。Dribbble上有很多优秀的设计师会分享作品的PSD/AI/Sketch等源文件开源给全世界的设计爱好者，可以下载一些优秀的案例并临摹，这个过程可以学习推导优秀设计师建立一款用户界面的设计层次和思路，通过观察图层或者路径，快速了解设计的表达技法。值得注意的是，设计师临摹的作品不要随意使用在商业领域，即使自己重新绘制过，著作权依然归原作者所有。持续和机械的临摹练习可以快速提升设计表达能力，逆向练习可以有效提升设计思维，在我看来是非常值得推荐的方法。

idea太多，分不清主次

我经常从网站上看到一些关于手机桌面的图标设计作品，单独看每个应用图标，细节精致、造型严谨，但把各个图标组合到手机桌面上再看一次，就会发现明显缺乏统一的设计秩序。我想阐述的是好的设计并不是所有的部分都需要拿出一个十二分的表达，或者只在重要的那几个idea上突出就可以。即使你策划的几个出彩的idea都很好，但你仍然需要从中取舍，最终确定一个最想要表达和呈现的主创意。平时多回顾一些自己的设计作品，了解每次自己的设计重点是什么，不要跑偏，给idea分清主次，抛开那种花枝招展的艺术效果。

不去跟踪设计创意和落地执行

很多时候，APP设计师会更多地在意创意的产生、头脑风暴和应用场景，在完成提案并获得团队的认可后，却不重视后期的研发落地和用户体验反馈。建议设计师制定好设计计划，包括梳理明确的产品上线时间、设计、验收还原等设计流程。不断地与开发人员沟通并调优设计，确保设计的落地，跟踪用户反馈和用户研究调查。养成设计跟踪的好习惯会增强设计师对其产品设计的归属感和责任感。

设计价值没有有效传递

你会疑惑，把产品设计出来大家用就好了，那到底什么是设计价值？我的理解是，设计师对产品和用户分析研究，通过设计满足用户，让他产生良好的用户体验，也许这就是设计的价值。有时设计水平相近、技能表现旗鼓相当的设计师常会质疑自己与高级别设计师、总监的差异在哪。现在可以反问，自己设计的价值是否被有效传递？设计为商业化带来了哪些利益？这种较高制高点的设计反思，就变得和其他设计师不同。同时，设计师需要在产品研发中完成设计闭环，参与到各环节，保证设计文档和产品研发的前后一致和设计落地。忽略了这一点，研发则实现不了原汁原味的用户体验，设计价值就没有完成有效传递。

还有一点，需要设计师具备阐述设计观点的能力，善于表达观点，多多练习和自我总结。艺术家能够表达好艺术价值，但很多时候设计师却不擅长。懂得如何清晰、有逻辑、有特点地表达自己的思路，这会为你的设计锦上添花，也是成为一名优秀设计师需要不断训练的部分。

人和人之间的平等互通

从设计本身出发，设计师更像是“情感动物”，他们对于感官和情绪保有极为敏锐的认知，也通常习惯以自我为中心去思考问题。比如他们瞧不上程序员的不修边幅，抑或是在向客户提案的时候喷的满身香水……大概用“矫情”一词描述他们更为准确。身为设计师，在与其他人沟通时，需要尊重自己的合作伙伴和商业客户，这一点是非常重要的。工作经验告诉我，设计师对于团队伙伴和客户保持良好的尊重态度，对未来自身的发展和设计影响力一定会产生良性影响。设计师是一份职业，在职业面前，人人平等。

设计师与产品经理之间的问题

很多时候，设计师经常被产品经理推着往前走，在改与重新设计之间不停地调整和反复。既不能说服产品经理也心不甘情不愿地改着自己的创意，这似乎也成了很多设计师在公司工作遇到的主要问题。到最后是设计师“说服”了产品经理，还是产品经理“征服”了设计师，从某种角度而言，设计师的主观能动性在其中起了决定性的作用。是你主动地在产品需求产生之时就介入，积极沟通，了解每一次更改的动机和产生的影响，还是等待被动的逼迫修改，二者一定会产生不同的结果和感受。我的建议是，要想实现双赢，设计师要主动出击，从被推着走变成携手共进。

Q：在APP设计中，有没有一些设计误区？

A：设计也有一些行话和术语，刚入行的设计师通过学习了解，可以很快地掌握一门设计语言。但是我还是要重点提醒一下广大的设计师们，在设计APP时经常会产生的一些疑惑或误区，比如：

界面排版的阅读感差

UI设计师会发现界面的排版并不像想象中的简单，也许可以从其他方面间接地思考一下如何处理版式。比如，纸媒（报纸、杂志等）的排版中文字与图片之间如何得当地处理那些整体与部分、图片和段落之间的关系，提升用户的阅读体验。

设计师不理解用户

对于APP产品来讲：用户就是上帝。因为用户对某个方面的需求、对界面的理性和感性的认知、对图标大小的使用率都非常重要。用户可能会因为一个5秒的刷新页面或者设计不周而卸载一款APP。从数据上来讲，用户在一款APP产品的不同页面的停留时间和离开都存在多方面的原因。现在了解用户需求的途径有很多，除了最简单的问卷调查和用户访谈外，还需要我们从专业的角度对这些看似无意识的行为进行全方位剖析，比如心理学、统计学、社会学，得出相对客观有效、标准、典型的数据报告，直接与间接地从用户中得到有效的信息。

不要让设计过“满”

当设计师想在同一页面表达多元化的设计思考和设计观点时，呈现效果上会表现出失衡和过于“满”。这个道理有点像国画艺术家总喜欢表达的“留白”。画面过于充盈与过于空白都会让作品失去平衡感。我们所谓的“留白”是指当你在做设计的时候，多考虑设计元素与整体之间存在点、线、面的关系，各个元素之间有秩序地排列组合，这样的设计才不会失去主次，预留给用户“呼吸的空间”，设计表达得有秩序、优雅。

不了解设计规范

战国·邹·孟轲《孟子·离娄上》中提到“不以规矩，不成方圆”。很多新入行的设计师总是在经验中寻找学习和成长的机会，理论的支撑是必不可少的基础。设计规范是什么呢？从某种意义上而言，它是一个设计部门或者优秀设计师经过长时间的积累沉淀下的设计理论，其中一定包括你已经遇到的，还未踩踏过的设计雷区，无论是否能够阅读透彻其中的部分，但在脑海中已经形成的知识体系一定会像闹钟一样，在问题出现或者还未出现的时候提醒你。这会规避很多设计的问题和风险。

只做“管用”的电商设计

——全触点式电商设计链路

李子明

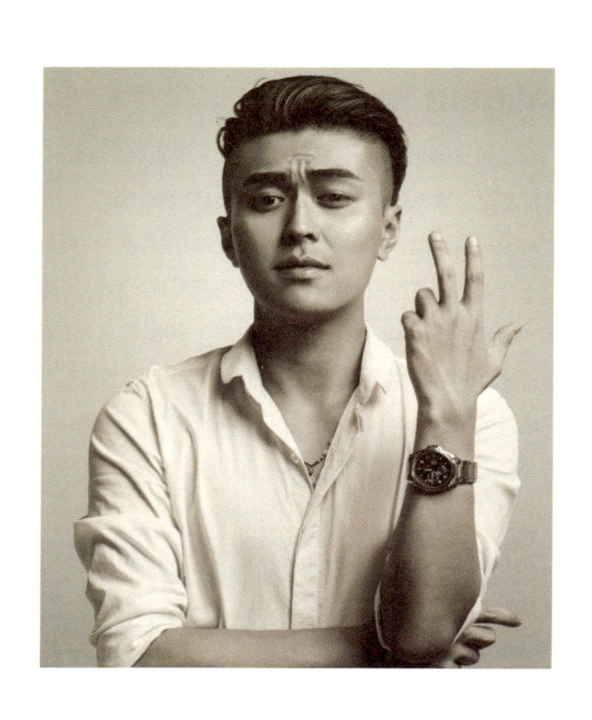

花名鼠蛋蛋，90后设计师，在毕业前的实习期加入三只松鼠，至今已近4年，现任三只松鼠–IP战略发展事业中心首席设计师。主要负责三只松鼠产品包装及网页视觉设计。虽然从业时间并不是很长，但在这3年内，见证并参与了“三只松鼠”的发展，与它一起成长。在此，我也希望将松鼠团队的一些电商设计经验分享给奋战在互联网前线的设计师们！

在商业设计领域，尤其是笔者深植的电商领域中，商业性和设计的艺术性一直是讨论的焦点和矛盾所在。明确电商设计的目的性，以及如何保持设计独立的艺术特质和商业价值进行交融统筹，是一个商业设计师必须思考的问题。从而帮助设计师在以设计实现其价值的时候保持头脑清醒。

同时，电商设计在思维层面上会更考验一个设计师的整体素质和逻辑思维能力：电商设计不是简单的视觉轰炸和冲击，而是一个消费闭环的终点和起点。一家好的电子商务公司同样也应该是一家具备同样优秀设计型思维的公司。

我眼中的电商设计思维

电商设计，从字面意思来看是服务于整体电子商务平台或者品牌的设计，这恰巧也是它的本质。在我看来，电商设计更像是一份产品经理的工作，它是电商销售的最终视觉呈现，也是电商销售产品诞生的开端。电商设计需要了解平台、品牌和消费者，也需要了解数据、产品和营销思维。说到底，一切为了电商生态而服务是它的目的。

任何脱离了电商销售目的和消费者，以及自身品牌塑造的设计都是不管用的设计。电商设计需要从设计师拿到设计需求的那一刻开始，就要考量到这个需求后续的使用环境、受众群体，以及与同类别品牌之间的差异化等，因为电商设计服务于商业。所以，电商设计应该以商业为先。

什么是电商设计

当一名设计师想说自己是一名优秀电商设计师的时候，这句话在现今时代可能没那么好说出口：一个设计师仅仅用设计图稿证明自己能力的时代一去不复返。那什么是电商设计，电商设计师现在又需要具备哪些素质，是你、我、我们必须要正视的问题。

电商设计的4I原则

Immediacy（效率至上）

电商设计必须顺应电商战术瞬息万变的属性，在最短时间内做出最快反应，以抓住转瞬即逝的商机。尤其是在与竞争对手的较量中，在整体设计上谁能更有速度和质量的呈现，往往在消费者心中占据了先机。

对于设计师而言，你要随时关注热点时事，关注电商各个平台的最新设计动态及趋势，了解同行业以及其他行业的优秀设计作品。当某一个热点事件爆发的时候，设计师能够在最短时间内分析需求，准确找准定位并与其他家形成差异化，至少在同行业中保持与众不同的领先地位。

Illustration（有效传达）

有效性是检验视觉传达效果的唯一标准，转化率、点击率等绝对指标的相对比较往往能真实反映电商设计在传达方面的效率。通过大量数据和测试支撑的设计工作实际上会更有规划性，对销售产生的增益效果也会更加明显。

电商设计中钻展的有效点击以及转化率是对于这一张广告图的设计水平的直观反映，一张设计优秀的钻展广告图，在投放后并无较好的点击率，它也就失去了自身的价值。在此以三只松鼠的钻展广告图为例，我们需要在这小小的520px×280px的图内有效地传达出三只松鼠的品牌信息、促销信息及产品信息，在短短的5秒甚至更短时间内，迅速把这些信息

▼ 广告图替换文案及配色测试

有效地传达给我们的“主人”（我们将自己的客户称为“主人”），让主人知道三只松鼠旗舰店正在做什么活动，有什么产品卖，并且给他一个进来看一看的理由。至此，这张广告图的使命已经完成。

曾针对三只松鼠的钻展广告进行多维度的测试，同一画面不同的文案，同样的文案不同的配色以及不同的测试群体，从反馈的数据中可以看出，不同的人群会对不同的设计具有更直接的反馈。

我们也尝试了场景式的钻展设计，采用实景拍摄和插画表现等形式，结合松鼠形象去创造一个微缩版的坚果场景，给主人以新鲜感和探索欲，刺激主人点击进店一探究竟。

Imagination（跨界想象）

中国电商的发展时间相对来说并不算长，成熟人才也相对较少，模式也相对“套路”。如何在电商设计中融合新的元素，学会更有想象力的跨界思考则难能可贵。在同质化相对严重和竞争相对野蛮的电商平台上，如何打造差异化的设计是必须考虑的问题。

从三只松鼠所经历的这4年来看，设计风格在2013年初已经逐渐形成。那时的三只松鼠偏向于扁平风格的视觉设计，缤纷的色彩加上萌萌的松鼠给人以轻松活泼的视觉效果，也是从那时开始，我们开始在电商平台上塑造个性化的店铺设计。2014年起，三只松鼠开始尝试场景式的设计风格，将松鼠与产品设置于符合主题的场景之内，在店铺中给主人一个虚拟的购物场景，通过设计来引导主人购物，整个画面会更协调统一。

2015年，我们开始尝试构建属于自己的店铺原型，通过模拟UI界面设计来塑造店铺设计的界面原型，以更加规范的视觉来呈现产品和传达品牌感。2016年也在紧随着目前电商设计的脚步，在结合场景式、合成风以及简洁风等设计方式中寻求属于三只松鼠的设计新风格。总之，电商设计需要找准自己品牌的定位，确定主要的视觉传达的方式，并不断地寻求创新，在万千品牌中塑造属于自己的视觉锤。

Iteration（持续迭代）

电商设计具备互联网的特质：数据化和时效性。依托数据支持下的设计具备不断迭代和不断优化的可行性，平台的变化则是给这种迭代一个必要性的理由。及时根据平台的设计方向来寻求新的设计方法，即使是同一款产品的展示，也需要针对不同的季节或者活动给予不同风格的表现，这也是评价一个电子商务公司设计和运营团队是否成熟的试金石。

我的电商设计世界观：只做管用的设计

何为“管用”的设计？在汉语词典中的解释为有效，有作用。既然有效果，就应该知道是何种效果。对于电商来说，没有比品牌和销量更为重要的事情了。简单来说，设计让品牌和销量有所提升，那么这就是“管用”的设计。

当消费者看见你的设计，对你传达的内容表示认同，并激发他参与/体验/购买的欲望的时候，你的设计就管用了。当你的店铺销量提升，拥有更多的利润和能力为消费者和企业同事创造价值的时候，这就会是一个良性循环。当然，前提是你的产品也同样很好。

那么如何才能设计出“管用”的设计呢？你需要有一个较为清晰的设计链路，也就是我们是怎样的？我们要怎样做？我们如何做得更好？

如何设计你的电商设计链路

设计不是一个环节，而是延续下去的一整个链条。在整体上，它有着区别于其他品牌和平台的差异化设计风格，在整条链路之上又自始至终保持相对一致的品牌调性和设计诉求，并且这种一致性体验又延伸到这条链路的各个触点上去。设计一个适合自己的电商设计链路，这个难度无异于找到一个盈利的商业模式，这背后需要你进行大量的尝试并具有不断推翻重来的勇气。

设计链路的构建：从0到1到100

对于一个电商设计团队来说，设计链路的构建一定是从0到1再到100的过程，更是一个较为长远且需要彼此团队成员之间不断磨合的过程。一般来说，在电商整个的链条中设计处于末端，所有的活动策划及运营方案都将在设计这里落地实现。所以，你的任何设计都需要在着手之前找准定位，了解在设计之前都发生了什么。

在做设计之前，你首先要明白一件事情，你面对的客户具有怎样的品牌调性。如果客户的品牌已经有了明确的风格定位，那你进行的电商设计风格则可以根据品牌的要求进行规划。如果没有，那你需要根据自身产品、主要的消费群体以及市场认知等方面综合考量先找准品牌定位。从0到1是创造，你必须依据自己的品牌调性创造出产品的设计风格。

我们为谁进行电商设计

比如三只松鼠的设计风格是萌系动漫风，其诞生是三只松鼠初创团队创造的结果，因为致力于做客户最忠实的萌宠，每一位员工都是一只小松鼠，我们的宗旨是向主人卖萌，给主人带来爱与快乐，所以在视觉传达上是以‘萌’为特点，我们是为了主人而设计！卖着萌为主人去服务，这也深深地刻在三只松鼠的基因深处，在当时的互联网电子商务品牌中也是独树一帜。相对于三只松鼠的品牌名称，品牌调性和未来发展方向也是无比契合的。当你把握好品牌的风格之后，设计作品就不会偏离主线，给予受众的视觉感知也将是统一的，因为我们时刻都在想着，设计师的工作就是为了我们的主人能够有更好的视觉享受及购物体验！

▼ 三只松鼠中秋节 Banner

我们要怎么做

在找准品牌定位之后，你需要细分每一部分的设计，将设计按照属性或系列等划分开。例如，可以将首页及其他促销的二级页面归在一起，将宝贝详情及页面的常规侧边栏归在一起，钻展图片等其他平台所需的广告素材归在一起。细分的好处在于能够更加清晰地处理这些需求不同的设计任务，明确每一类设计任务的着重点在哪里，然后围绕着着重点展开设计。当然，某些品牌会根据不同的渠道来划分工作，不同的渠道之间设计是不一样的，具体如何划分可以根据自身的品牌需求进行具体的分析。

当然，划分的作用并不代表设计风格的分离，在设计时仍要保持风格统一，保证消费者所看到的画面始终是统一的基调。简单来说，当消费者在淘宝首页看到一个品牌的钻展，点击跳转到店铺首页看到正在进行的促销活动后，再跳转到其他分类的二级页，浏览到喜欢的产品点击进入宝贝详情页，这一整个购物链条下来，消费者所看得到的视觉都是整体统一的。例如，三只松鼠的设计有一个首要的规定：一定要有松鼠形象，这三只萌萌的松鼠形象会给主人以心理暗示，无论是松鼠对话还是松鼠搭配产品，都在强调着三只松鼠这个品牌。所以在三只松鼠的网页中，松鼠形象就像是主人的萌宠，充当着小导购的角色，伴随着主人的整个购物体验。而在这其中，品牌感就会通过设计潜移默化地深入到消费者的内心，形成对品牌的整体感知。

从1到100是一个不断积累直到产生质变的过程。几千张、上万张的钻展图、产品主图的设计方式和创意素材的积累，以及页面背后数据的积累是整个电商设计厚积薄发的关键。很多时候设计师并不能一击即中，好设计的产生必然会伴随着相对不理想的设计产生，重要的是你在做设计过程中的经验积累。你要珍惜这些经验，实战会给予设计师宝贵的指导，广告图的点击率会指导你如何抓人眼球，页面的浏览时间及跳失率会告诉你这类活动专题应该如何去做，页面的点击热力图也将更加直观地告诉你，每一个小小的改动都将在消费者购物的过程中有所反馈，收集并分析这些反馈你就会得到更多指导，从而知道下一步应该如何优化。

下面以三只松鼠旗舰店的分类导航为例进行深入的分析。第一版分类导航的设计是以“产品的系列”来划分的，产品安排为“坚果”“小贱的零食”“小美的花茶”等大分类，方便主人根据自己的喜好选择。可经过一段时间的测试之后我们发现，分类导航的使用率并不是很高。比如，每天大量到访三只松鼠页面的新主人

▲ 2-2
竖版导航条对比图

并不知道“小贱的零食”这样一个分类里到底有哪些零食，无形中给主人带来了疑惑和麻烦。通过这样的观察和总结，松鼠团队在第二版的修改中选择了按照产品本身的属性划分，例如“坚果”“果干”“糕点”“肉类”等，这样主人就更加明确每个分类都有哪些食品，也提升了购物的便捷性。

三只松鼠的全触点式设计链路

现在你们看到的三只松鼠的设计链路，实际上已经历了4年的不断改变才相对成型。三只松鼠全触点式设计链路可以展现我们所有能触及的终点。

一条电商设计链路的起点应该如何创造呢？

首先你需要思考一个很重要的问题：作为设计师，你对自己设计身份的定位是什么？我的答案是：在这条设计链路上，设计师首先是一个“把关人”，需要对品牌方和运营方提供的一切信息和诉求进行整理和过滤，最终呈现出希望大众（受众）看到的视觉效果。换言之，视觉呈现出什么样的效果、什么样的品牌调性，想要达到什么样的目的，如何通过设计进行视觉引导，这些都必须由设计师进行最后的把关。所以也正如上文所提到的一样，作为整条链路的设计者，必须具备全局性的眼光和相关的电商专业知识储备。大道至简，在视觉信息爆炸的互联网上，设计师作为把关人必须提炼出最重要的符号来作为你的思维起点，这将成为你的链路贯穿始终的视觉锤，从而诱发关联记忆，在尽量短的时间内引起共鸣。也请注意，这里指的是符号而不是信息。

在这里阐述一下电商数据中信息与符号的关系：

运营人员根据实际的销售和推广实践或测试获得一系列基于用户、产品或市场的数据，客观地反映真实情况。当他们提炼出需求或想要达成的目的时候，这是他们基于数据提炼出的信息。符号则是承载有效信息的“视觉武器”。总而言之，你需要首先拿到信息，然后分析你将使用何种符号，一般会有以下情况。

成熟品牌

对于品类及品牌中的强势品牌，或者在线下有着广泛的消费者基础，牢牢占据消费者的品牌，可以优先使用相关的品牌形象或者品牌名称/Logo作为主要符号。

发展中品牌

对于弱势或发展中的品牌或店铺来说，缺乏认知度的形象或者符号显然不是一个优秀的选择。经验告诉我们，选择平台热门活动主题/品类关键词作为符号，同时辅助以品牌的形象/诉求等会是一个较好的方式和选择。

同样以三只松鼠为例。在初期的时候，三只松鼠大量使用坚果等产品作为主要视觉承载点。当时，消费升级带来了极高的坚果搜索热度，在消费者不熟悉三只松鼠这个品牌的时候，看到坚果产品就会立刻感受到你传达的品类诉求，从而对坚果和辅助形象松鼠产生关联记忆。当三只松鼠进入成熟阶段并占据了坚果销量的绝对领先位置时（截止2016年）我们发现，三只松鼠的品牌词搜索已经超过了坚果的关键词搜索，这意味着消费者已经开始认可三只松鼠的品牌，当大众有坚果消费需求的时候会首先联想到我们。在马太效应逐步形成的情况下，我们在设计链路时会将松鼠形象进行最大化突出。同样，三只松鼠的形象也是我们内部渴望打造的巨大IP，包括现在所做的三维动画等，一切以松鼠形象为核心。所以，现在三只松鼠的所有广告素材、广告片以及店铺承接的主体视觉均为松鼠形象。

当然，必须坦率地承认，在三只松鼠的发展初期，链路式的设计展现性价比可能不太高，对于更需要完成规模扩大和吸引新消费者的初创品牌/新店铺来说，单点突破可能效果更好。当你确定好符号时非常需要注意一点，符号作为一种可被直接感知的客观存在，更加需要艺术性和记忆性。优秀的符号和它产生的相关倍数往往能够将这种艺术性和记忆性转化为精神感知。当你看到三只松鼠时便想到“快乐”和“美味”，当你看到可口可乐的弧形瓶时会不由自主地想到心满意足的打嗝和气泡迸发出的爽快感。也建议你，最好让符号具备差异化以及品类关联性，这对你的设计一定是有好处的。

在劳拉•里斯的《视觉锤》中，一开篇便有这样一句话：“尽管语言定位战略获得了成功，但可能会让一部分读者感到惊讶，进入心智最好的方法不是依靠文字，而是视觉。”事实也确实如此。麦当劳有一个著名广告至今依然让人记忆犹新，当一个婴儿坐在秋千上时，看到麦当劳的金色拱门就会露出开心的笑容。而实质上婴儿并不了解M的释义、内涵，但广告表达出的恰恰是美味这种感觉通过金色拱门这样的视觉符号进入孩子的心智之中，并伴随他的成长成为一种记忆。

当你确立好一个视觉锤的符号体系时，环境因素的影响将成为你一个重要的考虑项。在这条视觉链路中，环境会制造各种各样的“噪声”来干扰用户所接收到的你的设计所传达的讯息。所以，你需要弄清楚如何获取受众极易分散的注意力。

以CPC广告和电商中经常看到的会场的入口图广告为例：

在CPC（Cost Per Click，每次点击付费广告）广告中，让品牌方或者广告方很头疼的一点是，如何通过整体视觉（包含文案）来让自己的CPC广告更具感知力和感染力，前者决定了受众能否瞬间从设计中明白你是做什么的，要卖什么；后者决定了能不能让他迅速受到触动从而进行点击。根据三只松鼠对CPC广告的调研和数据统计，平均一个用户在CPC广告的视觉时间只有1~1.5秒，那么在这么短的时间用视觉去吸引用户就显得难度相当大。特别是在网页浏览中，快速的信息获取方式下消费者的注意力更加容易缺失，变得更加不容易“讨好”，广告性质的图片尤其容易被消费者心智所自动过滤。

所以我们提出的基于CPC广告的法则就是：一秒钟内吸引消费者。人们在缺乏注意力的浏览方式中往往更加渴望看到下一个有意思的或感兴趣的事物。创意化的视觉呈现会更加容易获得消费者的注意力，这将让你的广告更加突出、更具有趣味性，吸引浏览者去阅读下一秒，毕竟人们猎奇的心理永不会变。在现在鼓励创造力和创新的各大电商平台上，可以看到越来越多具备创意的CPC广告图片的涌现，当然，这也依托了像站酷这样大规模的创意设计平台对于设计文化的营造。

我认为第二种方式应该是视觉上的冲击力，纯色的底搭配上反差较大的大字体，这种视觉方式的广告已经横行了中国的电视、报纸、杂志等媒体数十年，这也是通行设计圈数十年颠簸不变的真理。虽然这种方式看起来不是十分高端，但它依旧十分有效。这就是你为什么会经常看到马路两旁黄底黑字的标牌更吸引人注意力的原因。在店铺海报中大红底上黄色的“全店跳楼价”几个大字格外触目惊心，也就是流行于“通俗电商设计圈”的番茄炒蛋的配色。

依然需要你注意一点的是：有效不一定是更好的。高清、美丽的摄影图片本身就具备极强的视觉冲击力。对于三只松鼠，我们更加倾向于使用富有食欲和品质感的图片来达到这一目的。好的图片总会让人分泌出更多的荷尔蒙。

电商各大会场的入口图又是另外一种非常有意思的现象，它具备CPC广告的特质：一秒内吸引消费者，但它受到环境干扰因素会更多，尤其是来自于同类目同行业竞品的广告冲击，会稀释消费者原本就有限的注意力。抛开位置特别显著的TOP广告图片位置，剩下的会场品牌会拼杀得非常激烈，这是一场隐藏在视觉背后的战争，没有硝烟，但是打响于你的视网膜之上。

环境是不断变化的，这意味着你的视觉也必须根据环境的变化来不断调整或者是彻底地推翻自己的设计。设计师必须要不断地、反复地揣摩自己的图片所处的环境变化。你的设计即是你的产品。实际上，一位设计师也是一个产品经理，一个图片设计的完成只是链路的开始而不意味着一切工作的结束，一个有头脑、有责任心的设计师必须且始终为自己的产品负责。Facebook有这样一条工程师文化——Hack Culture。它的含义就是：马上上手、快速搞定、持续迭代。设计同样如此。

首先是颜色的差异，必须保证广告图片的基础色调有别于周边其他同类广告图片的颜色且具备视觉冲击力，有时候一味地使用红色往往容易撞车，这里推荐几个好用且容易出彩的颜色：紫色、绿色和橘色。颜色的调整一定是动态的，记得有一次双11的会场，三只松鼠的入口素材图颜色调整了6版之多，竞争激烈程度越大，这意味着动态调整就越多。

其次，视觉传达的诉求更需要和消费者之间建立一种更加有力的联系，比如你需要表达的利益点。这时候你的利益诉求如何通过视觉进行包装就是一件很有技术含量的事情。从人类广告的发展进化中不难发现，人是真正具备智慧的生物，人类发明了烟花，通过一瞬间划破夜空的光芒吸引视线；人类发明了转花筒灯，成为理发店用来招揽客户广为流传的套路等。不难看到一些共同点，这些都是在视觉上具备动态的。相比于静态的设计来说，有交互或者说具备动态元素的设计更容易吸引消费者，这是基于人体生理结构而诞生的天性。

所以，越来越多的动态元素被引入到这些素材图中。从电商设计发展的趋势来看，经历了纯草根阶段的懵懂，现在不断发展的平面设计，以及现在逐渐兴起的页面交互设计，动态的视觉呈现跟随着平台的不断发展和技术的不断突破，相信在未来这也必将会是趋势之一。实际上设计链路的终端也是一场营销的开端，当你研究不同的人，并通过不同的视觉呈现，用完整的链路将消费者请到你最终落地承接的页面时，不能说是图穷匕见，而是你的最终目的必然是要将希望呈现的部分展示到消费者面前。

我一直认为，功能性和刚需的产品是解决消费者痛点的事情。而设计的定位则完全不同，在整个链路中设计解决的是痒点的问题，它需要通过自己独特的艺术性表达来挠到消费者的“痒处”，让他们看到，即使痒到，这就和我们看到一件设计很符合自己品味的衣服一样，虽然我现在不是衣不蔽体，但是我还是很想拥有这件戳到我痒处的设计。

产品设计与页面设计一体化

分解往往是一件很简单的事情，但是结合就没有那么简单了。很多人常常将产品设计和页面设计拆离，我坚持和坚定地认为产品设计与页面设计是电商设计的两大模块，相辅相成，密不可分。

“高山仰止，景行行止，虽不能至，然心向往之”。业界最为人称道的苹果设计，实际上就是此间高手。当你打开苹果的官网，从整体的KV到描述页的呈现，同样简洁的设计、朴素的颜色，同样的字体和感知，让你对苹果的产品设计和页面的感知力能够无缝对接。视觉从网页落到手机上你甚至不会有丝毫的不适感和落差感。从一定意义上来说，设计在某种程度上成为了这款产品的品牌精神，在页面设计上你就能对苹果产品的魅力窥得一斑。

电商设计链路如何落地到设计中

我们所提及的从视频广告到动画、从店铺设计到产品设计、从社会化媒体的视觉展示到线下传播的终端呈现，如果说三只松鼠是一个生物体，那么三只松鼠的设计则会延伸到所有的毛细血管之中。我们的工作就是为了保证三只松鼠的视觉设计，在各个平台、各个终端的展示保持风格一致。

以2015年年货节期间的设计为例来分析三只松鼠的全触点式设计链路。大体可分为广告端、社交媒体端、销售端及体验端四个端口。

广告端

年货节期间，三只松鼠主打“带着松鼠回家过年”的主题，主推松鼠的坚果大礼包，也同时开始打造主人专属的“坚果年货节”。在TVC中坚果大礼包占据最主要的展示位置，松鼠形象置身于过节送礼的喜庆氛围中，与主人们一起欢唱“带着松鼠回家过年”的旋律，给人以欢乐的年货氛围。另外，在网络端口、各大视频网站的贴片广告及视频广告中，主推坚果大礼包且沿袭统一的设计风格，保证视觉的统一。

▲ 三只松鼠 TVC 广告

▲ 三只松鼠视频及贴片广告

社交媒体端

三只松鼠在微博、微信等社交媒体平台均有较大的影响力，每天为近百万的主人们带来新鲜的促销活动信息，方便主人了解松鼠的最新动态。在这些社交类推送图的设计中，一方面要保持与店铺活动信息及风格的一致性，另一方面也需要更多地展示松鼠的互动性，让主人可以利用刷微博的零碎时间更加轻松地了解到松鼠的各类信息，例如“抢购攻略”“玩转年货节”等。同时也会加入一些GIF动图的设计，易于阅读与传播。

销售端

销售端作为三只松鼠年货节的主战场，在店铺内汇聚来自站内外各个渠道的流量，将整个年货节的氛围很好地传达出来。店铺的网页设计划分为三大块：首页及活动二级页设计、详情页及主图设计、店铺常规侧边等模块设计。

▲ 年货节期间店铺界面模板设计

在网页设计中，我们首先将年货节期间的店铺界面模板进行了升级，在原有的界面原型基础上更多地运用灯笼、卷轴、中国结等过年的元素，采用红色、金色的搭配，给主人以过节的气氛，营造热销的氛围。

将首页作为年货节的主会场，其他的分类二级页分别作为分会场。分会场的设计保持与主会场一致，各个分会场页面采用同一个模板，每个会场一个主色调，它们之间相互呼应。另外，针对年货主推款坚果大礼包分别设计了礼包专属二级页和团购二级页，这两个二级页保持设计风格一致，根据需求的不同来定设计风格，通过设计来划分不同的销售需求。常规的活动首页Banner仍然采用场景式设计，结合不同时间点的活动主题为主人营造大促的氛围。

体验端

在主人收到鼠小箱后，我们也在落地的体验端为主人设计了统一的年货版物流贴纸，再次向主人传达“带着松鼠回家过年”的主题，新年版的包装设计延续红色的中国年设计，萌萌的红包及春联等春节周边，都传递出浓浓的年味儿！

▼ 随鼠小箱附送的 DM 折页设计

▼ 鼠小箱物流贴设计

松鼠式的设计方法论

三只松鼠电商设计团队发展至今，也慢慢地总结出了一套属于自己的设计方法论。如果你想让自己的设计被更多的消费者所感知，那你应该思考怎样做才能在第一时间吸引消费者并让其产生黏性，愿意在你的设计上停留和花费更多的时间，只有真真正正地了解你的消费群体，了解他们是一群怎样的人才行。简言之，方法论最好要去反向研究。

除了坚果零食之外，消费者还有什么兴趣？是热爱音乐的人？抑或是一个酷爱运动的人？客户群体更多的是老人还是朝气蓬勃的年轻人？在这里和大家分享一下三只松鼠的客户群体，相信这也是相当多类目的主要消费人群。根据追踪和洞察，以具备消费能力的年轻女性为主，女性的平均比例高达60%，同时是热爱生活和可爱事物的追萌族。

从这个角度出发，在具体设计中会从以下几点入手。

用松鼠传递温情的设计

三只松鼠品牌一直以来的诉求都是给主人传递爱和快乐，有温度和温情的表现形式是我们贯穿于整套设计始终的。我们以松鼠的形象来传递对主人的爱，所以在绝大多数的设计中，松鼠必将处于设计的视觉中心，并结合活动主题，置身于适当的环境之中，在各种卖萌的姿势中拉近与主人的距离。在三只松鼠的视觉系统里，松鼠一直是一个小导游的角色，所见之处，都用各种各样的松鼠在指引着主人。

当然，温情必然也存在于产品及体验之中，熟悉三只松鼠的主人都知道，我们在创立之初就致力于做极致的用户体验，无论是物流箱还是体验品，都以松鼠形象化的设计给主人带来快乐与关爱。主人收到的物流箱被称为鼠小箱，它像一只呆萌的小松鼠，迫不及待等待自己的主人来认领。开箱的小尾巴我们叫它鼠小器，这一小小的设计方便主人快速便捷地打开物流箱。当然还有体验袋内的大果壳袋、小分享袋，用于擦手的鼠小巾及密封零食的封口夹，当然还有一系列的松鼠周边，我们希望松鼠能够走入主人的生活场景之中，在你需要的地方，都会有松鼠萌萌的身影为你默默服务，给主人爱与快乐。

▼ 随鼠小箱附送的体验品

场景式和对话式的设计

用设计去构建消费场景，引导消费者在场景中更加深入地对产品和品牌进行感知，这样的效果在三只松鼠的营销过程中卓有成效。松鼠有自己强有力的IP形象，在页面设计中就需要与之匹配的场景，这样松鼠才不会孤立和无趣，这样的场景式的设计会更多地烘托与主题相关的氛围，快速达到在视觉上的代入感，搭配活动文案来引导主人购物。

在场景式的设计中很容易会出现一个问题，场景与主题不符的情况，这需要设计师对活动主题及节庆背景有较强的把控能力，当设计师理解不当或者传达方式有误的时候，就会出现“假嗨”的状况，一眼看上去场景好像有模有样，也很有大促的氛围，但是搭配着活动主题来看会有文不对题的情况，那么这个页面的效果也就会大打折扣。所以设计师需要在设计之前更多地关注诉求本身，理解吃透，再进行创意的发挥。

同时主人会在我们的页面和产品上高频率地看到松鼠的对话式语言，从而产生亲切感和对话的互动感。松鼠以对话的形式将促销信息或者产品卖点传递给主人，从视觉上来看，会更加灵动跳跃，区别于其他的段落性文案。从形式上来看，松鼠的对话更像是站在了主人的眼前，近距离的传递会让主人更加记忆犹新。

具有参与感和互动式的设计

参与感是任何页面设计和产品设计都非常重要的一环，因为设计的服务目标只有一个也永远不会变化，那就是人。而人类又是一种社群类的动物，他们需要在你的设计中感觉到自己的存在，以及感受到他们本身的价值。能够与消费者进行深度互动的设计往往会让你的用户身临其境，并且感知到自身和设计能够产生的共鸣，进而激励他们产生探索的欲望以及参与的乐趣。我们认为这是提高用户黏度并且尊重用户的很好的设计方式。

我们会在设计之前考虑到用户的使用习惯，通过更加贴心的界面交互设计来增加体验的延展性和购物的便捷性。三只松鼠的页面之中，哪怕是一个小小的搜索框的变动，都是根据新老主人的不同购物习惯来考量的。

以下面两个不同阶段的店招的设计来举例说明。

上回的搜索框位于导航栏的末端，受到左侧各个二级页入口的占位限制，搜索框也不能够超出页面中心1 400px的位置，所有搜索框的占比相对较小，被发现和使用的频次并不高。

下图是现阶段改进的版本，为了方便老主人的购物需求，在进入松鼠家的页面后，搜索框被安排到更为显眼的视觉中心位置，可以直接在此搜索到自己需要的产品。那么对于新主人，进入页面后在并不知道自己需要哪些产品的情况下就可以往下滚动，在分类导航和爆款推荐等区域挑选自己需要的产品。

随着现代科技以及人工智能等技术的快速发展，尤其是VR技术的大热，科技也在逐渐促进着电商体验设计的新变革。三只松鼠也在不断地寻求创新，致力于做更懂主人的设计，无论是视觉上还是交互上，希望能够以更加先进的技术和展示效果，给主人带来更多样化的视觉享受，以优秀的设计来服务主人。我们相信，三只松鼠通过设计会为主人带来更多快乐。

▼ 旧店面搜索框

▼ 新店面搜索框

Q：你如何看待设计与运营之间的关系？

A：公司自成立以来，设计的相关数据都会一一记录，甚至包括主人的评价、社交媒体的反馈也会有专人进行跟踪并记录。同时在内部我们建立了一个在业界相对领先的图片素材和动漫资源库，有专门的动漫经理进行资源整合，策划人员、运营人员也会和我们一起碰撞，为之后的设计提供方向上的支持。

设计师不能只活在自己的世界里，尽管很多时候设计和运营人员从某种程度而言是不能和平共处的。但不可否认，他们的出发点和最终的目是相同的，都是为了有更好的销量。设计师之所以要做“管用”的设计，也是为了能够给品牌带来更多的效益。所以，当二者站在同一个出发点的时候，很多问题都是可以协商的。设计师的作用在于解决问题，分析策划及运营人员给到的需求，通过数据的整理、分析给出合理的解决方案，通过创造美的过程，将他们希望达到的方案落地并最优地呈现在消费者面前。

对话

Q=站酷网　**A**=李子明

Q：在页面的交互设计中，能够给予主人更多的新鲜感和参与感，三只松鼠的交互设计有哪些方法？

A：方法大致分为两大类：场景的动态效果和产品的多样展示。

场景的动态效果

随着电商的快速发展和设计行业内的相互促进，更多的平台与商家开始使用动态的页面设计。交互效果的运用其实是对场景式设计的补充和加强，我们希望以更多变的动态效果为主人传递快乐。我们会结合每一期页面的场景辅助有趣的变换效果，有可能是松鼠的出场方式，也有可能是促销文案的展现形式，通过这些不俗的交互效果来增加主人在购物时的新鲜感，让主人拥有一个更加轻松和多变的购物体验。

产品的多样展示

在产品的展示中我们也尝试过不同的动态效果，触碰式的变换效果会为主人带来更多互动性，也能够让主人多方面地了解我们的产品，从而吸引主人的驻足和考量。这也需要我们的交互效果不断地迭代，以不同的效果不断给主人带来惊喜。

另外，我也想说说我们优秀的交互团队，这样一个完全靠自身摸索成长起来的交互探路者们，由于他们的坚守，才会有三只松鼠现有的绚丽交互呈现。许多友邻设计师负责人经常联系到我，对我们的交互表现表示服气与讶异。服气的是，他们看到了一些在别处前所未见的丰富特性——于是会说“简直优秀得不像天猫”；讶异的是，这些前所未见又一次在松鼠家可见——于是会说“妈呀，快说你们怎么做到的”。我也会不无得意地回复道：“这是我们交互设计师做的。”

事实上我虽身在其中，常常也不免对于我们交互设计师取得的突破感到吃惊。天猫为我们构建了完善妥帖的经营环境、安全信任的交互底层。对平台安全优先级的调高，不免牺牲交互特性的原生可实现。这也线性地推导出了无处不可见的交互不作为的现状。于是，越过我们交互设计师们的脑洞，功能的限制变迁为新特性生成的转机，有幸成为友邻的灵感源流。我爱他们。

在我的眼里，我们的交互设计师们一直都在行动并努力完善着以下几点：

（1）野心勃勃地吸收前卫技巧的养分，并在受限的环境中苛求极大越界。

这个世界上大概只有两种交互开发，一种是天猫，另外一种是其他。如果你可以了解一个设计师不允许使用Adobe，是一种什么样的体验，就可以了解在天猫做交互设计意味着多么不同的两个世界。同时也就可以了解到，我们在双11的相关网页交互中试图结合三维的动态图形设计意味着什么样的自虐。

我们的交互设计师会给自己设定一些让我们常常捏一把汗的课题，诸如虚拟现实、人工智能的交互，并且结合天猫会是什么样的图景。倘若可以以三只松鼠的有限影响力，为同业的交互设计提供有益的范式，推进用户访问体验的微末优化，便是我们最乐于看到的景象了。

（2）强调细节和质感，强调可玩味，强调真诚无意识地抵达用户内心。

宁可不必带来意想之外的惊叹和感动，也决不可流出未经仔细审视的粗质量交互作品。即便一千个用户，也不会有一个愿意去分辨出悬停动画过渡0.2秒和过渡0.3秒之间的优劣，也不愿意妥协去随便抉择。在有限的时间限度以内，尽可能不留有遗憾。

希望手指触动的那一个瞬间，你可以感受到一个交互设计师在屏幕另一端的温暖和体贴。

（3）无边界的、整合性的、多元创作触点彼此结合的交互语言。

我们内部曾提出“万有交互”的理念。交互不是界面设计、不是动画，也不是前端代码。交互是用户与内容的沟通。理想中的交互务必帮助用户与内容实现有效的沟通，这要求内容本身即是有效关联的。因而，我们会依据视觉、听觉、触觉的使用习惯，通过动画整合平面内容，导入时间的维度用以增加内容本身的主动解释力，从而给予用户获取信息的便利。无论是二维动画、三维动态图形、三维特效、虚拟现实，以至于万有的一切，依照这一本愿予以整合，均是我们对于交互疆域的界定。

交互设计仍然是我们的新兴区域，有更多人迹罕至的路岐有待探索。“只要步履不停，我们终会遇见”。企盼着分享共同理解的创造者与松鼠遇见，你是守望我们共同想望的新变量。

产品情绪规划

袁泽铭

“北京奥运会特许商品主设计师，伦敦奥运会特许商品设计总监，里约奥运会特许项目获得者，英国皇室礼物设计者，THEGUY设计师品牌创始人，人生玩家KOL袁泽铭。”

之于工作，我是个比较“唯心”的人，同样也不放过任何一个可以替他人“唯心”的机会。这并非霸道，因为我所说的“唯心”是这样的：到目前为止，我的身份被认知为“设计师”。但“设计师”这一称谓只是一个非常单一维度的界定，我更愿意暂放“设计师”这个称谓，把自己当作一个无任何背景备述的人：无国籍、家庭、故乡、成长经历、职业属性、年龄、学历甚至性别和性取向背景的人，作为一个绝对简单符号化的人来看待生命，看待可以与生命始终并行的元素。

在没有得出这个元素的结论之前，或许我们能够达成这样的共识：不管我们的意愿如何，金钱、房产、车子、游艇、健康、成就、家庭乃至亲人，都不可能绝对地与自己的生命始终并行。来来往往、分分合合是再普通不过的常态。那么这样看来，最忠于自己生命的或许只剩下两个元素：时间与心情。

时间或长或短，心情或明或暗，毕竟始终存在。一个是生命的长度，一个是生命的质量。回归到我“设计师”的身份，以这个身份该如何善待这两个与生命绝对绑定的元素呢？如何影响、改善他人生命中的这两个元素呢？

其实，时间这个维度，以“设计师”的身份影响起来或许还有些力不从心。不过心情这个生命质量维度，设计师真的有一些可发挥的空间。于是，我决定从影响心情这个角度来制定自己大的设计目标。换句话说，我要做的事情，本质是在情绪层面与人沟通，或提升，或安抚，或挑逗，或压抑，或煽动，或冷静，或警示。总之，与受众在预设的情绪点上产生共鸣，才是我真正的兴奋点，也是真正的目的。而设计，只是我沟通情绪的手段，至于设计所带来的产品，也只是很表象的手段载体而已。

我的身份也被自己重新定义为“产品情绪规划师”。这不仅解决了我为什么而设计这个问题，也帮助我明确目标，清理冗余。

而说到情绪，最常见的体现方

式是说话。我们经常说，一句话三分靠内容，七分靠情绪。这也是为什么打字所传达的信息，永远不如语音那么准确，更不如面对面沟通那么生动。由于文字的冰冷，如此的缺乏温度，各种社交聊天软件拼命地开发设计很多的表情符号，想借此增强或暗示各种单纯文字所不能传达的情绪。

想象一下，如果我用兴奋与沮丧两种不同的语气跟你打招呼："Hi 你好，我是袁泽铭。因为年轻时吃得多，朋友们给我起外号叫大胃。所以，叫我 David 好了。"瞧，一字不差，但传达出来的意思截然相反。兴奋的情绪传达了我自豪于自己拥有这个有趣的名字；沮丧的情绪则是羞愧于自己为什么吃那么多。而这两个意思的产生是由两种不同的情绪所导致的，由此可见情绪的重要性。

而上面这个例子是通过语言传达情绪的，即说话。说话是听觉语言。但不要以为你的身边只存在这种听觉语言，更不要以为只有这种听觉语言，才具备情绪引导的能力。为什么这么说呢？大家都知道“语言”是用来传递信息的，比如谈情说爱，比如争吵，比如市场里的讨价还价。但很多信息的传递并非只通过我们常规认知的听觉语言，比如还有动作，被称为肢体语言；很多信息来自于视觉，被称为视觉语言。甚至很多信息来自于味道，比如你会知道：呀，鸡蛋臭了，不能吃了；来自于温度：春天来了，该脱秋裤了；来自于触觉：手感不错，这肯定是真皮的。当然，还有很多信息存在于各种各样被我们忽略的语言当中。但，我从事的是一个被大家统称为设计师的职业。所以，我认为以上所有语言都在我的考虑范围中。因为我做设计的根本目的是要在与客户的沟通情绪中产生共鸣。刚才提到的所有语言都有助于我进行情绪引导，而我给自己的定位是一名产品情绪规划师。

作为一名产品情绪规划师，我意识到做设计本身就是在说话，只不过设计里说话所用到的语言不再是文字而是视觉语言。视觉语言的范畴很广，我们目光所能触及的地方，无不充斥着形形色色的视觉语言。只不过有些是有意识地在用视觉语言说话，有的则完全无意识。有的精确表达乃至随心所欲挑逗人们的情绪，有的则完全不知所云，十分糟糕。这也反映出了发出这个视觉语言的人，是否真正意识到了自己在做什么，以及做这件事的水平高低。

但你要注意，对情绪的影响绝不仅仅是视觉语言的功劳——产品或空间的声音、气味、质感、方便易用程度，甚至细微的阻尼调整，与大环境及周边事物的配合，都是影响情绪的关键因素，同时也是一名产品情绪规划师必须关注并熟练运用的因素。

举几个例子。比如为伦敦奥运会设计的某些徽章，目的就是情绪疏导。你可能不知道伦敦市民对于伦敦奥运会的态度，与北京市民对待北京奥运会的态度存在一些差别。相较而言，北京市民热情、自豪且积极响应，也会为奥运提供很多支持乃至做出生活便利方面的牺牲。但有相当一部分的伦敦市民对于举办奥运会比较淡然，他们更担心财政问题，或者奥运期间各种限行与管制措施是否侵害了自己的合法权益，会不会打扰到他们的正常生活，甚至会有极个别抵制奥运会的现象。

但作为奥运会特许商品的设计者，我会考虑能不能从产品设计方面缓和这种情绪，甚至有目标地拉拢某些人群对奥运会产生好感。首先我们调研了最受伦敦市民喜爱的宠物狗有哪些，然后把这些小狗做成徽章，使用毛茸茸的材料看上去也十分可爱。那么，很多宠物的主人就会挑选自家宠物种类的徽章，这样就会拉近他们与奥运会的距离，让他们对奥运会产生一些好感。

▼ 伦敦奥运会设计的宠物狗徽章

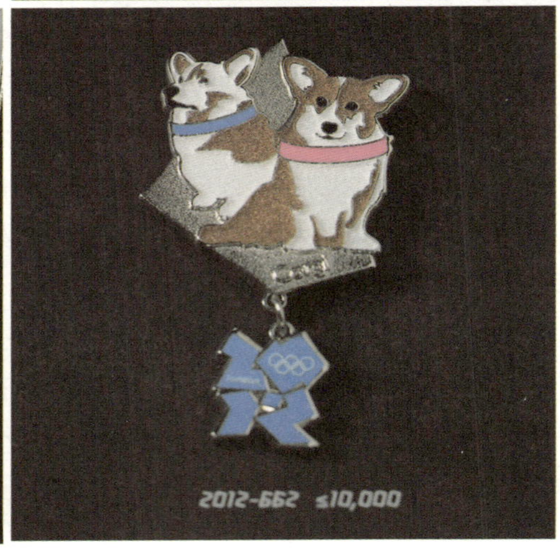

▲ 盲文徽章 & 同性恋徽章

再比如上面这枚盲文徽章，上层是残奥会令徽，下层用盲文注明会徽的外形是 2012 的意思。该设计的通体没有使用任何的色彩，而是突出纯金属的凹凸材质。当我们把这枚徽章送到盲人手中时他们非常感动。同样，如果你知道彩虹旗的意义，就会明白这枚徽章是为同性恋人群而设计的，而这些做法，就是设计师在用设计的题材进行受众情绪疏导。

我也会通过设计对自己的情绪进行疏导，比如这只200 克的腕表，非常能够满足我对一只腕表所期待的存在感。它沉甸甸的感觉会让我有安全感，甚至成为了一种习惯。

▶ 盲腕表设计

▲ 愿望树

我为某位驻外大使设计的赠送给皇室小公主的礼物，在设计之初就先确立了该礼物必须要满足的几个必要条件：

1. 礼物的对象是针对本次的赠礼者与受礼者，它不适合其他任何人赠送，更不是随便可以买到的物品；
2. 受礼者并不在意本次礼物是否蕴含任何中国传统文化，而更在意赠礼人的个人元素；
3. 礼物是国礼，则需要考虑分量感。我设定的礼物重量会让人单手拿感觉沉，而双手拿则刚刚好；
4. 礼物不宜过于贵重。因为是一位成年人送给孩子的礼物，分寸感很重要；
5. 礼物不宜过大，需要保证大使在赠礼时的身姿优雅，最好是一瓶红酒的高度；
6. 礼物要非常漂亮且气场要足。因为要与其他国家的国礼共同陈列在对方的宫殿；
7. 送给小公主的礼物要有趣、有想象力，最好有些童话色彩；
8. 要具备小公主慢慢长大后可以回忆的意味。

那么，综合以上 8 个条件，我想到了一个办法：每个人的手机里都有录音软件，当你说完一段话则会产生一个声波的外形，它竖起来后的样子很像一棵小松树。而小松树的寓意恰恰是对孩子最好的祝福，所以我请大使对小公主说了一段祝福的话语，随即产生的独一无二的波形则是由大使的声线和对小公主的祝福内容共同形成的。随后我又把这个波形具象成一棵三维的小树，采用比红酒瓶高一点点的实心铜车了 33 个小时做成了这个礼物。从而在尺寸、重量、价值感、寓意等各方面满足了之前我设定的

8 个设计需求。所以，这就是设计师从各方面的因素进行综合考虑，用各种语言去引导赠礼瞬间双方的情绪，以及后续情绪的发生。

在我看来，目的性最明确、细节落实最到位、情绪引导最成功的案例无疑是纳粹军装。单看军装与配饰设计，它不仅满足了御寒、作战，军种与军衔的辨别等功能性要求，更是帅得一塌糊涂，极大地煽动了当时德国年轻人的参军热情。

所以，设计什么产品并不是最重要的，我想要的是预期的情绪点能不能爆发。至于产品，只是语言的载体、情绪的导火索而已。换句话说，设计师是翻译，是抽象感知与具象呈现之间的翻译。翻译水平的高低也是设计水平高低的一种体现。

但情绪沟通并不是也不应该是所有设计师的目的。有些设计师为了使用便利（比如设计一把钳子必须好用）、有些设计师为了安全（比如高速公路上路牌文字的识别速度必须要很快）、有的为了环保（比如使用很多可降解材料），其实这都没问题。

但从情绪层面解读设计，是我给你建议的一个可能性。如果你有兴趣从情绪规划这个方向观察身边的各种事物，或许可以发现一些之前未曾意识到的小惊喜，或者理清一些之前感觉隐隐不快的事情。

比如，部分国产汽车品牌在考虑产品外观时，似乎并没有想清楚为什么而设计，甚至有一些不痛不痒的设计，或者抄袭国外品牌的车型以满足一些人的虚荣心，这样的设计会在短期内有不错的盈利，但绝不是长久之计。纵观世界上几大著名的汽车品牌：德系的奔驰、宝马，日系的雷克萨斯、英菲尼迪，美系的福特、凯迪拉克这些品牌的产品，我们即便遮挡住这些品牌的车标，但外观依然有很强的辨识度，因为他们是从汽车文化这个层面来思考自己的外观设计的，他们认为外观设计有一项很重要的任务就是树立、维护并发展家族特征。而家族特征是一个品牌很重要的竞争力，也是品牌人格化很重要的一个体现，能够非常好地引导消费者的情绪，从而帮助消费者辨别这个品牌是否适合自己。比如，奔驰的优雅、奥迪的科技感、福特的肌肉感都可以从外观设计上有所感知。甚至你会感觉到汽车的前脸犹如人脸一样具备各种表情，有的呆萌，有的凶狠。

▼ MINI 的呆萌

▲ 英菲尼迪的凶狠

而越来越多的消费者在选购汽车的时候会根据自己的性格与身份，选择与自己气质匹配的品牌，消费者会辨别这个品牌所营造的情绪是不是让自己最舒服的，是不是自己可以驾驭的，随后再去研究功能、价格等其他细节。用一个通俗的比喻，这有点像相亲，产品就是坐在你对面的那个人，她的外表会暗示她的性格，即使这不会百分百的准确，但起码会决定你对对方是否感兴趣。有句话说得很好，女孩最重要的不是外表，但是外表决定了你是否有兴趣去了解她的内在。人是感性的，很多消费行为的出发点也是感性的，这就是所谓的感性消费。那么试问那一小部分在抄袭，在力求不痛不痒的国产品牌，你的性格是什么？你希望处在消费升级中的消费者看到你的产品后产生怎样的情绪？

▲ MINI 汽车

举个例子，世界上有两个著名主打小型车的汽车品牌：MINI 与 Smart。这两个品牌在中国随处可见，我们都非常熟悉。那么，除了小它们还有什么共同点呢？那就是自信。他们认为小是优势，可以灵活自如，可以方便停车，可以装酷、耍帅、卖萌。比如 MINI 的外观设计使用了很多短而平直的线条，再配以十分圆润饱满的转角，大灯也是个彻头彻尾的椭圆形，这让它看起来像是个精致的小胖子，战斗力满格的小战士，这是多么让人兴奋的情绪传递。

再看Smart，它的产品本身体量就较小，且用很多颜色来分割车身则会让其显得更小。但他们自豪于“自己”的小，这种自信的情绪本身就会让消费者清楚地感知到，要如何理解这个品牌，找到享受这种小巧的心态和方式，在驾驶它的时候也是自信满满。

▼ Smart 汽车

品牌所传达出的情绪是那么的有感染力，但如果你对此的感受不是那么强烈，可以来看一款国产品牌的小车。

很多人觉得这款车看起来怪怪的，可又说不出为什么，我从自己的角度分析一下原因。当设计一款车型较大的产品时，你总希望它能看起来更大、更修长一些，这时通常的设计手法是采用更流畅的外形，单色的车身，有些侧身还会融入很有速度感和方向感的腰线，这些元素很容易产生拉伸视觉的感受，让产品看起来更修长。当你知道了这个设计思路，再来看这款长度只有两米多的小车却用尽了大型车体设计的手法。侧身的腰线、怪异的流线让它看上去像个难看的帽子，同色的车身也显得死气沉沉。这些设计传递出来的无疑是一种自卑的情绪，想在小中见大，却给了消费者认知的错乱，也彻底地失去了“自我”。

我想给步入设计师行列的你的建议是：想好自己为什么而设计。每个人都可以有自己的设计逻辑和目标，比如为了功能，为了安全，为了有趣等，每一项都有很大的发挥空间，都可以钻研得很深，做得很棒。但如果你恰巧也想把自己的设计目标定为情绪引导，那么，就需要你时时刻刻保持一个敏感的状态，在生活中无论感受到什么情绪都客观理智地分析，除你自己本身的因素外，是怎样的因素综合导致了目前的情绪。注意，不仅仅是视觉元素，听觉、气味、温度等一系列因素，都需要关注与分析。当你有了相当的积累，遇到需要营造情绪的时候，你就会有很多的办法。

对于大众来讲，怎样的设计才是好设计？我给出的答案就是：能读懂，并被感动到，对你个人来说，才是好设计。但请注意我在尽量保证措辞的严谨，因为是否是好设计是相对的，你的知识体系与感知方式，以及情感习惯，都会导致你产生不同的设计判断。例如有人只需要一个无须太多功能的装饰品来点缀心情，有人却需要一个功能强大的工具来披荆斩棘。哪怕对于同一品类，也会有如此巨大的反差，比如腕表，有人在意的是腕表对自己身份与气质的搭配，有人却更加在意气压与海拔数据的读取。所以，普通消费者并没有义务站在一个足够综合的视角来对设计做出评判。但如果你愿意，也可以像设计师一样去看待设计，这样你的世界或许更多维、更精彩。

而我的设计师产品品牌：THEGUY，就是一个貌似做产品，实则谈情绪的品牌。那是一种默默的与众不同。THEGUY 所诠释的与众不同，更多包含的是冲突。用材质的冲突、色彩的冲突、张扬与内敛的冲突，告诉现今社会中，那些身处各种冲突与无奈、希望与失望，寻求自我却遭人质疑，身处窘景却依然调侃，貌似优越却内心五味杂陈的人们：THEGUY懂你。

我们都该有足够的理由和勇气忠于自己，找到真正属于自己的喜好与观点，不盲从他人的品位，不屈服于世俗的约束，学会更好地爱世界，更对地爱自己。

THEGUY 不主张逃避与厌世，只主张用更对的姿态入世，用更坦然自在的心态面对一切。哪怕你有一些小邪恶，有一些懒惰，有一些好色，有一些懦弱，有一些自私，有一些不被传统价值观接纳的特点，但只要你不附庸风雅，不人云亦云，不对他人道德绑架，有独立思考的能力，那你就是我们最在意且尊重的人。

说了这么多无非是提供给你一个认知事物的可能性和方向，如同画面上的文字，规划情绪是一种工作方向，解读情绪是一种认知方式，也希望我们都能找到适合自己的方式疏导自己和他人的情绪。

这个世界也正是因为有了你们，才乱七八糟得如此可爱。你们因此而建立的自信，就是我要传达的情绪。

企业创新设计的方法论

温伯华

“出生在中国台湾，早年举家移民到美国，是一位带有Continuum特色印记的『第三文化』人才。他于2005年加入Continuum跨领域设计策略团队。在此之前，他是一名动画设计师和产品设计师，并获得诸多设计奖项。现为Continuum创新咨询公司大中华区总经理，致力于创造意义深远又直观易用的产品和服务体验。”

多年来，他踏遍世界各地倾听消费者的声音，对探索人们生活的热情令他帮助客户更好地了解如何赢得消费者的心。Continuum成立于1983年，总部位于波士顿，在全球有5个办公室。在过去的30多年Continuum不仅仅目睹了近代商业创新的历史，更是身在其中地参与到美洲、欧洲、亚洲的几个关键创新的转折点。Continuum的公司历史其实就是一个非常完整的近代商业创新发展史。

人人皆道创新好，人人却道创新难。作为全民创业时代的热词，它到底好在哪里，又难在哪里？ 创新是一个让人又期待又怕受伤害的概念。我刚搬回中国的时候，时常听到许多企业因为试图创新踩进坑里出不来的故事。这些故事之精彩，足以写成一本让人回味无穷的书。但当我问他们创新究竟是什么的时候，很少有人能够具体的描述。很多人用结果来描述创新：如果没有办法产出一个结果，这个项目就算是失败的。但也是这样的思维导向，让中国在过去的10年为了追求这些莫名奇妙的“结果”而产生了各种畸形的社会现象： 创业公司为了估值而在数据上造假，公司互相抄袭寻求迭代捷径导致产品同质化严重。这样盲目追求“结果”却让很多企业错过了一个培养创新人才的好机会。

我并不反对创新必须要是结果导向，其实Continuum是全球三大创新咨询公司里面最关注结果的，我们为客户产生的价值是真金白银、数以百亿计的回报，但是我们同时也对投入产出比有比较不一样的观点。相对于产出，我们更关注创新的投入。这些投入包括需要花时间沉淀思考对目标的定义、对项目人员视野的培养、研究问题的工具和方向、项目阶段性的学习内化、项目完成后（无论成功与否）的反省和系统化的成果跟踪。回到刚刚那些踩坑的故事，没有一个人说我踩坑了以后会更想要回到同一个地方踩同样的坑犯同样的错误，因为这次我学会怎么不踩坑了，可能几次以后跨越鸿沟的效率更高了，资源投入的方向也更准了。 然而现实反倒更多都是一朝被蛇咬、十年怕草绳的思维方式。也恰恰是这些思维方式，抑制了企业内部员工创新的动力。

企业为什么难创新？

对于大企业来说，由于组织架构庞大繁杂，盲点会相对较多，弊病也更明显。每一位员工都如身在庐山，未必能从全局认清组织“内外全局”，包括组织文化现状、限制、潜力，以及消费者对企业品牌及产品的真正观点和需求等。此时，清醒、客观及全面审视的第三方创新团队就起到了至关重要的作用。

创新的难是企业的常见“痛症”

企业创新的阻碍一般存在于三个层面。

1. 组织层面

企业在追求规模发展的同时，“可复制性”有着极大的吸引力，但由于创新会不断探索新的业务形态，原来的核心与辅助业务会担忧受到威胁。这些对可预见性和稳定性发展的渴望，造就了保守的企业文化，并带来低效能产品开发过程。同时，某些公司如果过度依赖那些同时服务于竞争对手的外包供应商带来稳定性高、可复制性强的解决方案，其负面效果可能会削弱企业内部资源发展和产品可控性，进而阻碍创新进程。

2. 认知层面

另一方面，部分企业对创新只有片面的浅层理解，带来了过于狭隘而没有任何颠覆性的创新实验。除了认知狭隘、封闭的设计环境外，产品与服务的开发周期过长，最终将让“新品”在上市前就已经过时。在多次不正确的尝试之后，企业领导不愿意再做投入，使得“创新”成为大家不愿意触碰的一个敏感话题。政治正确的主管变得越来越保守，终日把目光放在竞品发布会和业内挖角上，扼杀了内部团队试错和成长的机会。

3. 个人层面

最后，创新的探索和实施不是一项兼职工作，每个创新项目都需要有专职负责团队从头到尾地跟进。这也意味着自己为了一个不明确的目标冒险。在组织内部不同部门的人未免都有私心，为了保有自身地位而对其他部门发起的创新实验产生抵触。然而没有系统性的支撑，这些创新带头人更会因为害怕失败而成为众矢之的，影响职业生涯而举棋不定。所以，创新更是举步维艰。

而像Continuum这类创新咨询团队的崛起，就是对于这些“痛症”的回应。第三方创新咨询团队能够摆脱企业内部的利益关系，跨部门地去思考真正对企业有价值的产品和服务。另外，这样的专业创新团队一年到头都不断在各个领域里做创新的研究和执行，我们跨过的坑和看过的商业模式不断在积累，相对于企业内部自己发起而推进的创新尝试，会带来更宽广的视野和更低的风险。

设计与商业

创新团队的输出很多都跟设计相关。提到“设计”一词，大多数人联想到室内装饰、企业商标（VI）、时尚的产品外观造型设计，但除此之外，它其实更是一种超越外观、以人为本、商业成效显著的思维模式。一个好的设计师，会本能地挑战现状，并透过对场景的清晰了解来创造新的解决方案。而创新设计的独特之处，更在于其全局性和策略性。

在斯坦福大学、哈佛商学院、麻省理工等顶尖商业学府，都在学习传统的商业思维和设计思维该如何互补。简单地说，传统的商业思维是“演绎推理”（Deductive Reasoning），适合在证据丰富的情况下有逻辑地推导出一个结论。而设计思维是“溯因推理”（Abductive Reasoning），这种思维方式是在几个已知的假设上，更多地做跳跃性的联想。通常在证据不足的情况下，例如说刑事案件或是考古学，溯因法更能发挥作用。在创新的过程中，由于其目的是探索和开发一个未知的方案，从无到有，从0到1，很多情况下没有任何现有用户数据可以拿来做判断的基础，所以创新专家其实很像考古学家，必须在证据不足的情况下做跳跃性的联想，然后再快速地验证这些假设。虽然说创新设计与商业的距离已日渐拉近，但两者并不是同步靠拢对方的。越来越多的商学院学生开始学习创新设计，但设计系的学生尚未系统地学习商业战略。

这是客户体验创新最好的时代

纵观面向最终消费者的各行各业，如酒店业、航空业、服装饰品零售等行业，其实都遵循着一条相似的线路演进升级。行业刚起步时，需要形成一些有质量的、能满足客户基本需求的产品，在这个阶段，行业中不同企业的竞争力在于生产力和生产质量。在成功地找到第一批客户之后，企业接下来的挑战在于接触更多更广客户的渠道，这就是他们的竞争力。在建立成形的产品和成熟的渠道之后，企业接下来的挑战是如何更深入地了解客户，利用现有资源打造既有吸引力，黏度又高的客户体验。现在的消费者拥有易管理的信息来源，可以轻松地货比万家，消费不再是“消费者寻找商家”，而需要“商家走到消费者生活中”，以产品功能为中心的消费时代不复存在。一些产品差异性本身就不大的行业，如租车、医疗服务和零售金融，现在更是纯粹的客户体验竞技场。

创新，能够为遇到瓶颈或寻找突破性发展的企业扩展与消费者连接的可能性，攻占新领地，发现属于自己的一片蓝海。所以，无论你是百年老店，还是新型互联网公司，都需要不断创新。在美国的近代商业历史中，除了像Continuum这类型咨询公司在20世纪80年代率先将商业和设计相结合，把创新方法论加入到了企业CEO的工作流程当中外，其实，硅谷是将设计对商业价值的推动作用最完美而且大规模化的具体体现。

2008年，我去旧金山参加ICSID国际设计年会时，有个朋友跟我说她这次来订不到酒店，但透过一个叫airbedandbreakfast.com的新平台，租到了一个年轻人家里的客厅。我也是后来才发现，这竟然成为了Airbnb历史上的第一个订单。Airbnb的两个创始人是设计师出身，他们认为设计师在企业的升迁瓶颈已被完全打破，因为商业模式创新与客户体验设计息息相关，很多曾经辉煌的企业，因为坐拥一堆资源，疏于自省和革新，无法进行有效的创新，并为客户带来高价值高黏度的体验，导致客户大量流失，再好的商业基础也无法长久支撑。而今天，行业边界越来越模糊，企业会受到来自各个领域甚至不同国家的新生公司、新型业务形态的威胁，创新不再是概念，而是必须产生真金白银商业价值的解决方案。

1958年，标准普尔500（S&P 500）的公司平均在榜61年；1980年，平均在榜缩短到了25年；到2012年，缩至18年；如今，只有10年上下。有预测到2027年，75%目前在榜的标准普尔500公司将被全部换血。值得庆幸的是，硅谷和各大学院如麻省理工、哈佛大学等都在积极推动着创新思维的普及。国内企业也对创新相关的方法论非常推崇，才有了今天的蓬勃发展。创新顾问们需要运用设计师般的思维，来定制全维度的品牌客户体验，包括感官、情感、感知、产品功能和层面等。他们会由外而内地根据客户需求，聚焦企业对外定位，以及内部架构、部门流程、资源分配、产品研发等创新，最终带来更大商业效益。应用于商业场景的设计，无论是产品、体验，还是服务设计，都是非常有效的商业解难和策略定制原则。

创新设计发展的四大阶段

创新设计本身在过去的二三十年已经发展出很成熟的理论体系与方法，只是，近年来随着大众创业与体验经济的兴起和消费品美学的传播，再加上传统的管理咨询公司纷纷赶潮流开始并购设计咨询公司，把设计思维当作解决商业问题的一大武器，似乎一夜之间使创新设计逐渐进入商业战略与公众视线。还记得我在大学念设计的时候，当时与设计走得最近的是制造业，而当时的教授跟我们说，真正意义上的设计，发生在前端20%，但却有80%的战略意义和重要性。而这种带有策略的思考，从0到1的设计，就是我所认为的创新设计，总体而言，创新设计师发展平行于商业模式演进的轨迹，可分为四大阶段。

第一阶段：产品体验

着重于经典的产品外型(form)设计。

德国博朗公司(Braun)在20世纪中期是消费品的设计典范，其首席设计师Dieter Rams一直主张简而精（Less, but better）的设计美学。他认为好的设计有十大评判准则：

· 创新：技术革新使设计永远有进步的可能；

· 有用：好的设计不仅能凸显产品功能，更应该带来心理与审美的效用；

· 符合美学：外观美学与产品功效应该是密不可分的；
· 让产品被理解：好的设计应该与用户的直觉吻合，清晰展现产品功能；
· 自然不碍眼：好的设计应该中立而克制，留白给用户诠释，它不只用来装饰，也不该是艺术品；
· 诚实：它不该夸大产品的功能与价值，误导消费者；
· 永久：它不该追求潮流，应该有超越时间的永久性；
· 全面而追究细节：对细节锱铢必较是对消费者的尊重；
· 环保：好的设计应该节约资源，在产品整个生命周期都致力于物理和视觉污染的最小化；
· 简而精：越少设计越好，设计集中在核心方面，追求简单而纯粹。

这十大准则放在今天依然有效。Continuum所设计的锐步跑鞋Reebok pump、宝洁易速洁拖把Swiffer和帮宝适纸尿裤Pampers等家喻户晓的产品亦尊崇简而精的理念。以宝洁的Swiffer静电除尘拖把为例，它不用沾水就可清洁地面。投产后就迅速成为一个成功的10亿美金品牌。它最早始于Continuum人类学家般的洞察设计，而不是实验室与世隔绝的研发。基于这个合作的成功，Continuum还帮助宝洁建立了“设计准则”（Critical to Design），而这一准则也是宝洁前任CEO雷富礼拿来检验设计是否能够贴近消费者需求的参考标准之一。类似这样的成功案例，让大家发现创新设计是股价低迷的新解药，对美国在2000年后一连串发展的消费者产品创新有非常大的借鉴意义。

第二阶段：产品体验+内容服务生态

在20世纪90年代，这些工业产品设计的诸多成功方法论进入2000年时转化为体验思维，随着互联网技术的发展，用户对产品、内容和服务的整体体验变得越来越关注。类似苹果对于iPod+iTunes的崭新思维，影响的不只是消费产品的领域，它延伸出大家对生态建设的关注。然而，聪明的企业在这个阶段并没有抛弃对产品体验的关注，反而将产品设计推向更极致的那一端，因为他们发现要把一个用户拉进他们建立的生态系统，第一步要透过吸引人的产品。从iPhone诞生以后，我们体验到了更多更可得的服务就在弹指之间。这个十年间飞速的技术发展让用户体验这个领域逐渐获得重视，Continuum也在这段时间拓展了创新设计服务的范围，这期间我们协助BMW研究如何解决车内内容与驾驶之间的无缝互动，帮助美国最大的内容提供商之一Turner TV研究如何最高效地提供观众跨屏的追剧体验。这一连串的案例也让CEO正视了创新设计的地位，我们逐渐看到很多跨国企业内有了首席设计官、首席产品官和首席体验官的职能。

第三阶段： 产品体验+内容服务生态+商业模式

当产品、内容、服务都逐渐完善的时候，创新设计开始过渡到对整个商业链条生态系统，即对体系内的所有利益链条的创新，通过因地制宜的模式创新，让生产上下游链条的各部分、中介、客户服务端、政府，以及社会各个群体都能从系统性变革中获益，并互惠互利，在系统的不同角色中满足彼此的需求，包括金钱和情感上的利益，使“整体超过其各部分之和”。

近几年国内饱受食品安全风波的侵扰，使越来越多的消费者开始关注食物从产地到餐桌的过程。除了有机生鲜电商涌入消费市场外，许多设计师也开始研究如何使用以人为本的创新方式改造饮食生态系统。如何设计一个好的商业模式，让大家都有利，是Continuum与台北市文化局在2016年一同思考的问题。为建设更健康的台北市，设计师团队从共食系统实现于台北的可能性切入，研究如何围绕白领的心理需求设计出一个同时能解决食品安全问题的饮食供需系统。这个名为“家的味道”社会创新企划案，聚焦耕种者、烹调者和消费者三个群体，设计出一种烹饪服务平台，让年轻一族可以方便又简单地学习如何烹饪，并满足他们对美味、社交、安全和成就感等递进的心理需求。同时，通过推广本地食材，扶持有机农夫，并运用空巢妈妈的空余时间，让她们分享对烹饪家常菜的经验，获得奉献社会的满足感。此项目充分利用了社会各群体的利益动机，从而构建出一个互补不足的生态系统。类似的社会创新项目，大多跳脱了局部商业创新的框架，是一种更为宏观和具有前瞻性，以可持续性和社会有益发展为前提的创新设计类目。

长，对于缺乏技术核心的掌握和能够自主创新的企业文化，发展得再快都无法永续生存。

过去的两年间有诸多国内声望非常高的互联网企业创始阶段都遇到这样的情况：在不断有国外案例可以借鉴的时候，他们不断地提升执行力来推动案例本土化和快速占领市场。但是他们做到中国市场第一的时候，回头看看自己团队里在过去没有培养创新人才，对于下一步怎么走几乎是没有计划的，资本的压力让他们不得不把故事继续说下去，但是实际上却无法做出令人心动的产品。

第四阶段：产品体验+内容生态+商业模式+组织创新

商业模式的创新设计开始搭建壁垒，让竞争对手无法在短时间内复制和超越，甚至长时间无法突破，必须另选新赛道。在商业模式创新这个点上，在过去很多国内的企业非常精明，把国外的创新案例本土化，加上资本支持和保护政策的发力，让国外企业的产品和服务落地了也无法生根。当然，这只是表面现象。但如果从抽象层面观察，这些依赖资本蛮力快速发展的企业，发展短短几年就开始遇到瓶颈。因为过度依赖人口与政策红利的商业模式得到了畸形的生长，对于缺乏技术核心的掌握和能够自主创新的企业文化，发展得再快都无法永续生存。

一个永续的商业模式里面，一定要考虑组织创新能力。近年来由于设计思维在商界的应用已经非常成熟，部分企业希望把这些颠覆性的思维方式融入到组织内部，慢慢为企业文化注入设计思维的DNA。但由于受限于现有架构和人员调配等现实考虑，创新能力的培养在一开始总需要一些外部的推动来助力一把。我们把这种创新咨询服务称为“组织创新能力”。在这种肩并肩的伙伴式合作关系中，Continuum会跟客户一起梳理组织内部的情况，并通过与各部门的领导者合作，共同实践不同的创新流程，来慢慢创造允许试错的企业文化，为组织植入更多协同式产品开发的经验，让创新思维逐渐在企业中酝酿和发酵，为迎接未来做好准备。经过Continuum多年的研究，组织创新的驱动力有九大维度。包括：组织结构、职能分配、领导者的愿景、资源的利用、流程管理、空间环境设计、人才激励制度、沟通交流、方法论和工具，缺一不可。

创新设计与一般设计的区别

很多人会问我创新设计和一般设计类目有何区别？相比一般意义上的设计，创新设计最突出的特点体现在三方面。

创新设计一定以研究未知为出发点

我们在项目开始时会有一个具象的商业目标和挑战为项目启动，比方说某产品市场份额逐年下降，或者有个品牌想要用一个新品打入新市场，又或者说是一个领导品牌想要如何保持领先。但这个时候我们不是马上跳进具体的方案执行设计。因为真正的问题或是机会点在哪里，可能连企业本身都还没看明白。我们首先要帮助企业拔高，重新思考问题。问题的方向对了，才有可能得出正确的答案。这个过程我们叫作“重构”（Reframe）。重构的过程中我们需要有抽象思维，才能看出问题的核心，如下面两幅图，我们从具象层面所看到的用户行为，提炼出他们背后的动机，再提炼到需求本质，才能够看到抽象层面的价值观，从价值观层面来重新定义和定位这个产品或服务的价值主张。当这个问题得到了回答以后，就可以影响客户体验里面的每个触点。

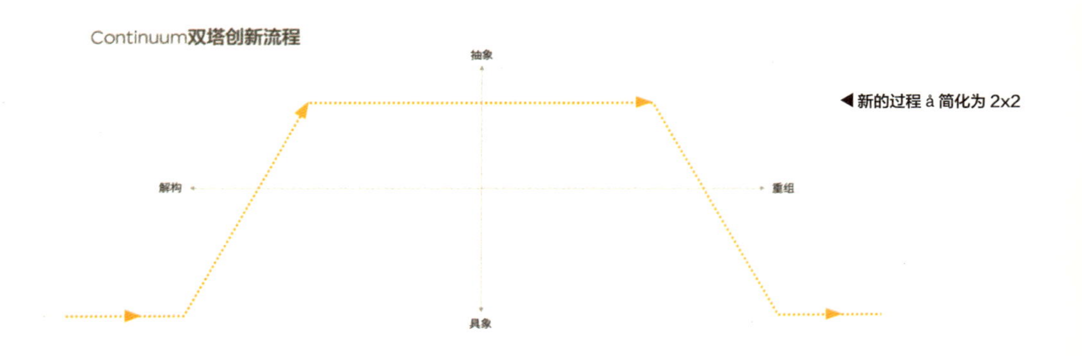

Continuum双塔创新流程

▼左金字塔的抽象提炼
右金字塔的裂变延伸

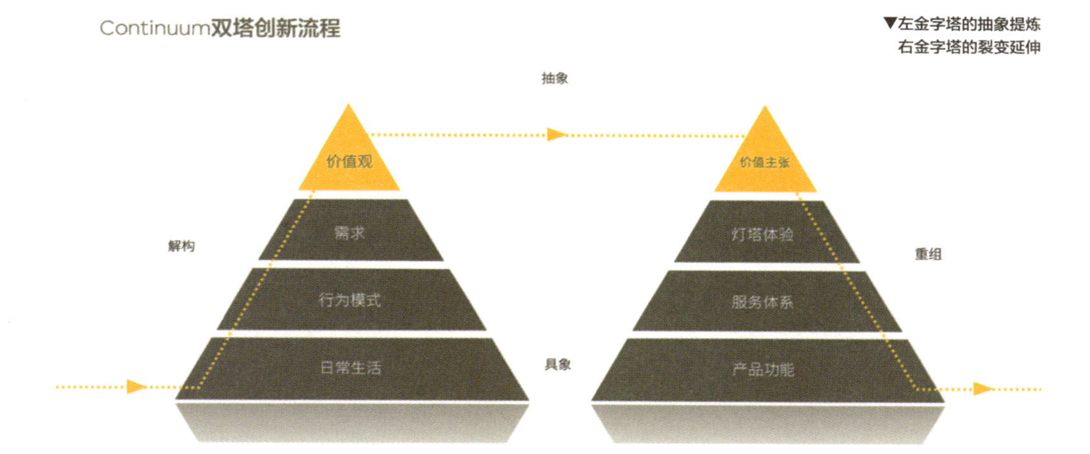

挖掘问题和解决问题一样重要

在重构的过程中我们会用人种志的研究方式，不带假设的进入目标群体的自然环境，完全融入到他们的生活当中。由完全客观的角度来观察和感受用户的状态。用户研究一般来说有定性和定量的区别：定性研究主要用于在产品成型前为设计团队获取灵感和验证设计的研究，重视用户表述和行为背后的原因。定量研究用于在产品上线后通过数据了解用户的偏好，比较重视聚焦性产品表现的数据分析和评估，在以创新为目的的过程中我们会较偏向定性研究来挖掘创新机会点。在定性研究中，又分为态度和行为上的区分：在用户访谈中可以了解用户对于事情的态度，而通过现场观察可以深刻地看到也许与态度上不一致的行为，通过这其中的矛盾，我们可以了解到创新的机会点。如左图所示，我总结出一般我们在入户深访的时候都在挖掘的点。

▼ 入户深访的挖掘重点

在一般市场调研里面，看一个消费者研究报告可能会以样本量来评估这个结论是否具有说服力。但是在创新研究中，我们追求的不是数量和广度，而是质量和深度。在万变的商业环境中，不变的是有限的时间。每个企业都有一定的时间窗口能够研发和上线新产品，在一定的时间范围内，创新研究团队必须选择深度研究相对极端的场景，来激发我们寻找创新机会点。

“十大可用性原则”理论的提出人 Jakob Nielsen 博士在2000年发表的《5位用户就够了》是时至今日我仍然频繁引用的一个观点。他提出，在一项有n个用户参与的可用性测试中，能够找到相关问题的数量是：$N(1-(1-L)^n)$。其中，N是该产品设计中关于可用性的问题的总数，L是测试单个用户所能发现的可用性问题占通过他发现的问题总数的比例。通常，L的值为31%，这是我们研究大量项目后计算出的一个平均值。如果取L为31%，将上述公式表示成曲线，则如下图所示。

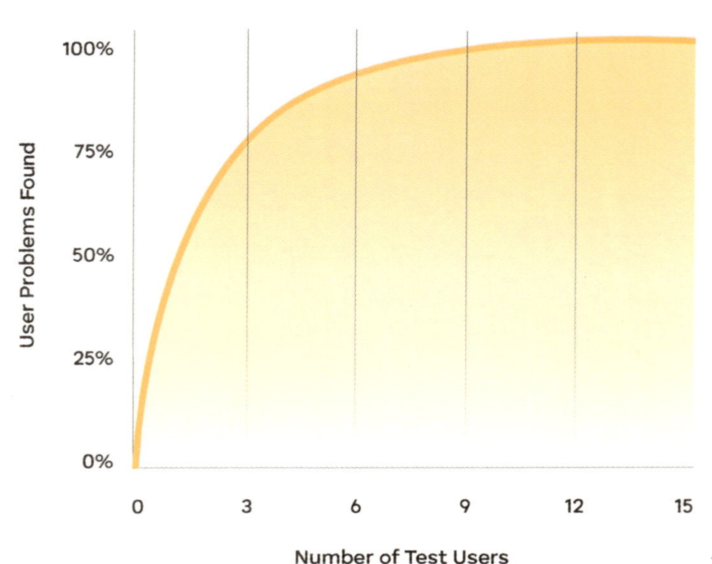

◀ 受访者数量与被挖掘的问题数量的对比

从这个曲线中我们看到，研究的样本量越多，不代表你的洞察会越多，重要的是深度。我经常和各类型企业的用户研究部门交流，一般来说以数据为导向的企业文化经常让用户研究逐渐失去敏捷度，原因在于这些企业需要一定的定量市场数据来支撑他们的创新决定，而在有限的时间内，定量研究一般会把一个完整的人切割成小块来聚焦研究。我会警惕这些用研团队，以消费者的角度来研究，看到的是消费行为；以用户的角度来研究，看到的是使用习惯。但人是超脱于消费者、用户、90后这些商业化标签的。人是动态的，而人的习惯会改变，消费的行为会迁移，品牌的忠诚度会浮动，唯一很少改变的是他们的价值观。而这个价值观透过问卷是很难挖掘出来的。

创新设计的过程是不断演进和快速试错

在Continuum，我们会不断地抛砖引玉，用简单低成本的方式不断测试我们的想法。在创新的流程中，我们并不建议花很多时间打造一个完美的论点，因为这些精力可以最大化地利用在打造原型上，将它放在你的目标用户面前，用户的感觉不会骗人，当用户拿着原型不放，抓着你问“这玩意儿哪里可以买？”时，这种情绪反应比任何的数据预判都准确，因为购买的行为是感性的。2015年9月，经过对从2013年7月至2014年6月上市的超过24 000个快消产品的研究，尼尔森发现其中的15个产品通过满足了独特性、相关性、持久性的要求，并颁发了突破性创新大奖。

尼尔森在判断哪个是真正的创新的时候，正确的问题是：“这个创新是否能够帮助消费者解决生活中亟待解决或者还没有被完全解决的需求？”当消费者发现一些产品是具有这种创新性的时候，他们就会一遍又一遍地购买使用它们。只关注创新的独特性其实不甚有效也并不能全面预测产品是否能够脱颖而出取得成功，赢得消费者。

调查显示，那些成功的创新促使消费者首次试用、重复购买，品类得以扩张并持续盈利。之所以能成功不是因为那些表面特点，消费者的行为更能反映什么是创新：他们购买时的权衡取舍和意愿预示了创新产品获得成功的机会，他们的重复性购买更进一步确定了什么是成功的创新。Continuum独特的“共鸣测试”通过模拟的场景将体验原型放在消费者手中，通过对于满足情感需求的多重维度测试，迅速地将一个产品原型迭代演进，大大地提升产品的成功率。

创新设计的方法论

如何找寻适合的创新设计方法论

关于创新设计，有着五花八门的方法论。而Continuum的核心理念是以人为出发点。创新向来不是顺从品类趋势来取得突破性成功的。我们认为人类不断改变的需求是驱动创新的唯一基础。创新方法论的重点是以人的需求作为基本衡量因素，而不是那些总是表面备受关注的产品或消费者画像的特点。取得突破性创新的市场领导者与其他人面对着相同的消费者和相同的市场，但是不同的观察方式使得他们可以看到那些被别人错漏的东西。好的创新方法论会让你慢下脚步，会给你新的视角。

在2016年的阿里巴巴UCAN大会上，我大胆地跟现场上千名的互联网从业者说，创新咨询公司的价值不在于加速，而在于帮助企业放慢脚步。这个“慢慢来，比较快”的概念，来自于我多年来对创新洞察的积累，和一次假期中与寄居蟹的邂逅。

▼ 一次假期中与寄居蟹的邂逅

我每次回台湾都喜欢带孩子在去垦丁的海滩找寄居蟹，开始我们总是在沙滩上来来回回好几次都找不到任何寄居蟹。后来有一次我偶然停下脚步将目光聚焦在一块长相很奇特的石头上，当我动也不动地盯着它的时候，我眼睛的余光突然发现它周围有好多小东西爬来爬去，再定睛一看，很多小寄居蟹在沙滩上爬。后来我领悟到当目光移动的速度比寄居蟹移动的速度快时，是看不到它们的。把目光移动的速度降到比它们还慢时，会发现满沙滩都是，而且盯上一只，马上就会看到一大群。

我把这个奇特的“寄居蟹定律”延伸到创新领域，发现在过去30年让人眼前一亮的创新案例，背后都是经过沉淀后挖掘出来的对人性的洞察。国内的商业环境在过去10年被催化出来一种焦虑和浮躁的氛围，许多互联网人推崇所谓“唯快不破”的迭代思维，坚信公司的产品战略规划不应该超过3个月。于是产品经理成为开发经理，每周的技术例会上关注的焦点成为竞品和开发进程。对于用户需求的关注层面只停留在浅显的功能点上。好听的是数据驱动迭代，但是鲜少有人关注这些行为数据背后的动机是什么。更有甚者，用数据来圆一个

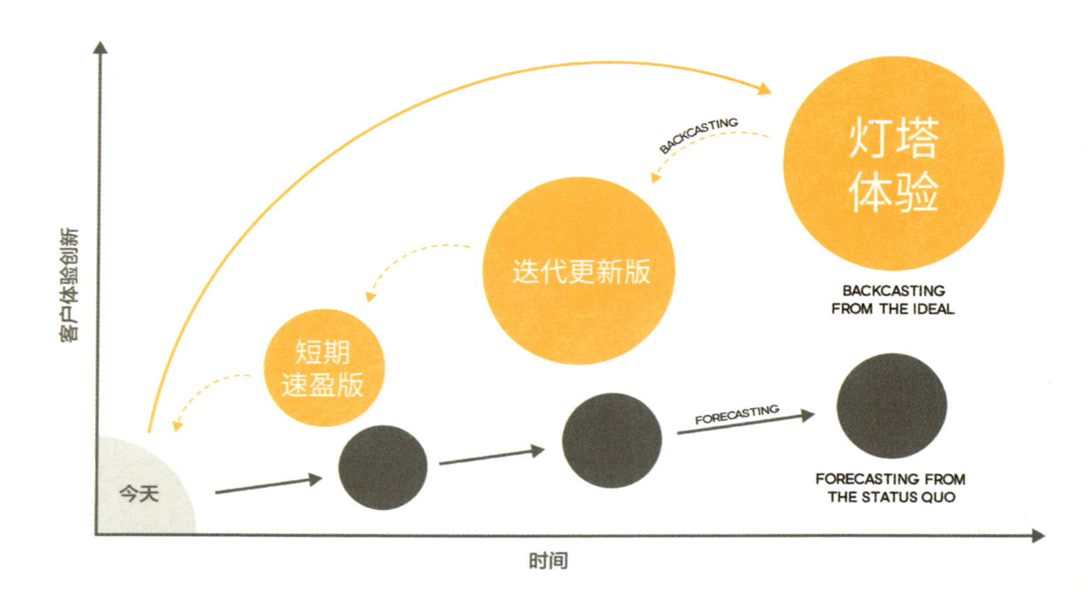

▲ Continuum 著名的“Back-casting”灯塔体验图

故事，继续蒙蔽双眼，为了与既定的组织能力和愿景相符，妥协扭曲了那些重要的消费者需求。

我们认为，要脱离惯性思维，每隔一定的周期要把组织里僵化的思维方式打破，放下一切既有假设，重新对目标群体做研究。每次研究的目的，就是要寻找下一个阶段的灯塔体验。如上图所示，创新项目的目标都会是先将灯塔体验定义出来，再回溯规划产品路径图。之所以称它为灯塔，顾名思义就是因为它能够引领产品的走向。就像概念车问世的时候是没法上路的，但是它的作用是将全公司上下的目标聚拢，接下来的产品开发逐渐朝它靠近，在一定目标时间之内完成整个品牌的升级。这相较于一个没有明确目标的小步快跑，同样时间过去后，有灯塔体验引领的企业能够取得更好的成绩。

剖析Continuum创新设计流程

好的设计是大胆创新，但绝非天马行空。无论是全盘或者局部的商业模式设计都需要一定的时间和资源投入，所以Continuum设计师一般会通过右图中呈现的创意开发过程来寻找和搭建完善的解决方案。

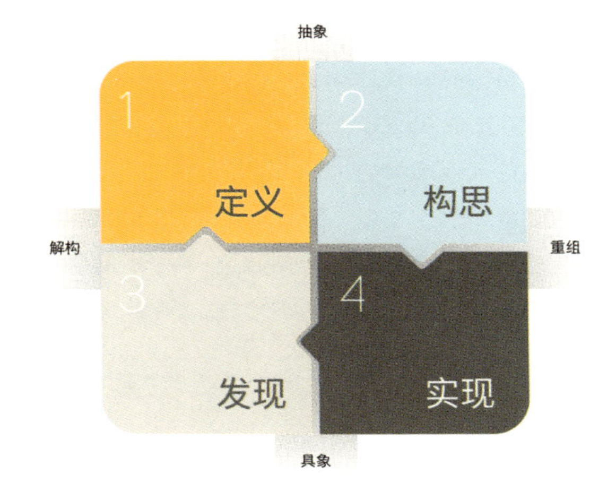

▲ Continuum 创新设计四步骤

这4个步骤与传统的设计双钻模型其实非常类似，从步骤1到步骤4都是发散聚合的过程。在这个2×2模型里可以看到数据处理和内容输出的形态是从具象到抽象，再回到具象的过程。在很多的互联网企业里，我发现同样的4个步骤可能都停留在具象的层面，并没有提升到抽象的层面。我们之所以这么看重抽象意义的提炼，是因为我们发现很多企业在创新的尝试中忙于解决用户表现出来的痛点和投诉，但是当他们解决了一个问题，另一个问题又冒出来了。这种治标不治本的方式让企业疲于奔命，资源分散，无法聚焦。另一方面，由于在具象层面提供了一种快餐式的思考模式，在短时间内虽然能见到效果，但是也容易被复制，壁垒极易被突破。真正意义上的创新必须深入价值观层面的研究，得出来的洞察能够很广泛地影响多个客户体验的触点。我们来看看这4个步骤分别都有哪些内容吧。

1. 发现

在项目的第一阶段，我们跨领域的创新团队会与企业跨部门的核心团队开展项目启动工作坊，就项目工作计划以及行业知识做整理，对项目核心负责人与内部关键决策者进行一对一访谈，对当前企业内部的创新条件做评估，包括产品开发、设计、运营挑战，收集这些利益关系人对项目的建议及愿景。接着通过一手和二手调研来了解目标人群的需求和行为动机。对客户进行深入的人类学式研究，通过采访、日志研究、实地勘测、场景观察等方式，以发散性思维涵括最多的可能性，全方位了解目标人群的功能以及情感诉求，如下图所示。在调研阶段我们会针对每个目标用户群体的使用场景与行为习惯进行深入了解，并运用独特的人种志调研方法来获得深刻的洞察。在与用户的深度访谈过程中，系统性地抓取用户对未来生活的期望。同时通过跟踪访察用户的消费行为，了解用户的决策模式。在这个阶段我们团队会同步进行专家访谈，对行业进行分析，辅以案头调研，使我们对国内外发展有更广泛的了解。

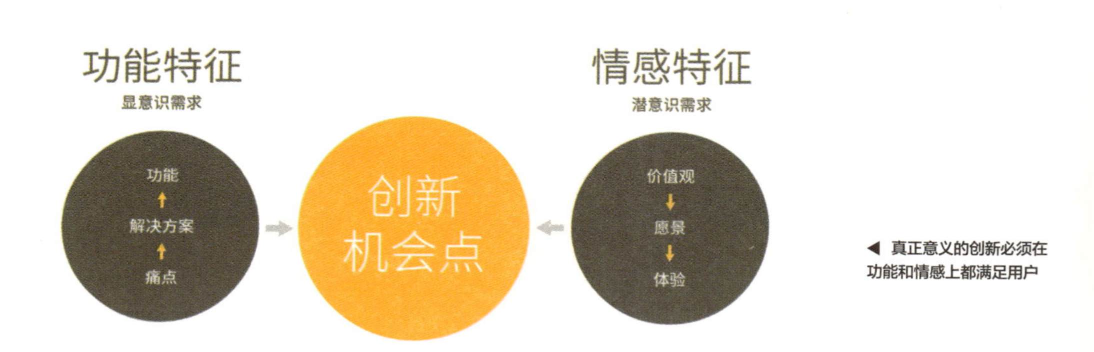

◀ 真正意义的创新必须在功能和情感上都满足用户

2. 定义

在定义的过程中，我们会对搜集到的大量调研数据进行实时整合。基于对客户群的客观了解，慎密地提炼，梳理出不同的意义与信息分类，试图抽丝剥茧地还原表象背后的真意。在这个重构的过程中，我们要刻意保留一些时间让入户深访的内容在我们脑中沉淀，并且尽量让这些数据带领我们挖掘可能性，有些调研结果或许会让团队发现更深层次的问题，甚至会出现跟一开始项目定义的问题不一样的新问题。从“我们想要解决什么问题”，转而聚焦“我们需要解决什么问题”。在过去，我们对于抽象提炼一直没有很系统化的方法，直到CCL的DavidHorth博士开发出如下页图所示的一个好方法，我们称作“Rock & Rose”的一个矛盾矩阵。

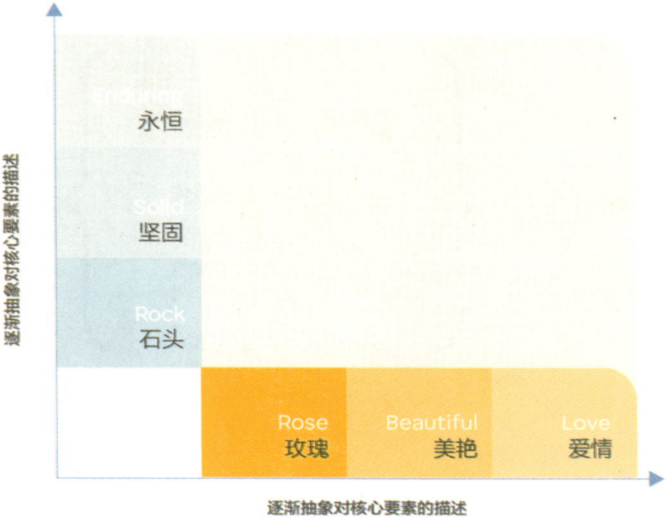

Enduring
永恒
Solid
坚固
Rock
石头
Rose
玫瑰
Beautiful
美艳
Love
爱情
逐渐抽象对核心要素的描述
逐渐抽象对核心要素的描述

▶ 矛盾矩阵适合用来提炼用户真实需求

比方说在用户研究中我们经常碰到的两种矛盾：从访谈中我们可能会听到说用户既要……又要……，而从观察中我们可能会发现用户明明……却又……。这两种矛盾乍看之下都貌似是无法解决的问题。就像创新，企业常常也碰到相似的矛盾：既要创新，又要规避风险。那这种时候怎么办呢？用这个矛盾矩阵可以一步步地剥离出用户真实的想法。而当你在为具象层面的矛盾思而不解的时候，看看抽象层面的各种可能性就会发现，没有什么是无法解决的问题，关键是你是否能提炼出用户内心深处到底纠结的是什么。当你能够解开这个锁，了解他们价值观层面的洞察时，你就能够为你的新产品、新服务注入新定位和价值主张了。

3. 构思

客户体验是一个集合体，消费者对品牌的感知与看法是从各个小触点结合起来的。一个完整的客户体验包括了很多触点。每个环节都必须服从于更宏观的品牌战略和价值主张，而且必须是相辅相成的。当我们谈论客户体验创新时，不论是产品体验、空间体验、品牌宣传、数字体验、交互体验，方方面面都需要与客户体验战略与商业模式相互呼应与考虑并达成平衡，才能让消费者在每个触点都有一致的感受。

◀ 客户体验的各个触点

在上一个阶段架构的价值主张，必须像是一瓶香水，有效地渗透到房间的每一个角落一样，去影响客户体验的规划和设计。这里我们通常会使用几种工具，比方说“假定品牌代言人”或者是“体验比喻”，我们在帮助星客多快剪做品牌体验转型时，就假定了一个80、90后都市年轻白领的形象；在做神州专车体验项目时，也塑造了一个30多岁“泰如山”的原型，后来神州找到吴秀波做了广告代言。传统的设计流程会更专注于体验亮点的设计，但我们发现这种拟人化的定义更为重要，因为人是极具创造力的。当我们设计出一套我们眼中完美的客户体验时，再怎么完美也是停留在纸上谈兵阶段，产品或服务真正上线的那一天，我们会发现各种各样的情况将我们设计的体验蓝图打乱。所以创新设计最大的特性是要给产品或服务提供者戴上新帽子，让它们进入新的角色。当进入新的角色的时候，它们能够发挥人的创造力，将角色扮演得很好。

4. 实现

取决于每个项目的需求，我们设计团队将根据前期的洞察和构思，创建移动应用框架、泡沫板模型、设计草图等原型，向客户和员工以可感知的方式呈现不同构思，反复获得反馈，并把建议落实到下一轮的原型中。这是完善设计的过程，并最终聚合到一个聚焦清晰的设计解决方案中。下图可以看到我们为BBVA在客户体验设计中搭建的原型。在合理的预算范围内，我们建议将目标人群放置在尽可能真实的场景中体验我们的设计。比如，我们设计的一个社区银行，其中几个关键的场景会在很大程度上影响整体体验，所以我们尝试将环境（包括灯光、环境渲染图、声音和服务人员）的因素呈现在用户面前，让用户在这些影响下操作我们设计出来的设备体验。在这个过程中我们不单单在寻找功能上的改善空间，同时也不断地透过用户表达出来的反馈挖掘新产品、新服务在用户心目中能占据的定位。这些反馈在很大程度上可以规整成针对产品营销的基础洞察。

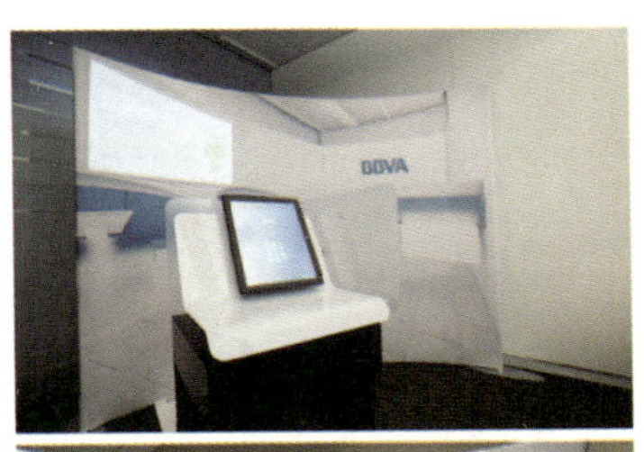

▼ Continuum 闻名业界的体验原型

创新设计展望

创新设计的重新认知

创新好比做陶土，从一坨烂泥巴到最后成型乃至烤出一个美丽的陶具，全部流程或许耗时良久，而且在制作进程中，从大部分时间点回头看，你都看不出在做什么，有时候你会推倒重新再来。但看到最后美丽的成果，再与最初的烂泥巴相比较，便会豁然开朗，原来中间这段抽象以及未知是一个必经的进程。这意味着创新设计思维自身带有一种人本思维和灵活性，对传统商业思维造成一定的冲击。

传统商业思维和设计思维的主要区别

商业思维	设计思维
逻辑至上	尊重直觉
归纳与演绎方法	溯因方法
只实践已被证明的想法	勇于颠覆现状
寻找先例	不被过去束缚
急于得到结论	同时接纳多种可能性
执着于对与错	相信总有更好的方法
追求表面成果	追寻现象背后的深意
排斥不确定性	喜欢不确定性

也许你会问，这种充满不确定性的抽象思维方式能强化商业逻辑吗？答案是肯定的。因为它可以帮你超越数字僵硬的逻辑，直观地看到用户行为背后的真正意义。无论你的商业逻辑再慎密严谨，用户都是走心的。消费行为本身就不完全是理性的决定，购买产品不管它的初衷或者契机是什么，最后消费者的决定大多数是情感冲动。所以要抓到情感共鸣点才是最重要的。

情感共鸣点是问卷调查不出来的，因为用户往往不会告诉你他想要什么，一方面可能是他都不知道自己要什么，又或许事物本身根本不存在。亨利 · 福特曾说过，“如果我最初问消费者他们想要什么，他们会告诉我‘要一匹更快的马!’”。所以，从“更快的马”到“汽车”的用户需求，就需要靠你自己不断地发掘和判断。

比如我研发巧克力时进行调研，结果是50%的人喜爱吃甜味，50%的人喜爱吃苦味，那我就会犹豫，要做的巧克力到底应该是甜的还是苦的？其实这只是调研具象层面的信息。如果再进行深层次的分析，那就意味着你要探究这些用户做出这样的选择的原因，过程中可能会发掘到这并不简单的是一个结果，而是很多人小时候记忆中的味道。所以产品的特性、产品线的规划、市场营销都要围绕“记忆中的味道”这一核心点展开，这就是分析和策略。记住，用户必定不会直接告知你谜底是什么，这取决于你的判断，这就是累积，这就是你要到达的高度。

同时，你应该注意一些在设计中常见的几个误区

1.只关心可视体验而不关注后台服务

用户体验设计像是每个阶段或每个产品的触点设计，而服务设计代表的是一整套系统，包含了用户感知到的体验和背后的逻辑与流程。换言之，服务设计是一个集合体，它把一连串的交互体系与关系连成一张网，通过时间以及角色去串起所有用户体验的细节。而服务这件事情本身就不是一个单一事件，比如说喝茶：服务生走过来询问客人，或是拿茶单给客户看，接着端茶，放置杯子，到最后收回杯子。这是一连串的事件在发生，所以服务设计包含的是更完整的用户体验设计。许多设计师却会忽略了全局性而钻牛角尖，执着于某个单一体验触点的优化。

2.一心求快而高估了执行能力

随着创新设计逐渐进入公众视野，人们对设计术语用得越来越频繁，比如设计思维、以人为本等，但对创新的误解也越来越深。很多公司找到我们，急切地想让我们帮他们加速，找到能够撬动市场的点子。在这个过程中我们也发现，可能他们对期望值管理做得不够，或者只想着好创意却忽视了执行上的困难， 或者只追求表面的创新却不懂得如何将创新基因深入骨髓地种植到企业的心脏血脉中。从最近几年在世界各地做的项目来看，很多企业往往低估了自己创出新点子的能力，却高估了自己执行创意的能力，他们以为买些黑科技装点门面就能把公司做升级，但创新的基因从来都不是流于表面的。

3.技术的盲目堆砌

国内的整体市场氛围还是稍微浮躁一点。目前经济发展迅速，大家都很想往前冲，尤其在管理和执行层

面很少有人会静下心来思考什么不该做，怎么聚焦。很多客户找到我们，并提出希望解决的问题都不是真正的核心问题。但是因为竞争对手都有了，于是他们也必须做。大部分的科技公司只知道在做产品的时候不断地把技术堆叠上去。好比前几年的电视行业，电视屏幕越做越大，后来的3D乃至屏幕弯曲等接踵而来，但这些技术堆叠的结果是什么呢？没有人关心用户真正的需求是什么。在深度理解客户的背景与心理之后我们发现，不断推进企业改变的可能是公司内部的绩效指标或高层压力，这也迫使产品规划者不再具有长远的目光规划产品而转向短期目标。正是这些看起来的小问题不断滚雪球才造成了组织或产品问题的产生，而这对公司来说是非常危险的。

对于新入门设计师的建议

创新设计师很难一开始就具备全局思考的能力，你肯定有很多东西需要学习，即使你一开始的岗位是体验设计师，也不太可能在最初就开始规划全景式的体验，因为全局观点是从每个小小的细节堆积起来的，所以建议大家如果要进入到客户体验设计行业，先要从观察细节开始，然后慢慢去了解整个服务体系里面有哪些与品牌产生互动的细节，有哪些客户体验方面应该注意的事情。所以，先把自己培养成一个对周遭事物很感兴趣、很敏感的人。

其次，因为客户体验设计是一连串用户体验的集合体，所以更建议大家用比较系统化的方式思考整个客户体验的问题。你在观看某一个体验点的时候，思考的不只是单纯的体验，你要想为什么这个人会这么做，他之后可能会再遇到什么问题。简单来讲就是每件事都往前想一点，往后想一点，去揣测它的服务流程，什么地方是机会点，什么地方是痛点，然后再实地测试你的解决方案。

一个客户体验设计师更像导演，需要思考剧本、角色、镜头，以及到最后怎么把片段编辑成故事。你需要在不同的时间点安排不同的事情。当这件事情发生的时候谁要出来做哪件事情，做完事情之后如何安排，这是一系列的过程。所以，做客户体验设计的你必须要有系统性的思维，有时间对应的观念，这样才能够将方方面面考虑周全。

如何培养设计思维

培养设计思维有两个方法：

第一是观察。我以前走在路上也会四处观察，有时会发现一些奇特的设计，比如无障碍过道为什么到最后没尽头？两个小便池为什么挨得这么近？诸如此类的想法，发现之后我就把它写下来，而这些小细节有时还可以在项目的过程中带给我重要的启发。

第二是养成一个全局式的思考。比如服务员遇到顾客聊天时，要不要打断谈话请他们点餐。服务员本身具有自己的需求，是希望每一位顾客都点一杯饮料，这可能是主管交给他的任务。从服务体系来说，要如何拿捏中间的平衡过程则需要提供一个更好的解决方案。我们在思考整个服务体系之后发现，也许在所有人进来坐下之前先请他点餐，或者用一种非干扰性的方式让客人点餐等会不会更好。从全局性的角度思考与观察服务这件事情，从服务员、顾客、经营者的角度分别能看出不同的端倪，然后再把这些线索贯穿到设计使其发酵成完美的解法。

其实创新不是解方程，而是解难解之谜，没人知道答案是什么，这是一道开放性的题目，需要你用活力与创意去解答。有人说过，从来就没有全新的想法，只有想法与想法之间可以出现的新联系。所以，设计师要去探索尝试各种领域，去发现点与点之间的新关联。设计师需要过丰富的生活，从多元领域去获取灵感，如电影、文学、哲学、心理学等。必须打破限制你思维的方方面面，比如疲劳、憋促狭小的空间、单一无趣的生活体验等。必须对生活充满热情与好奇，必须有清晰的想法与思考。

创新需要同理心作为根基，你要理解人，这种理解要基于“平等”和“尊重”，学会欣赏不同的人、不同人的生活方式、他们的情感与背后的文化，并且要理解客户，理解他们的诉求。把自己照顾妥帖，找到生活与工作的平衡，并且时常离开自己习惯的空间去看看其他的世界。

破局的智慧——设计思维

滕 磊

“滕磊（火山大陆），ARK Group联合创始人兼ARK创新咨询CEO。十几年的设计生涯，从品牌、广告到产品设计，再到商业与产品策略，我从设计师转型为具备商业思维的产品人，在用户为中心的基础上，从商业与全局的角度来思考产品定位与方向，从而创造有影响力的产品，使设计发挥出更大的价值，这是我十余年来一直未变的初衷。”

在微软，我认识到产品设计是一门科学，需要非常多跨界的知识，我的设计方法也从仅凭直觉变成了有迹可循的科学设计流程。在Frog，我为 Office for Mac 2011设计了全新的品牌，参与了众多国际产品从0到1的跨平台产品创新过程。在ARK，我们打造了一个具有国际水准的团队，与客户一起创造世界级的产品、体验与品牌。

ARK创新咨询是一家专注产品策略+服务设计的知识型创新咨询公司。“Design for change, 专注设计驱动力，创新商业未来”，是ARK创新咨询的愿景与梦想。 我们致力于通过产品将商业目标与用户需求巧妙结合，为客户创造真正的商业价值。我们提出专业高效、团队协作、快速迭代的服务设计方法论，以“局外人的思维”快速进入，以“用户为中心”深入洞察，携手客户打破现有格局，共同探索设计突破口，发掘背后隐藏的商业增长点，最终为客户创造出更有影响力的产品、服务、体验和品牌。

设计思维

什么是设计?

设计是一种思维方式，是用开创性思维、多维度综合思考，从而解决问题的方法。让我们Think out of box。我认为设计包含表象层的设计与广义层面的设计。

- 表象层的设计更容易被人们所感知，比如UI、交互、Logo、包装、工业造型，等等，这可能也是设计被大多数人简单地理解为画图的原因。
- 广义层面的设计是指思维层面、全局系统性与策略性的思考。譬如大到城市交通规则的设计、道路的规划，小到一家饭店的经营策略（选择店面位置、菜系、定价、装修风格等），都是根据当前所处的阶段、现有的资源与能力选择的策略。其实，这些都是设计，且与产品设计完全相通。这部分就像藏在水下的冰山，不可见但又无比重要。用户体验和服务设计就像人体的骨架，眼睛看不到却又的确存在，支撑着我们的身体。设计也切切实实地影响商业、产品、服务和用户的感受。

设计的价值在哪里?

用设计思维从商业全局、用户诉求、市场趋势、技术应用、等角度切入， 创造新的机会、挖掘新的商业价值，帮助产品在激烈的竞争中脱颖而出。最好的例子之一就是2007年在诺基亚、摩托罗拉如日中天的时候，iPhone的横空出世。Apple选择通过创新来引领潮流而不是跟随，全部触摸屏的设计让行业震撼，当时的我们一定无法想象，没有实体按键的手机要如何使用。而当下，全触屏设计已经成了一种标准。就像汽车诞生之前，人们无法想象还有比马车更快的交通工具一样。再譬如说Beats，作为一个行业的新成员，在老牌品牌都已经同质化竞争，各自建立了坚固的技术积累与竞争壁垒的时候，Beats选择了另辟蹊径杀出一条血路，逆向思考。当耳机都在主打功能，考虑如何差异化定位品牌和产品时，他们决定利用自己的优势打开市场。Beats

的创始人是一个说唱明星兼时尚达人，拥有大量的行业资源，在主打时尚与设计时邀请各种大牌明星做代言，将Beats耳机变为了时尚消费品而不仅仅是耳机产品也就变得顺理成章，这样的商业成功，有点像科幻小说《三体》中提到的降维攻击。

▼ Beats 耳机

当你发现自己的商业模式与产品遇到瓶颈时，该如何打破现有格局找到与竞品的差异化，从市场中脱颖而出并得到用户的青睐？这就需要系统与全局的思考，深入到商业、产品设计策略的层面，即我们要谈的主题：设计思维驱动产品与商业创新。所以说，设计不仅可以锦上添花，还可以雪中送炭。既可以用来优化产品的细节体验，让用户用得更“爽”，也可以在竞争时期让产品变得与众不同，脱颖而出。

设计思维为产品突围带来更大可能

现在是注意力经济时代，你的产品在一天之中能够占用用户多长的时间，吸引用户多大的注意力，很大程度上决定了你能否成功。因此各种产品都用尽浑身解数来吸引尽可能多的用户，并且千方百计地将他们留在自己的产品中，加入各种花样来增加用户的活跃度。获取新客户，增加黏性，提高活跃度，这是产品发展阶段的三个基本环节。产品所处的阶段不同，这三个基本环节的重要程度也各不相同。但是，设计可以在每一个环节中贡献自己的力量。

用设计思维另辟蹊径

用户为什么要用你的产品而不选择其他竞品?

首先，产品要为目标用户群提供有价值的服务和内容，并且给予用户清晰的认识，用不可替代的服务与优秀的用户体验，形成良好的口碑，从而让用户自发地为产品宣传，形成良性循环，这是产品设计最初乃至后期中比较理想的状态。但是，信息量和产品对于用户来说往往是过载的，要引起用户的注意需要另辟蹊径。要么与众不同，要么被淘汰。譬如在世界上最大的视频网站YOUTUBE出现之前，我们收看的电视内容以专业视频公司提供为主，用设计思维中的逆向思维法思考一下这个问题，为什么视频供应者不能为用户提供好玩有趣的内容呢? 所以YOUTUBE诞生了，国内的优酷、土豆诞生了，从此改变了我们在互联网视频网站消费内容的习惯，相信我们每个人都可能是优酷、爱奇艺等网站追剧的众多用户之一。随着时间的推移，用户习惯也在悄然发生着变化。譬如弹幕和直播作为新的玩法和产品形态，又催生了几个新的视频巨头，带来了全新的价值。

在为用户提供服务、用户量越来越大的同时，企业想要达到终极盈利目标的过程中矛盾就会随时产生。产品=商业诉求（盈利）+用户需求，很多时候，商业诉求和用户需求的矛盾一直存在，解决矛盾的关键在于如何发挥设计的价值。那么，要想形成双赢的局面，作为产品设计师的你需要通过设计将两者巧妙地结合在一起，在产品设计的过程中相互平衡。

举个例子：比如视频网站的广告播放。从商家角度来讲，如果没有广告，那企业会失去基本的盈收来源；从用户体验角度来说，广告影响了用户的观看体验，那在如此矛盾的情况下，你的产品设计要如何进行? 取消广告? 允许跳过? 这真是巨大的矛盾。那么换个思路，你也许可以通过设计解决这个问题。商业的最终目的是获得利益，客户一定希望能在找出矛盾之后依然找到另一种方式以达到商业目的。不过看个视频，90秒长的广告真的太让大家抓狂了吧。世界上，办法总比问题多，双赢的解决办法是： 用户通过购买VIP权限跳过广告，或者根据观看视频的长短来匹配相应时长的广告，降低用户的反感程度，这种巧妙的方法让网络媒体和广告商都实现了需求的满足。也许，这就是设计思维为产品带来的价值和它在局限上的突破。

YOUTUBE的视频播放也有广告的存在，但存在规则的限制，用户可以选择“看”或“不看”，这与国内视频网站的强制观看不同。从某种意义上看，这对广告商提出了非常高的要求，广告内容必须做得非常精彩，具有吸引力，达到的高度足以让用户自愿地观看和欣赏，那这30秒的广告才会逐步被用户开心、主动地接纳。一旦形成这样一个具有一定高度的、有趣的、可以被用户主动接受的机制，那就形成了视频播放领域的良性循环，这是对双方而言最好的结果。

如果大胆地设想一下，不再通过广告盈利，还有没有其他的盈利方式呢?

现在的视频网站又换了新玩法，比如游戏直播平台，不向用户收取任何费用，用户也无须收看广告，免费收看游戏主播所生产的内容。那这样的网站是如何盈利的呢? 也许细心的你不难发现，直播网站已经与传统的视频网站不一样了。传统视频网站是用户为用户提供内容，用户之间是平等的关系，内容的传递也是单向的；而在游戏直播网站，用户之间是明星与粉丝的关系。主播是明星，收看者是粉丝，用户因为喜欢某个主播才会follow他（她）。因此设计师们选择了送主播礼物的互动形式，用户从网站购买虚拟货币和礼物送给自己喜欢的主播，主播再将这些礼物换成真正的货币。而直播网站作为平台，可以从这两个不同的关联用户之间盈利，且不会引起反感情绪，因为用户的行为都是自发和主动的，这样所形成的良性循环，就是一个根据市场趋势和用户习惯的改变而创造的双赢的设计。

▼ ARK 与腾讯团队合作设计的应用宝 6.0

ARK与腾讯手机应用商店“应用宝”的合作也是如此。市场巨大的手机应用商店里你为什么会选择应用宝？目前安卓应用商店的同质化现象是一个现实问题，应用宝要从众多的竞品中脱颖而出，必须加强差异化，增强用户黏性。但是从哪里着手呢？

ARK团队通过研究与洞察发现，应用宝要成为量级更大的入口与平台，必须从工具型向内容服务型转变，从应用商店进阶为内容商店，以提供全面、安全、高效的APP获取体验为契机，为用户提供更具有价值的服务。应用宝6.0从单纯分发APP变成分发整个移动互联网的服务和资讯内容，摆脱单一的APP分发，成为一个移动生活的服务分发中心。“免费领一对香辣鸡翅”“1号店15元通用券”“50元电话券免费”，这些来自于肯德基、1号店等吸引力十足的APP内优惠，被直接呈现出来。

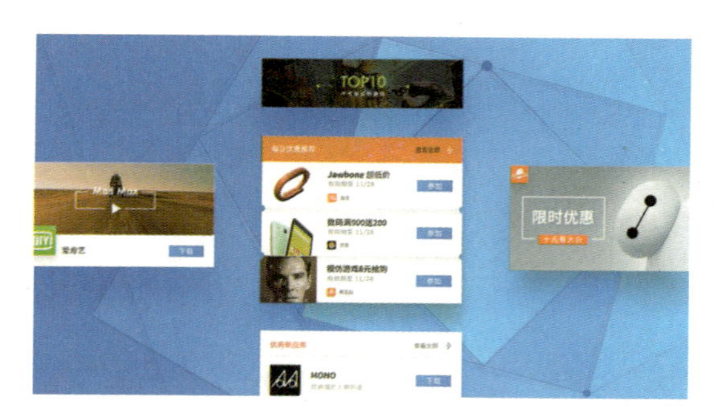

▲ 摆脱单一的 APP 分发，成为一个移动生活的服务分发中心

同时，应用宝6.0也在搜索和推送上发力，力求在搜索和推送上将用户和其密切相关的内容连接起来。不再向用户提供千人一面的内容推送，而是基于用户的消费行为或场景进行推送，让用户真真正正地感受到应用宝对自己的了解。比如，用户购买了电影票，便推送给用户附近的美食优惠券，或根据时间和地点，把用户此时此刻需要的内容外显出来。同时，也会根据用户的兴趣爱好，将当下与该兴趣相关的最热的内容推送给用户。如果用户是一个电视剧爱好者，当最新最热的电视剧更新的时候及时告知用户，并且不需要安装其他的视频应用，直接在应用宝内就能观看。这样贴心、简约的关联性设计正是用设计思维挖掘出的新的商业机会，将产品重新梳理定位，促使用户数超过4亿，日分发1.8亿的应用宝迎来了一轮新的爆发。

这就是设计思维所带来的全新的商业价值。

用设计思维，从商业全局、用户诉求、市场趋势、技术应用角度来寻求创新，改变现有格局。 从全新的角度切入，创造新机会、挖掘新的商业价值，让自己的产品在激烈的竞争中脱颖而出！

▲ 使用场景

围绕产品核心进行设计

当你的产品吸引了用户的注意力，有越来越多的用户开始使用时，下一步是让产品尽可能多地在用户生活中占据更大的比重，让用户尽可能更长时间地使用，乃至让用户在关键的时候想到你的产品。借用我们都知道的木桶原理（管理学中的一个原理），木桶由许多块木板组成，如果组成木桶的这些木板长短不一，那这个木桶的最大容量不取决于长的木板，而取决于最短的那块木板。

借用到产品设计中，如果你的产品用一个亮点或者有价值的核心服务吸引了用户，但具体能盛多少水就要看其他的短板能不能补全。我们需要考虑如何把用户都留下来，也就是增加产品的黏性和活跃度。典型的反面案例就是类似“足迹”的很多APP产品，通过一个亮点功能爆发，然后没能把用户长久地留住，成为了昙花一现。

那应该怎么做呢?

答案是：围绕核心功能与服务打造相关的延伸服务，为用户提供更大的价值。

微信是一个非常典型的例子。微信最早只是一个聊天工具，而现在已经成为了一个巨大的帝国，一个生态系统。微信的核心就是“连接一切”，基础是社交，当人与人之间产生了“近”的关系，在其上做什么似乎都合情合理。在最初的版本里，所有功能都围绕如何做好一个社交工具，例如：加入语音功能就带来了一波用户量的爆发，朋友圈的功能在变相地强化社交。当腾讯用自己巨大的资源为微信导流，当微信拥有了巨大的用户基数之后，则慢慢围绕核心的社交功能打造其生态系统。现在，每天人们使用微信并在其上花费的时间远远超出了我们的想象。数据研究表明，微信每天占用用户50%以上的时间，那意味着留给其他所有产品的机会只有50%。想想也很容易理解，微信可以做太多事情了。你的家人、朋友、同事、合作伙伴都在微信上，微信可以用来闲聊，也可以用来高效地办公。朋友圈也是中国人消费内容最重要的渠道之一，以及微信公众号的诞生，都吸引了用户巨大的注意力，“逻辑思维”的成功就是搭上了微信公众号的快车。最新推出的微信小程序，势必也会带来新的机会。微信几乎已经是人们的生活了。哪怕经过这么多年的版本迭代，移动支付成为战略级的设定，Chat对话界面依然是第一个Tab，从未改变，这一点非常重要。

▼ 招行信用卡 APP 掌上生活

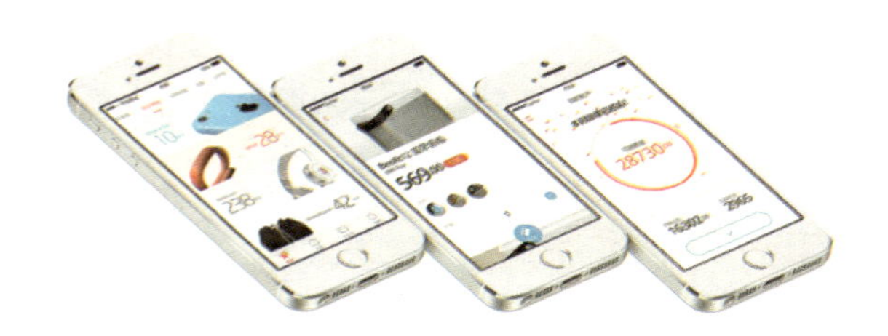

▲ 掌上生活 4.0

另一个例子是招商银行信用卡APP掌上生活。ARK创新咨询团队为其设计4.0和5.0的版本时，遇到了一模一样的问题。当时3.0版本已经有300多万用户，数据还不错，不过大多数用户只是每个月打开一次APP，只为了信用卡还款这个最核心的功能而来。实质上，3.0版本只是一个还信用卡的工具，附加一些类似充话费的功能。抛开产品本身的界面设计、运营流程，掌上生活存在的最本质的问题是，信用卡本身拥有近3 000万的持卡人用户，但使用该APP的只有300万人。其次，该APP不同于微信，每个人每个月只会在还款的时候打开一次 。

通过分析我们发现掌上生活产品升级需要解决的问题：

- 一是推广，获取新客户，如何让大众使用你的产品？
- 二是普及，让所有招商银行持卡人都使用该APP。
- 三是常用，如何增加用户活跃度，让他们在这里留下来。

这些问题并不是单纯的界面美不美，还款流程是否足够简单的问题，要想解决，就需要具有全局和系统的设计思维才行。

通过分析我们提出了几个解决方案，以信用卡为核心，为用户提供更多的增值服务与会员计划，让用户在掌上生活使用信用卡的过程中发现其隐藏的价值。

第一，要让大众认知到这个APP具有哪些微信、支付宝以及其他还卡方式不具有的优势，要凸显使用掌上生活还款会产生积分以及更多附加值的功能，让用户难以感知到的一些隐性价值、隐匿的特权等充分展示出来。

第二，如何解决用户一个月只使用一次的问题。面对这个问题，我们的解决方案是从产品定位角度把信用卡4.0从工具变成“信用卡工具＋精选电商”的概念。

这个概念有四个方面：首先是精选内容，希望用户可以在这里完成一个闭环的服务。我在招商银行刷卡并产生了积分，积分留存之后如何使用？比如你要在星巴克消费一定数额能够产生一定的积分，并达到一定的数量才能换一杯星巴克。这样的线下交易可以交易积分，而线上的积分要如何获得并消费？所以在精选内容里卡

▼ 围绕信用卡提供相关的服务

用户持购买精选商品，相对会便宜一些；其次可以用积分换购一些商品，这些都是其他APP不具有的特殊福利，只有拥有帐号的持卡用户才能够在这里用自己的积分去兑换商品；再次，一个持卡人一个帐号，帐号的使用和应用能力越强，对应产生的价值会越大，乃至把一些隐形的价值解放并放大，在招商银行信用卡上完成一个闭环积分并兑换消费的行为，这一点非常重要。

所以招商银行APP4.0版本上线之后，运营执行也非常好，半年多用户数量从三百多万人变成了两千多万，这些招行信用卡持卡人开始多次使用APP。周三上新等运营活动对于一些忠实的粉丝还是有吸引力的。当然，首先是商品运营的内容对用户具有足够的吸引力。所以产品、运营根本不分家，我们不仅仅谈设计，更多的是在探讨如何让产品得到更多用户的接纳并使用。从以上的分析不难看出，这不单纯是一个细节设计优化的问题。

从产品路径思考，我们会进行产品细节上的创新和未来的一些延展性考虑。比如我们和掌上生活团队

做4.0的时候，需要解决的首要问题是如何让两千多万的用户乃至更多的人使用APP，随后我们又做了5.0版本，它的本质问题是如何解决2 500万持卡人用户已满员的情况，打破新的格局。

解决办法是要开放帐号，拓宽用户权限，不是只有招行用户才能用这个产品，其他银行的用户也可以注册，吸引他们在掌上生活消费，这样变成了全国人民都可以使用。

所以，任何产品的设计与运营都是一步一步发展而来的，这就是产品路径。从3.0到4.0版本，乃至思考到5.0的预期，考虑产品架构上能够容纳将来要发生的事情。经过4.0版本的设计，掌上生活成为了银行业内的标杆产品。

▼ 掌上生活使用场景

设计是从上而下的思维方式

产品与设计都是系统性的工程，需要设计师从商业模式、产品策略来进行全局性的从上而下的思考与洞察。上层思考决定了下层的具体表现和执行。什么要做，什么不做？用什么作为切入点？资源有限、生死攸关的情况下如何抉择？这些问题都需要先思考策略，评估每件事的优先级。没有人可以同时做全部的事情，先做什么后做什么就显得尤其重要。

用设计思维另辟蹊径

设计分为表象层和广义层的设计理念。设计就像一座冰山，很多时候人们看到的都是表象，而决定冰山上呈现面貌的其实是水面下最核心策略的部分。

沟通设计需求时，首先应该沟通整个产品的策略是什么，有了策略再谈设计。我们看到的很多产品，其实都是策略为先。如果策略与设计不能在前期达成一致，之后的产品设计也不可能达到期许的价值。各个行业里五花八门产品的出现，都是上层策略决定了下层的具体表现和执行。

比如中国的很多汽车品牌在模仿或者说复制外国的汽车设计这个现象，某国产品牌出了一辆与路虎极光几乎是一模一样的汽车设计产品。我们不能单纯地对该品牌的设计师进行批评，也许这不是他们的本意，这可能是由产品策略决定的。该企业不希望设计新的产品，因为风险更大，也无法准确地判断其是否真的受欢迎。但在市场上，极光的销量很好，如果他们做这样一款价格更低、设计相似、风险更低的产品，也许就能避免很多的问题，甚至能避免车企就此死掉，这就是企业在产品策略上的选择。当然这肯定不是一种尊重设计的做法。 简言之，类似案例的产生结果是上层策略决定的，而不是产品设计师。

我们再来看看无印良品（MUJI）的产品策略。MUJI发展出“这样就好”“MUJI=虚无的容器（Emptiness）”，以及“人不一定要追求名牌，而是自己所要的生活方式，回归单纯、自然”的品牌形象的策略。因此将商标从商品上拿掉，省去不必要的设计，去除一切不必要的加工和颜色，简单到只剩下素材和功能本身，这样的产品就自然而然地展现在消费者面前了。这是整体产品策略的一种确定，之后再执行落实到产品具象与表象设计的范畴。

Beats也是一样的，消费者都觉得Beats的耳机外形时尚、设计出众，这是因为Beats的设计师比别的耳机品牌设计师更喜欢时尚吗？这也未必，还是因为Beats的产品策略所走的是与传统功能性耳机都不一样的时尚电子产品的差异化路线，不仅在设计上，所有产品的推广营销也都围绕时尚电子产品这个核心。

所以，请先谈策略，再谈设计。

为什么即使你不是一个汽车爱好者，但行走在街道上，你仍然可以一眼识别出各个品牌的汽车？为什么有的汽车不需要看Logo就知道是宝马而不是奔驰？因为它们都具有自己的设计理念，对策略的定位是通过鲜明的设计语言做出品牌差异化，拥有品牌认知度才会拥有品牌忠诚度，让大众从千百万的产品当中识别出自己的产品，正是这样的品牌定位和产品策略，才决定了它们的设计定位和产品设计方向。

▼ MUJI 无印良品

所以身为设计师的你们，要转变单一的设计思维，在进行产品设计之前首先要清晰地知晓产品的策略是什么，再决定自己为客户提供什么样的设计。有时候设计师过于把争论焦点放在细节上，更多地用美丑对一个产品进行判断和考究。每个人的审美本身就极具主观性且差异巨大，当设计师用自己的审美进行判断时，客户也在用自己的思考进行判断。所以你应该思考如何从品牌和策略角度来阐述你的设计，然后再表明设计如何在细节上来达成目的，可能这样自上而下的讲述设计理念可以更好地达成你的目标。

作为一个设计师想要成长为产品人，那就需要培养自己的大局观和转变思维，要有全局系统性思考的能力，从上而下从整个产品的角度来看待设计。还需要很好的沟通和协调能力，转换身份成为了公司或者项目的领导者后，你需要看得更广，不断地去了解方方面面的东西，产品设计本来就是一门学科跨度非常大的科学。设计也从原来设计师的整个世界，变成了整个流程中的某一环，只有平衡好所有的事情，进行全局性的思考，让产品达到理想的状况才是最重要的，其他的“相对”而言都是次要的部分，任何部分都必须要围绕这一最重要的核心展开。

挖掘表象之下的本质

“知己知彼百战百胜”。

研究是设计思维中最重要的武器之一。首先，你要研究产品，了解产品的商业模式、所处阶段，解决了哪些问题，现在还有哪些问题，以及现在使用的方法是不是解决这个问题最好的方式。第二，了解国内外市场上的竞品，看一看竞争对手在做什么，用什么样的方法解决了类似的问题，在其他行业里有没有类似的事情。第三，了解用户，了解目标用户群是谁，生活方式是怎样的，真正的诉求是什么。深入地研究用户的使用行为和心理，不要停留在表面。第四，跨行业研究，不要仅仅停留在自己所处的具体行业。各行业的波动具有一定的同步性，某一个行业正在发生的事情可能其他行业也正在发生，只是早晚的问题。互联网思考的方式比较先进，或者说它的发展速度很快，如果将一些方法应用到传统行业，比如金融业、传统服务业，就有可能产生具有价值的结果。所以跨行业的思考是一种比较容易打破现有格局的方式，也是作为商业策略以及创新设计咨询的一个比较重要的价值或特点。研究会帮助设计师获得大量的信息，杂乱而无序，设计师要分析、梳理、挖掘出对产品最具有引导意义的观点，这可称为洞察，是设计思维必须要具备的能力。

国内的大多数企业能够看到并发现问题，但并不能十分明确地知道要如何解决，这是我在做设计咨询过程中遇到最多的情况，其实这也是设计思维可以一展身手的好机会。很多时候，客户告诉设计师的就是他能想到的、看到的，能表达出来的表层印象。而这时，设计师需要的正是一种深入分析问题本质的能力。设计的思维方式会使你更深入地思考，看到问题的本质。切记不要犯头痛医头、脚痛医脚的错误。产品有些像人体构造，是一个完整的系统，牵一发而动全身。比如，有些客户觉得需要更换一套更“美”的UI设计，就可以吸引更多用户。产品处在不同的阶段，要解决的核心问题也不同。但实际上，通过接触和沟通你会发现，产品处在初期阶段，首要目标是获取更多的用户量，那产品需要达到品牌定位的差异化。这时美不美并不是对产品最重要的问题，急需解决的应该是如何建立鲜明差异化的系统设计语言，帮助提升产品的认知度和记忆度。如果产品已经有很好的用户基数，处于高速发展阶段，那这个时候来美化一下产品，提高产品的品位与品质以更好地契合用户需求，这个阶段就是非常必要的。

客户对于自己需求的理解就只落实到了最表层的界面UI设计上。所以你需要通过设计方法来达成沟通，找到问题的本质，界面要改变的需求，实际上要追根溯源到品牌调性的问题。通过沟通、思考和引导，让对方了解很多宏观的概念，意识到“一套更美的UI”设计只是问题的具体解决方案的一部分，要想到达最终品牌提升的问题，需要通过各种相关方面的共同配合才能完成，使对方更能理解你的想法和设计，也能逐步从宏观的角度思考。

那研究之后，未来的路怎么走？需要综合来看整体发现的成果，之后找出其中几条主线和几个最大的问题，而如何去解决它就会成为产品的设计机会点。这个时候决定先做什么后做什么就尤其重要了。

▼ 大家中医——你身边的好中医

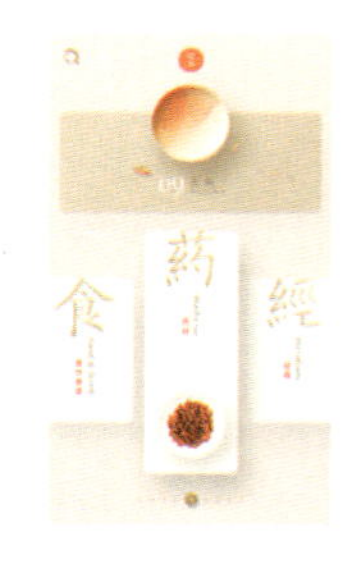

在ARK与大家中医APP的合作中，我们通过对用户行为与行业观察发现，用户觉得下载一个APP的成本是非常高的，除非APP提供的服务或者内容有着不可抗拒的吸引力。同时，APP产品中的社交聊天功能做得再

好，用户也依然会选择微信来作为基本的沟通方式。所以，我们大胆地决定用户端不做APP，用户无须下载大家中医APP， 在微信公众号上就可以直接与医生建立联系，获取医生的建议与药方。这样，用户获取服务的成本是极低的。医生端因为专业性与管理等需求，需要在APP端来完成。这样的设计极大地提高了大家中医的服务被用户获得的概率。

▼ MO 智能体质分析仪

▼ MO APP

ARK与MO的合作也是如此，MO智能体质分析仪定位于家庭健康入口，是一款能够让家庭里所有人都使用的智能秤，并通过大数据的分析对家庭每位成员进行健康管理。在合作过程中，ARK团队通过分析家庭成员对于健康的基本诉求及各自的独特性，将各个信息区块进行独立划分， 用完全定制化的呈现方式满足所有家庭成员的健康需求。

做产品要结合用户实际需求、真实场景，以及团队自身的优势。我们通过研究发现，现在市场上的智能秤都是通过生物电流来测算体脂率、含水量等健康数据的，这种技术对于家庭当中的老年人及孕妇均有潜在的不健康隐患，而且没有哪款智能秤是专门为这些特殊人群设计的。即使是一款普通的智能秤，也应该尽量考虑到全部的使用人群。例如，目前市场上几乎所有秤的屏幕都放在秤上，由于老年人视力不佳或腿脚不方便，那么弯腰观察屏幕上的体重数字是极其不合理的，因此 MO 设计了更加合理的分离式屏幕，让这些人群获得更好的使用体验。

在设计过程中，我们了解到家人需要与其他家庭成员进行更有效的沟通，能够对自己家人的身体状态有更清晰的了解，事实上也正是出于这样的需求，设计方案中有一个相当重要的部分——“与家人同步”，夫妻间进行更有效的信息同步及共享，爸爸知道孩子体重的变化情况…… 这个在其他竞品中从未有过的设计点将成为 MO 最重要的差异点。例如，妈妈需要去做定期体检，在爸爸的手机端也将出现同样的提醒。另外，妈妈今天情绪不佳，爸爸也可以实时了解到妈妈情绪的变化给予情绪上的安抚，让整个家庭生活更为和谐健康。

当家庭当中有人出现健康问题时，往往她/他就成为整个家庭的关注点，家中的大小事均围绕其展开，她/他的健康状态影响到整个家庭。因此如何更有效地规划健康生活，将成为更有力的设计机会点。体重数据仅仅只是数据，只有在经过更有效的分析和解读后，才能体现出其意义，让家人能够更清晰地知道自己的身体当前发生了什么，下一步应该怎么做，可以自行判断自己身体的状况，你甚至能够成为整个家庭的健康管理者，监控每位家庭成员的健康状态，这些均是通过更有效的设计赋予 MO 产品的功能和服务。

同时，我们也为怀孕的准妈妈设计了针对性的功能，怀孕期间很多准妈妈都会记录自身或胎儿的变化情况，以便进行回顾，因此我们在设计中增加了“轨迹”卡片，让准妈妈可以将这些信息进行轻松的记录，有些信息还会自动记录在轨迹当中，如体重的信息、运动的信息等，在宝宝出生后，轨迹卡片更可以持续记录宝宝成长，将宝宝的成长轨迹与家人朋友进行分享，无形中也将 MO 产品的使用时长不再限制在怀孕期间，宝宝成长过程中也可以继续使用 MO 产品，提升了产品生命周期。

▲ MO APP 中的服务卡片

▼ MO APP 中的关键界面

设计师应该掌握的设计思维四大利器

之所以这样设计，是因为我们发现了用户在真实环境下的需求，以及对于行业的观察。这就是根据研究洞察，发现产品机会点，再围绕机会点进行设计的典型案例。

当下，产品设计行业的整体水平、从业者的素质水平都在提高，而且提高的速度非常快，市场和很多公司也越来越重视设计，开始意识到它能够为“我”带来更大的价值。很长一段时间，大众普遍对设计的定义是，它是锦上添花的东西，但慢慢地，很多企业开始认识到设计不仅仅是表象意义上的锦上添花，而且是一种能够发现、解决问题的更新的商业策略和方式，锦上添花逐步变得也能雪中送炭。因此，只有当客户意识到设计商业价值的时候，他才会真正地尊重你、信任你，逐步建立起平等对话的基础。这样的意识变化不仅让设计产生了更大的价值，对整个行业的发展也是越来越重要，优秀的设计在公司当中发挥了越来越核心的价值，甚至变成了公司的核心部门。

设计驱动产品与商业创新的时代正在来临。

设计师更是一个设计思维传播者，不仅仅是在设计的细节层面进行创造，也要向很多其他身份的、可能接触到设计的人普及设计的概念。设计思维的价值并不仅仅在于“做设计”，设计思维最大的价值在于打破惯性思维，跳出现有的格局去思考、改变与创造。

说学破立

设计和相声一样，都是一门艺术，相声讲究说学逗唱，而设计讲究说学破立。

说

其实是一种沟通能力，这种沟通会存在于很多的场合。比如你面试时要把自己设计作品的核心内容讲给面试官，给他一个选择你的理由。设计要这样做的原因是什么，有的人能表达出来，有的人则不能，其实表达不清楚的人会很吃亏。归根结底，这是一种沟通。你与客户也要进行沟通，要让他认可自己的设计，就一定要有说服他的理由。这种沟通能力非常重要。

“说”也是讲故事的过程，一个娓娓道来的故事会让别人更容易明白你要表达的想法和思路。沟通是什么呢？很多时候你会发现，彼此的沟通语言虽然是相通的，但双方都在用自己的思维方式表达着各自的观点。比如在沟通中我们常提到：RGB，接触过设计的人都知道它是一种颜色系统。但对于工程师或不懂设计的人来说，你单纯地提到RGB的概念并没有意义，也许你让对方看颜色会更加直观和清晰。

这需要你转化一下“讲”这件事情的角度，从对方的思考方式出发。只有真正地了解对方的商业思维和运作模式，才能知道他真正担心和思考的问题是什么，因为有时候他只知道现在面临的问题。而这时候，你需要给出判断和解法，这才是设计师的价值。

学

是指设计师本身的学习能力、适应环境变化的能力，还有研究和了解，以及跨界的综合能力。如果你没有学习能力，只带来自己的行业理念，没有多角度地看待一个问题的能力，那你的方案可能就不会从众多的设计中脱颖而出。比如你是设计师，而你的客户是在金融领域。那在设计之前就需要你去研究和了解现在的产品是怎么样的，大家都在怎么做，其他行业在发生什么等，这都是需要你一直要去学习的，包括你做研究时候的学习内容。所以，这种自身的学习能力是比较重要的。

破

是打破现有惯性的一种思考方式。人做一件事情久了，一定会有惯性思维，这是每个人都不可避免的问题。而设计思维最有价值的部分正是在于打破惯性思维而带来的一些新的思考，把一些条件打破之后重新糅和变成一种新的事物。

立

是在打破惯有思维后将信息与内容重组的基础上创造一个新的事物，更是把不同信息融合在一起进行重组的过程。“破”与“立”是一个先后的过程，不能分开，如果只是打破了惯有的思维方式而没有产生创新的内容，那“破”就失去了意义。

身为设计师的我们需要经常问为什么，经常反思，不仅仅是在反思自己，更是在反思产品和你看到的各种各样的事情。任何事情的诞生都是有原因的，比如陆风为什么这样设计？奥迪、奔驰、宝马为什么不只卖一款车型？为什么宝马有1系、2系、3系？为什么从最早的3系、5系，又有了1系、2系、6系呢？答案是：公司发展的不同阶段需要更丰富的产品线满足不同人的需求。为什么有的车是四门，有的车是两门？为什么两门车在国外卖得比国内好呢？国外的一个家庭通常同时拥有好几辆车，一对夫妇或者孩子都有自己的车，一辆家庭用车满足集体出行，再买一辆车需要满足自我的需要。但在中国，敞篷车相对来说销量很小，反而是大众的常规的轿车非常受欢迎。因为中国家庭的第一辆家庭用车以实用为主，只有在经济条件达到一定程度的时候，才会考虑第二辆、第三辆车，这是通过观察与反思这些问题得出的结论。

美国的车大都是大排量，四点几、五点几。而中国的车则都是小排量，2.0就算是大排量，3.0、4.0就更少了。而日本1.0以下排量的车为什么这么多呢？每个国家都有自己的原因，同一个品牌比如宝马，在中国、美国、德国还有日本的策略都是不一样的，所以这也充分体现了策略的重要性。策略决定你的产品是否满足了用户的需求，以至于你这个产品卖得好不好，商业方面能否达到盈利需求。策略让用户的需求与诉求尽量达到无缝对接。

T字形知识积累

T字形指的一个是纵轴专业上的积累；一个是横轴跨界知识。“—”表示有广博的知识面，“|”表示知识的深度。两者的结合，既有较深的专业知识，又有广博的知识面。这种人才结构不仅在横向上具备比较广泛的一般性的知识修养，而且在纵向的专业知识上具有较强的理解能力和独到见解，以及较强的创新能力。

为什么需要这样的人才？因为这样的人才组成的团队懂得聆听，对解决方案能够保持开放态度。对其他领域同样保持热情，虽然知识有限，但是却仍然能够贡献观点，给团队带来不同角度的创新观点。而在某项专业领域，则能够作为主导，带领其他团队成员进行跨专业换位思考。

“产品设计是跨学科的事情，不应该用UI设计师、产品设计师、交互设计师或动画设计师这样的工种类别词语来框住自己。

很多人问我，有什么方法可以快速提升自己的设计能力？我想说，没有任何捷径，只有更多地积累自己的知识储备，开阔视野，量变形成质变。打个比喻，设计其实和写作有着相通之处。你想当一个作家，如果是小学毕业，那起步会相当困难，因为你所涉猎的文章在文笔和知识层面都相当浅薄，自身的积累也没有达到，人生没有起伏没有故事，何以写小说讲故事？只有博览群书，用力地去感受生活，才能有故事，学习到讲故事的手法，也就是内容和表达方法。我很认同一句话，没亲身经历过就很难懂。你没有亲自恋爱过，没感受过那种巨大的喜悦和悲伤，如何写得出爱情故事？有了故事，没有文学手法的大量练习，怎么把故事写得惟妙惟肖，感同身受？有了以上的能力还不够，还要形成个人的写作风格，文字人人都能写，没有自己的风格何以成为大师？

回到设计也是一样，多看各种各样、各行各业的好设计，不要仅仅局限于自己所在的行业。更不要仅仅是看，还要思考，问问题，别人为什么要这样设计，要表达什么内容，表达到位了吗？是在为谁而设计？当你心中有了这些问题，你就会自己去寻找相关的答案，这些知识就会在你脑中形成印记，当你遇到类似的内容要表达的时候，脑中这些表现形式和手法，就自然而然地被大脑抽象地再组合在一起。你可以认为这就是灵感，其实就是来自于你的积累。

这还不够，再往深里进一步，你需要为产品创造出独特的设计语言。就表象而言，可以说是独特的设计风格。这个风格不是设计师自己的风格，而是为产品的品牌与look & feel服务。往前一步说，产品需要有独特的风格，才能够吸引到目标人群，才能在众多同类产品中脱颖而出。因此，产品品牌要符合目标人群的喜好与品位。举例来说，你要为中高端一线白领设计产品，这类人群喜欢快时尚，轻奢的产品，那你就需要研究什么是快时尚和轻奢的品牌。比如优衣库、HM、ZARA等品牌，通过什么样的设计方法达成了时尚这个目标；比如B&O这类充满时尚与设计感的中高端音响品牌，为什么受到这类人群的喜欢与赞美。从产品到网站到广告，如何系统性地表达自身的品牌形象。基于以上这些，设计师仅有设计能力是不够的，还需要有洞察能力和品味能力。洞察各类人群喜欢什么样的事物，这些事物的共性是什么。设计师要感受生活，追求美的事物，在各方面表达自己的品位。

所以设计师要掌握说、学、破、立的基本能力，持续地学习、积累、反思，并且增强自己的跨界能力、宏观视野、全局与系统性思考的能力，尤其是要增强自己的商业思维。大多数时候设计师的缺点就在于眼光太局限，思考问题时，常常会陷入细节问题的讨论，缺乏全局观，以及思考产品战略与定义的能力，不能站在商业角度思考。光有好的产品是不够的，还要了解如何卖产品，设计除了解决好产品体验问题外，怎么能更好地为商业模式服务。例如，如何让一个新兴的品牌从众多优秀的竞争对手中脱颖而出？仅仅有独特的设计是不够的，还需要系统化地思考产品定位、推广策略、目标人群、市场切入点等。对于这些问题有了思考之后，再做产品会更有针对性，因为不同的商业战略下设计也可能是完全不同的。

先谈策略，再谈设计。

作为设计师，首先要明白设计思维所能带来的价值，并且活学活用，真正在实战中为产品带来必要的创新与突破，从而启发影响他人，使得更多人可以理解设计思维的强大之处，设计师乃至整个行业都会为之受益。

设计团队的非设计思维

陈妍

“腾讯用户研究与体验设计部总经理，专家设计师，腾讯高级讲师，北京大学兼职讲师”

索引

Enya（陈妍）于2003年加入腾讯，作为腾讯第一个专职交互设计师，与团队一起组建腾讯用户研究与体验设计部，负责腾讯用户基础研究工作以及体验设计，经历过QQ、微信、QQ空间、QQ游戏、腾讯网、腾讯微博、QQ音乐、腾讯视频、QQ浏览器、腾讯公益、微众银行等多款中国互联网成功产品的研发设计。

2005年组建腾讯用户研究团队，通过中国互联网海量用户研究及产品业态研究项目，积累多年研究经验，打造具有互联网特色的研究工具和平台；融合互联网行业与传统行业研究和评测方法，建立适用于互联网产品的、高信效度的产品体验评价体系。

从2013年开始，通过建立“互联网银行及保险用户体验实验室”“社交广告品牌与用户体验研究实验室”以及“腾讯公益用户体验联合团队”，拓展互联网体验边界，探索不同领域的研究及设计方法。

从一个设计师到一个设计团队的建设者和管理者，在做内外交流的时候，常常会被问到设计师如何成长，团队如何建设和管理的问题。也有很多人会关心，如何做一个好的设计，或者如何设计一个好的产品。很多时候因为现场时间有限，问题也因对象不同而有不同的答案，并不能深入透彻地去探讨。我们也曾出版过两本书：《在你身边，为你设计》第1版和第2版，企图把从PC互联网到移动互联网的设计经验、团队建设与管理经验都系统化地总结分享给业界。

可是随着工作做得越多越久，越让我对金刚经的一句教诲深有感触。《金刚经》第五品：“佛告须菩提：凡所有相，皆是虚妄。若见诸相非相，即见如来。”因此，很多具体的经验未必有现实的意义，皆因时间、人物、地点的不同，不能复用。反而我们更加害怕的是经验主义，从而失去很多的观察角度和尝试的勇气。

因此，在这里，我们只想轻松地讨论一下更深一层的问题：在设计这一路上，我们如何一直探索，永不止步。或许能给路上的很多同行们，在困惑时有那么一点点启发。

我们花了很长的时间，才明白我们是做什么的

我们是做什么的这个问题，对我们自己存在，对团队以外的人同样存在。虽然小编很好心地给我列好了提纲，想从我们的角度来阐述用户研究与体验设计（嗯，这是我们部门的名字）的定义和理解，希望我们严谨地给大家分享发展的背景、过程等。但我想这些问题，有心的人可以从各个专业论坛、社区、书籍找到自己想要的或者合适自己的答案，当然也有比我们更加专业的老师可以请教。因此觉得，这或许不是最能体现我们分享价值的问题，于是我想与阅读者分享的是：我们怎么慢慢地明白，我们是做什么的。

从UI设计到体验设计

如果从头说起，可以追溯到14年前。

早在2003年，团队刚刚成立的时候，我们的团队名字是“UI组”，里面设有两个岗位：UI设计和交互设计。这些名称对当时的腾讯来说，并不像今天那样人尽皆知，更不用说理解这些岗位的作用和价值了。

在初建期，我们除了通过大量的项目实践去积累项目经验和专业口碑以外，还特别愿意把时间花在学习和分享上。当时的国内环境，从事这个行业的人不多，招聘挺困难的，有很长的一段时间（大概两三年）都处于人很少，项目很多的状态，大家都忙得焦头烂额，几乎每天都是22点以后下班的，但那个时候也是团队成长最好的机遇。

互联网产品和设计的研发节奏很快，每一个项目几乎都是赶着上线，用真实用户行为数据去校验设计思

路。我们也只能迅速适应节奏，小步快跑，边实战边修正设计。直到2006年，公司启动了内部代号为Hummer的QQ大改版，非常难得地给了我们时间和空间去体验完整的设计过程。

QQ Hummer这个项目差不多历时三年，过程就不一一回忆了。对腾讯来说这是史无前例的大项目，投入了大量的资源，也给予了很高的期待。而对于我们这个设计团队来说，除了产品最终获得了市场的认可以外，最重要的是在这个过程里面，我们建立起了体验设计的流程模板，以及实践了用户研究这个工作如何在产品研发和验证的过程给予支持和体现价值。

我们知道，几乎大部分的互联网企业，特别是初创时期，都是以技术与开发为主要驱动力的公司，设计往往是在研发的后端，在产品快发布之前才让设计师做一个“漂亮“的“皮肤”换上，再设计几个“漂亮”的图标和程序Logo，让产品颜值提升一下，不至于看起来像“裸奔”一样。设计师几乎都是到最后才被告知需求，并被要求在最短的时间内完成工作的。

而且，在那个时候，我们对用户的认识和了解仅停留在后台数据的呈现上，用户的真实反馈是通过用户论坛上的留言获得的。但是随着用户越来越多，用户的属性和喜好都变得很复杂，而且产品的功能除了最基础的文字消息以外，开始慢慢地丰富起来，要做什么功能，功能的交互怎么设计，怎样才能让用户用着更爽，已经变成我们眼前迫切需要解决的问题。

另一方面，当时IM市场的竞争还是很激烈的，虽然QQ已经占有中国市场的半壁江山，但是国外的IM产品，比如MSN、Yahoo Message、Skype、Gtalk等的进入，还是很让我们紧张。同期国内发展较快的互联网公司也看准了IM这个领域，阿里巴巴、百度、新浪、网易纷纷推出自己的IM产品。虽然很多用户都很喜欢用QQ，但是对QQ这个产品却有点不屑，“抄袭”是当时出现频次最高的骂名。

在这样的内外环境之下，团队尝试了以下几个方法，来奠定腾讯用户研究与体验设计的发展基础。

我们花了差不多一年的时间建立和规范了体验设计的工作流程与工作模板，又花了一年的时间通过实践去优化它。

我们在很多场合跟不同的人探讨过，工作流程建立的最大意义是什么？可能很多人都认为执行是最重要的，但是对我们来说，知道每一个工作可以怎么做得更好更完美才是最重要的。流程建立并不是为了按此执行，假如这样，一定会被我们的Tony（腾讯创始人，原CTO，现任腾讯学院院长）诟病流程太重，效率太低。建立流程的价值，能及时积累与复用工作经验；能帮助你快速做好工作和角色分配，与合作伙伴建立共识和信任关系；能帮助你快速培养项目组新人；更加能帮助你发现工作中的问题和积极专注地寻找最佳解决方案。

▼ 腾讯用户研究与体验设计部设计流程

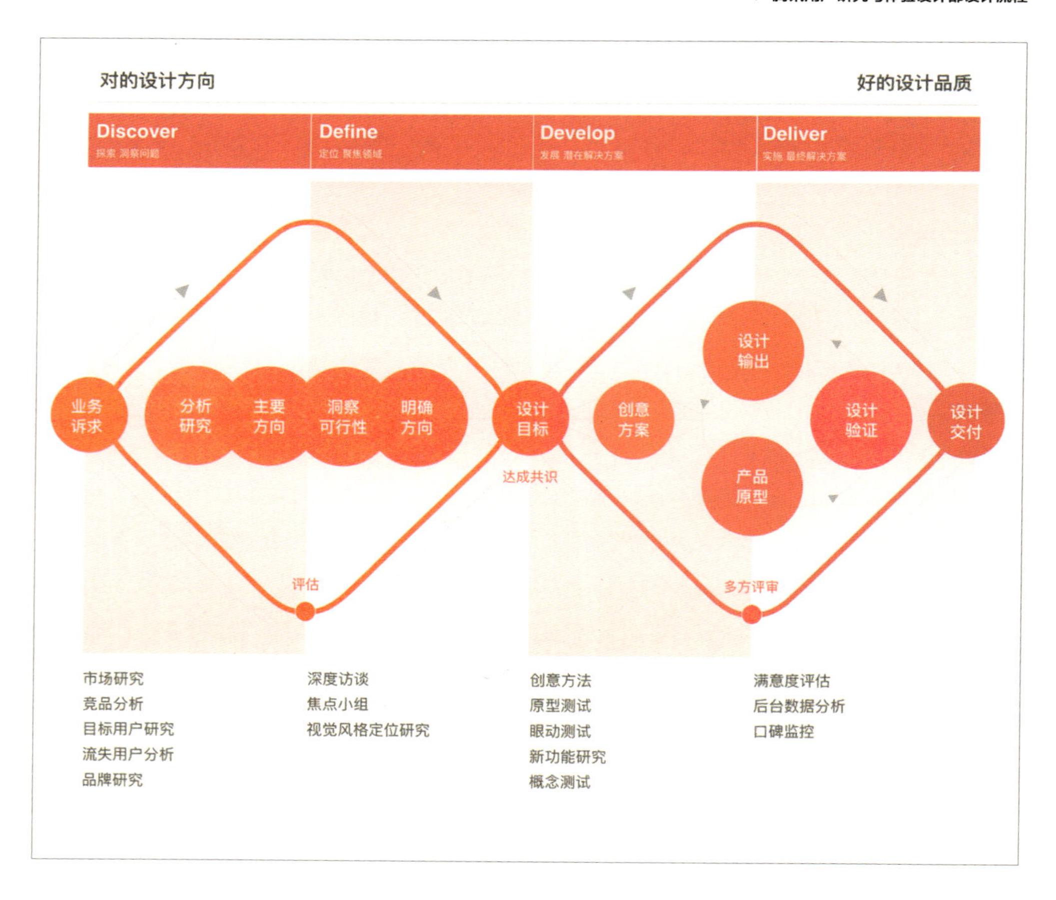

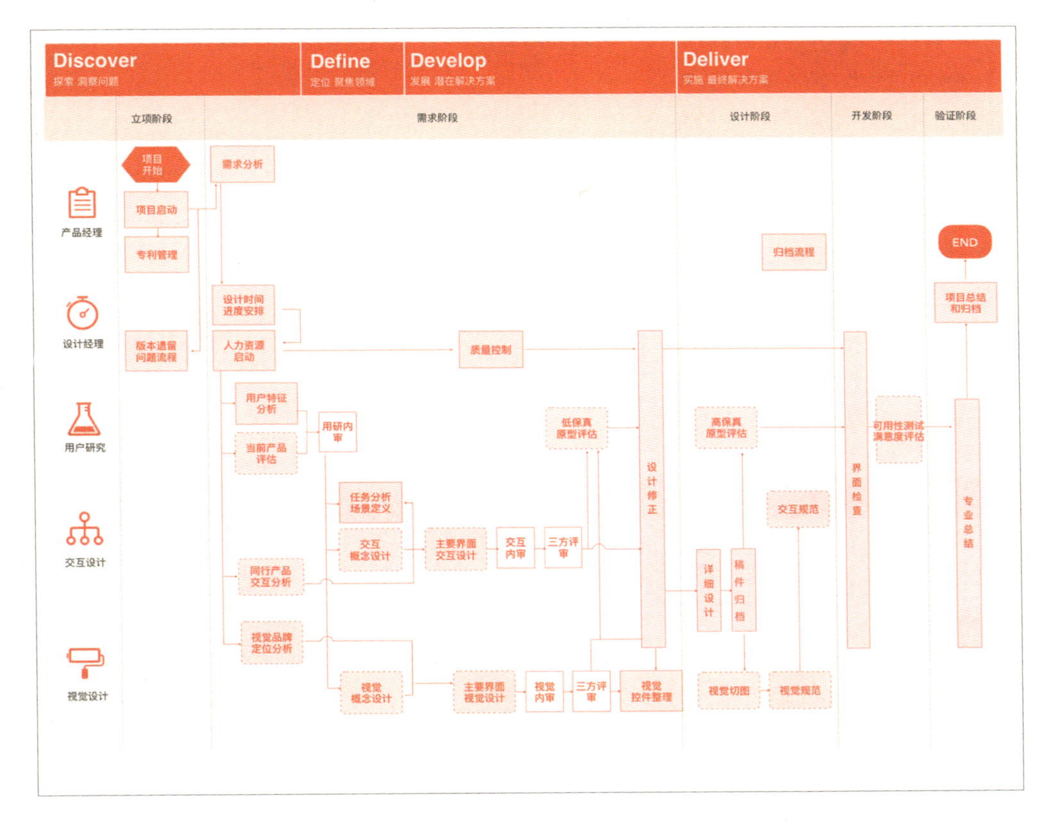

▲ 腾讯用户研究与体验设计部设计项目流程

我们利用Double Diamond模型把设计的思路和工作方法结构化，以便认清每个阶段的预期和目标。

接着，把每个角色的工作进一步具体化和规范化（如上页图），并陆续制定了每个环节的子流程（如下图）和文档模板，编写出详细的工作指引，让职场新人或者项目组新人，都能通过指引很快地了解工作职责和流程方法，轻松找到“套路”。

▼ 设计子流程——头脑风暴

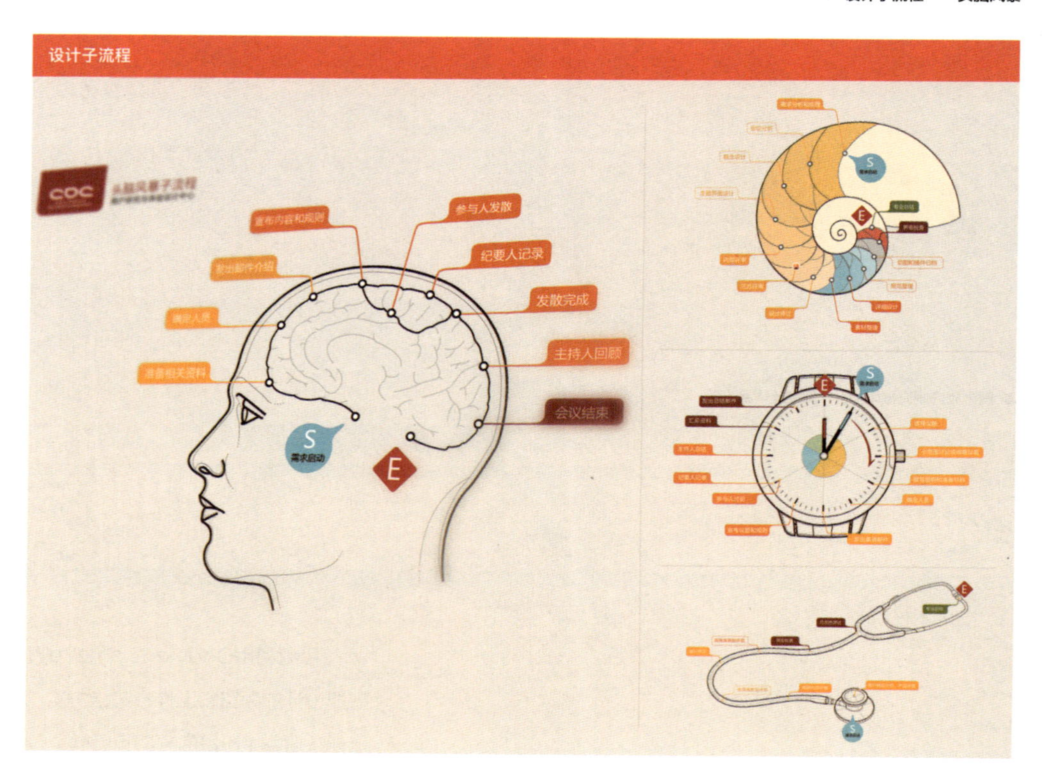

体验设计流程梳理清楚以后，还需要把它融入公司整体研发流程，才能让设计工作有实际的落地空间。这个过程中，我跟产品、开发、测试相关人员做过多轮的沟通。

首先，我们需要明白除设计以外研发流程中均有什么样的角色，关键决策人是谁和关键决策点在哪里。比如，我们知道技术驱动的项目中，只要技术人员说这些方案实现不了，基本上就没有落地的希望。所以我们会设计一个关键决策点并安排三方评审的环节，缺一角色不可，以保证产品和开发人员都能理解设计的创意和重要性，并愿意作为项目的重点去推进。

其次，我们也要了解不同的项目会有不同的迭代方式，设计好流程中的可选环节，而并非一味按照流程推进。假如遇到必选但是又时间紧迫的状况，我们也会通过积累，提升产出的效率。

另外，我们还需要根据开发顺序和节奏，积极争取给设计的时间和尽量多的体验主导权。当然，主导权并不是直接要回来的，而是在实战中赢回来的。我们越是能给研发人员减少可见的工作量，越是能帮助大家提高效率、减少反复和降低犯错率，才越能赢得伙伴的尊重。

最后，我们也要给整个产品项目团队做好期望管理，在时间和质量之间争取最佳的平衡点。不至于团队辛辛苦苦地工作，最后反而得到不好的评价。

把以上这些都一一沟通到位以后，还需要经过两三个项目的实践测试，看团队配合度和执行效果，才算把我们的体验设计流程规范顺利地接入到公司的研发流程中，确立了用户体验在产品研发中的位置和必要性。这是具有“划时代”的意义的。

重视用户研究，从零做起

当我们产品的界面功能和业务形式都很简单的时候，我们对产品的体验设计会比较有信心做得好；当我们大部分的用户都与我们自己相似的时候，当我们的用户数量级不是那么庞大的时候，我们对产品的体验设计也会比较有信心做得好。但是，当我们的用户已经开始覆盖不同年龄阶段、不同地区、不同学历背景的时候，当我们的用户数量级已经从数十万到千万的时候，当我们产品的功能越来越丰富，市场竞争越来越激烈的时候，我们开始需要科学的能够反映真实的设计依据来帮助我们做体验的判断和产品决策了。

前文有提到，当我们的用户已经成长到一定阶段，论坛的反馈已经不能完全代表大多数的时候，我们意识到，需要有新的办法来帮助我们了解用户，以及了解用户对我们产品的反馈了。2005年，我们公司现任CSO（首席探索官）DW（网大为）先生，为我们打开了一扇新世界的门，他利用在硅谷多年积累的经验，指引我们建立起了用户研究团队，也投入了一笔启动资金帮助我们搭建了中国互联网公司第一间“用户体验室”。我们通过与微软、Yahoo、亚马逊等公司的交流和学习，开始思考和规划在公司内怎么把“用户研究”这件事做起来。

在方法探索上，我们从最基础的入门级研究“可用性测试”开始。

“千里之行积于跬步”，因为做用户研究这件事，让我们对这句古话深有体会，后面也渐渐明白，学习了解用户这件事情与设计工作不同，常会有灵光一闪创意产生的时候，它需要踏踏实实科学钻研的精神。从2005年体验室搭建起来，到2007年，我们做过大大小小几十个项目测试，邀请过数百个用户，对当时不同的产品进行用户体验观察。从一无所知到学会建立流程、提升效率和保障研究的信度与效度，到最后总结研究经验，撰写出当时腾讯Web产品适用的用户体验设计准则，我们所收获的不仅仅是知识和工作上的成长，最重要的是，培养起设计团队相对少有的严谨态度和钻研精神。设计团队都标榜创意无限，并能天马行空，我们也不例外。但是用户研究的学习过程恰好给予了我们不同的思维方式。

从工作氛围上，我们很注意与客户共同成长

在一个以技术为主的研发团队或者公司里，让大家认同用户体验和设计的价值，建立以用户为中心而设计的理念，我们还需要把这些信息和思想及时与产品研发团队同步。为此，我们做了很多“洗脑”的工作。

分享是最基础也是做得最多的一种。

分享可以是定期的，也可以是不定期的，可以是正式的规划和组织，也可以以很多非正式的轻松的方式进行，方式不讲究，但是需要有意识地去坚持。我们从2003年就开始有意识地去做这件事情，坚持至今，受益匪浅。

直到今天，我依然清晰记得第一次面向公司的技术和产品人员，分享交互设计的基本概念和方法的场景，因为积累得不够而忐忑的心情到现在还时刻敲打我们对待学习、对待工作必须足够严谨。而往后，在培养人才方面，我们不仅有规划地根据设计师和研究工程师的能力模型，建立了整个腾讯的关于用户体验的课程体系，还把这些课程浓缩对外输出，帮助我们的投资公司培养更多的用户体验人才以及建立方法体系，这对很多没有专职的用户体验岗位的创业公司，蛮有启发意义。我们也深入高校教育的一线，通过选修课程、训练营或者创意大赛等方式，让高校的学生更早地了解用户体验在工作实战中所需要的知识体系、思维理念与具体方法。

培育公司的用户体验环境，除了要把人才储备到位外，还需要为用户体验团队营造一些内外影响力。在打造内部影响力上，我们会在公司内部的分享平台，定期给出专业文章分享，包括业界信息、潮流趋势、项目经验总结、前沿的探索和实验等，另外也组织产品峰会，体验设计峰会上的专题演讲，邀请公司内外嘉宾做针对性的分享。对外我们借助各种行业大会发声，特别是面向技术和产品的行业大会，效果更加立竿见影。

▼ **腾讯对设计类课程的培训体系图**

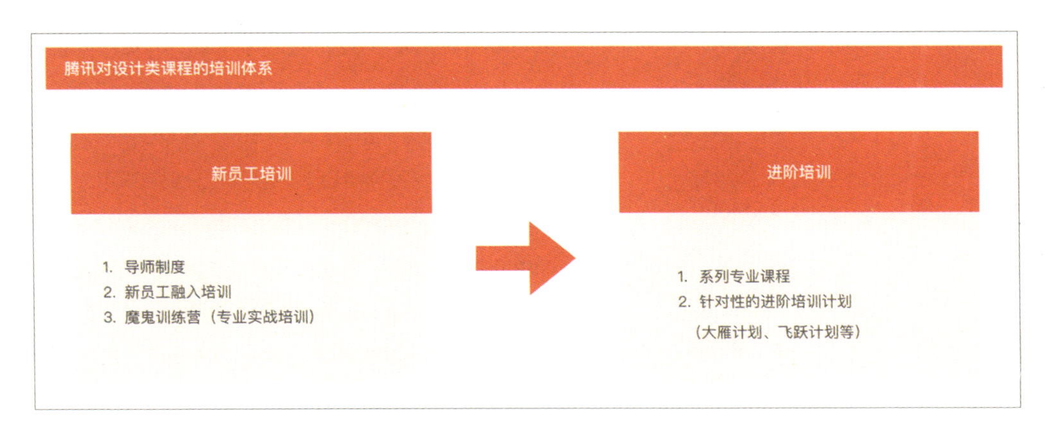

在团队成立十年之际，我们把团队十年成长的经验总结成册，对外发行书籍《在你身边，为你设计》，不但让外界了解到在互联网公司内用户体验专业是如何产生价值的，也通过这一轮的经验总结，审视我们的知识结构，让团队得到突破性的成长。把十年的工作方法和知识结构重新梳理了一遍，费了相当大的工夫，而梳理完成是一次质的突破，正好回应了这一小节的题目：十年的沉淀，通过这一次的回顾总结，团队想明白了一个很“哲学”的问题——在当下这个阶段里，我们是做什么的。

综上所述，找到工作定位（流程规范建立），找到价值验证的办法（用研体系建立），再学会与大小环境相处的方式（意识同步），并且有一个好的老板（马化腾先生，腾讯的首席体验官，很多产品的体验细节，都由他亲自把关），是团队取得成长的捷径。

怎样才能做得更好更快？

可以说，前面的十年，我们脚踏实地地夯实基础，参与孵化腾讯大部分的产品。有成功，也有很多的失败，从客户端到Web端再到移动端，从通用应用到细分场景，从工具到平台，从C端到B端，从校园到办公室到客厅，从儿童到中老年人，从普通用户到特殊用户（使用互联网有障碍用户），从保证成熟产品的更新迭代不断提升用户满意度到探索新领域抢占新市场，从线上体验设计到线下服务对接，从学习引进国外经验到不断产生属于我们自己的体验专利技术，每一段产品经历都是讲不完的故事，每当回想与团队一起奋战的日日夜夜，总感觉我们非常幸运，因为我们见证了中国整个互联网崛起的历史。

可是我们又发现，在移动互联网汹涌的浪潮中，就算前面有那么多的积累也不能高枕无忧，反而危机感越来越重。尽管从前已经充分感受到互联网发展的速度很快，项目节奏很快，可从2011年移动互联网普及开来以后，节奏就更快了。比如，QQ从1999年2月第一个版本上线到突破一亿用户同时在线，花了11年的时间，而微信从2011年第一个版本上线到突破三亿用户，仅经过两年时间，而第一个版本的研发只花了两个月的时间，iOS、安卓、塞班三个平台同时发布，抢占了市场先机，保住了腾讯在社交领域的市场地位。

小编在发出这篇文稿邀请的时候，希望我们能分享评价用户体验的标准和优秀作品案例。但是这些东西在不同的环境、不同的时期，面向不同的用户，都有不同的应对之法。所以关键的事情不在于评价标准有没有，而在于团队应对的方法和姿态。而让团队有一个良好的状态应对高速的变化，比如微信的成功很大程度上得益于Allen通过QQ邮箱把广州研发中心的敏捷研发体系建立起来，看似无形，但攻城能力惊人。而这里，我想针对如何建立一个可持续发展、可攻可守的设计团队，分享一些团队管理的思维方式。

随着公司产品越来越多也越来越复杂，团队规模越来越大，在项目上投入的管理成本也就越来越高。以前一个产品的设计师只需要两个就搞定，后来发展到一个产品的设计团队有几十人的规模，还可能分布在不同城市，对进度管理和质量把控都是很大的挑战。随着互联网一轮又一轮的创业浪潮，和几大互联网公司之间对人才的激烈竞争，团队也很不稳定。我们在2015年的一次用户体验行业调查中发现，未来一年考虑跳槽或者换岗的比例高达65%。

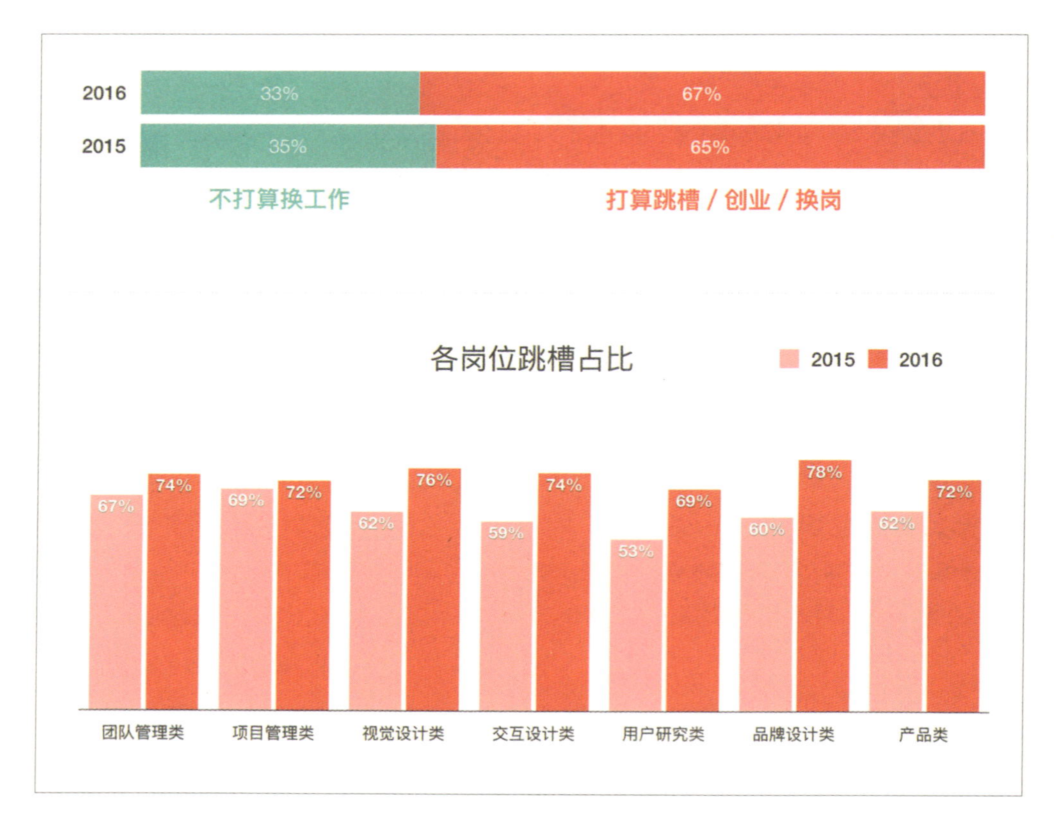

▲ 2015-2016 国际用户体验大会行业报告

针对公司内外大环境的节奏与变化极快的情况，我们打造了一个协同设计云端平台，把设计项目和设计资源都有效地管理起来，通过工具来做工作管理，从而降低因为人的不确定性而对项目和团队的稳定发展所带来的影响。

设计云平台分成两大部分：管理设计项目和管理设计资源。

设计项目管理主要体现为云端的团队日历，对接设计服务申请。我们的团队作为腾讯唯一的公共设计平台，总是面临着各种各样五花八门的需求申请。根据不同的项目性质配置不同的团队，因为多也因为项目交叉重叠，如果没有一个清晰的团队日历，是不可能对团队资源有全局的把握的。

▼ 设计云协同设计两大部分

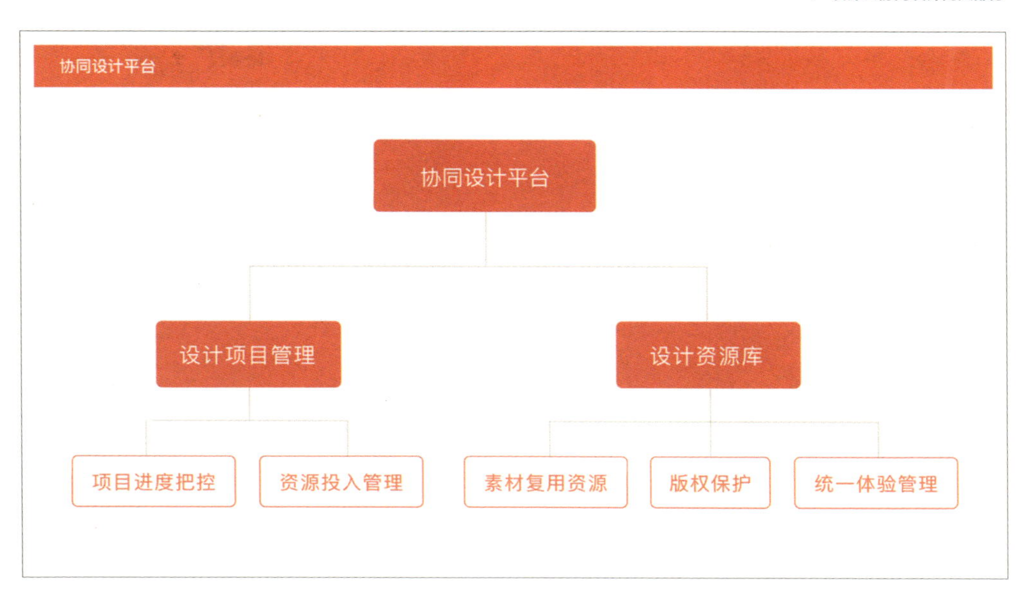

1. 服务申请列表

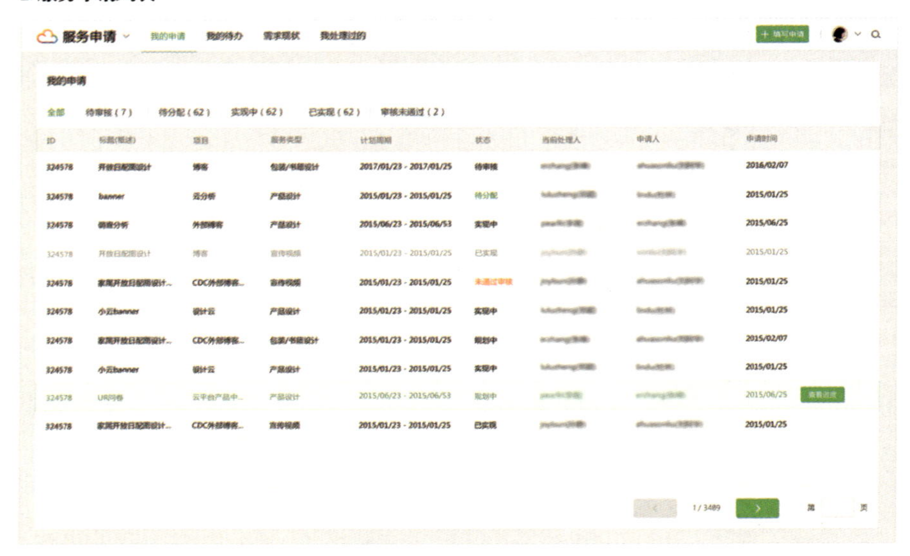

2. 项目进度

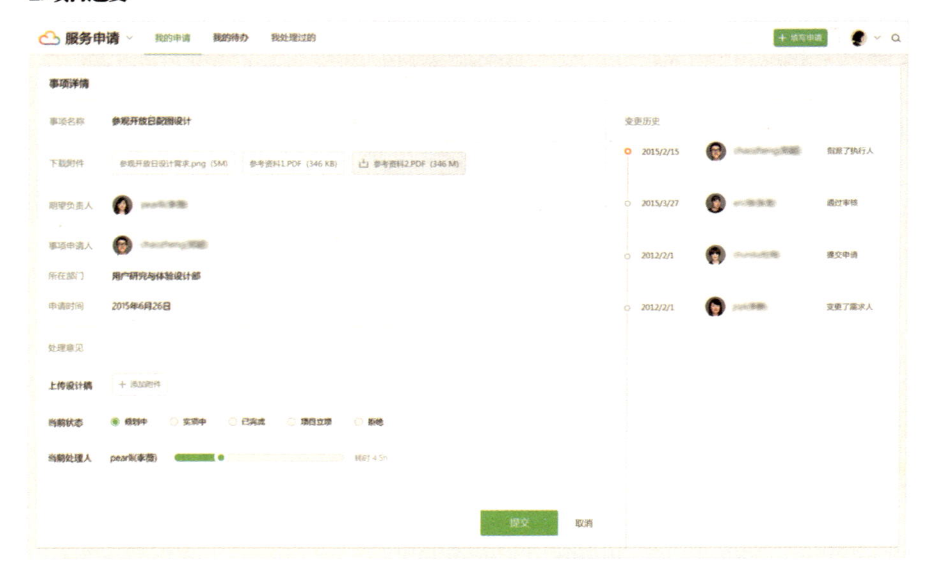

通过服务申请管理和项目进度视图，我们可以控制需求的接入节奏、需求的进度，以及设计效率和设计满意度，这些数据可以帮助我们提升效率和设计质量。

3. 个人日历

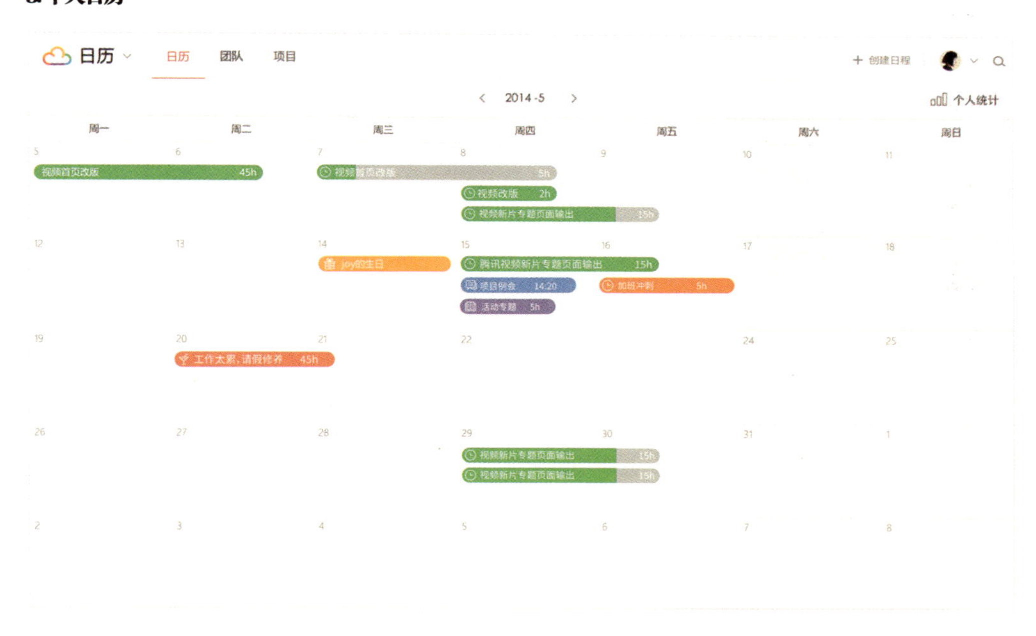

团队成员可以通过个人日历，很好地记录每天的工作状况，有效地管理自己的工作时间，及时了解工作满意度，到绩效考核周期，这些都是有力的数据举证。

4.团队日历

5.工作投入与加班情况

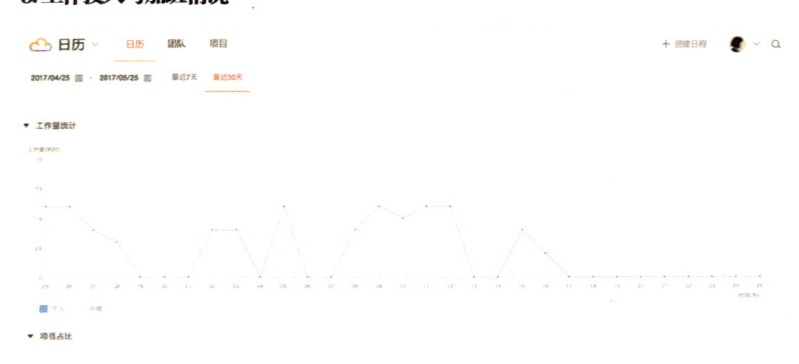

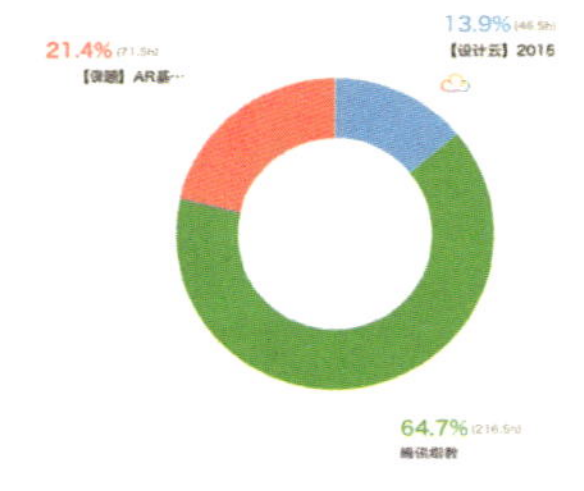

通过团队日历、工作的饱和度分析，管理团队可以及时关注成员的工作状态，发现问题并及时解决。特别需要及时发现超负荷的工作情况，及时调整以便维持大家愉悦的工作状态。

6. 资源分解

作为公共平台型的体验服务团队，与业务团队不同，属于成本中心。有效的工作管理更能为公司提供准确的经营数据，判断成本结构的合理性。正因为有这个平台的存在，我们能随时准确地看到团队运营情况，比如2016年，我们一共为公司内100个部门提供过体验服务，总共解决了735个需求。我们也能通过需求方的服务评价，相对客观地了解团队目前的欠缺，便于做出调整。

▼ 设计云规范——华尔兹

▲ 正版素材及时间戳

相比起项目人员管理，设计资源的管理会比较简单明了。

1）云端的项目文档素材管理系统，方便记录和传承。

2）外部素材引入流程保证我们的设计师能有效识别和使用正版素材，保证不侵犯别人的知识产权，而我们自动化的时间戳系统，也保障我们的创作版权一旦被侵犯，我们能提出有效的法律依据。

3）设计规范管理系统，就像一个产品的动态的可群体维护的知识库，方便产品团队共同建立维护和使用设计规范。而且，一个好的设计规范，是可以做到控件代码化的，使用规范的时候，只需要把相对应的代码复制过去就好，而修改规范，也是直接修改代码，这样规范使用起来，才能保证高效。而更好的规范，可以做成动态控件库，打通设计与开发之间的关系，我们在进行新的界面设计的时候，只需要直接调用控件构成界面，设计稿输出的时候，直接输出开发可用的代码。

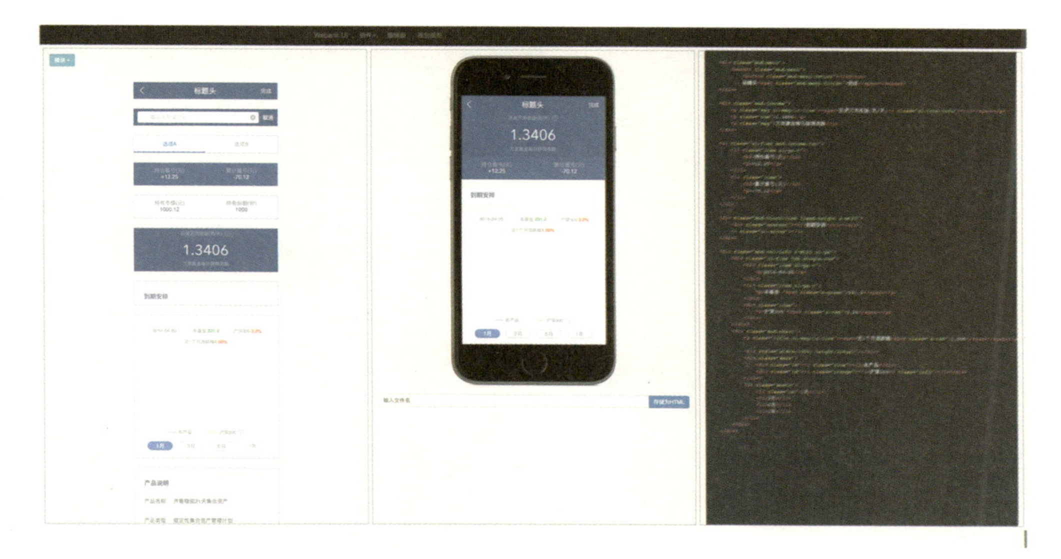

▲ 微众银行可视化页面编辑器

▼ 微众银行 Sketch UI 控件库

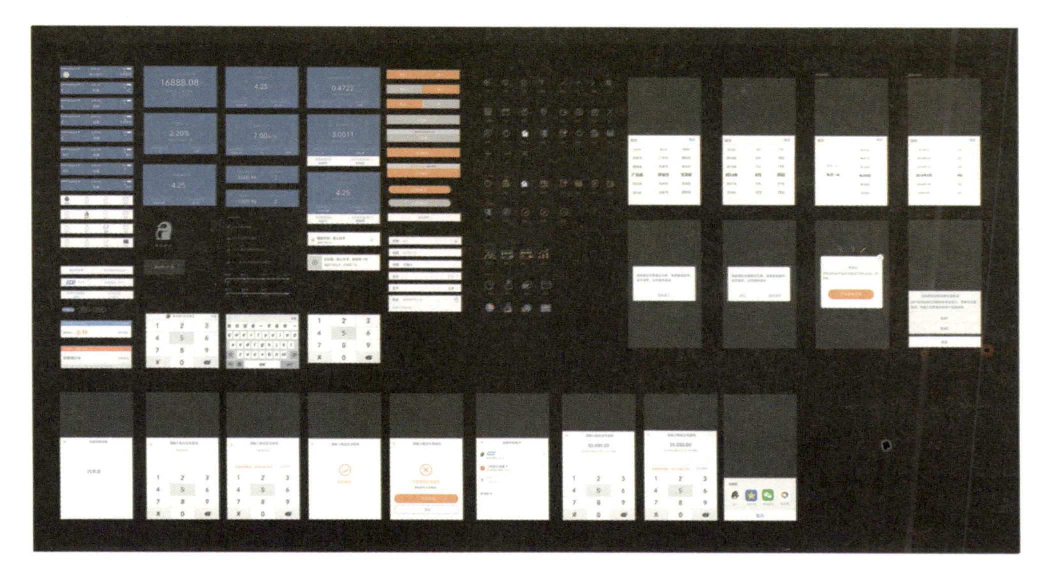

在过去和未来，我们如何构建团队

我们的团队有一个习惯，当遇到一个问题总是反复出现，成为工作障碍的时候，我们总会想可以用什么方法体系解决并顺手把它变成一个工具以方便更多的人和适应更多的状况。这些年来我们做的很多工具，除了前文所介绍的设计与管理的工具外，还把用户研究的方法转化为工具，很好地解决了用研资源不足及用研理念和方法等问题。这就有效地帮助我们，面对移动互联网变化多端且速度超快的环境，应对起来不至于阵脚大乱。而最近，在设计云平台的基础上，我们还将继续建设用研云平台，系统综合可量化地管理腾讯产品的用户体验。

打造一支有战斗力的团队，流程方法和工具的建设只是战术和装备，最重要、最有价值的还是人本身。只要有优秀的人才，我们就可以根据战场的变化随时升级战术和装备。但制定战略方向，利用战术和装备提升作战能力就得靠人了。所以说，团队的精髓在于每一个团队成员。

关于团队建设，我们有几点思考可以分享。

1. 为团队构建科学的人才结构模型，这会决定团队的定位，也决定了团队能走到哪里。除此以外，团队成员的背景尽可能丰富和多元

开篇有提到，我们花了很长的时间才明白我们是做什么的，而在梳理用户体验设计流程的时候，我们也一起规划了岗位和岗位的人才模型设置。比如，整个流程大致分为用户研究、交互设计和视觉设计三个阶段，因此，我们至少需要这三个岗位的专业人才，才能把这件事情做完整。虽然在开始的时候，市场上合适的人才非常缺乏，而每个岗位的工作也在起步阶段，所以在项目紧急的时候，我们会用交互设计师做用研，视觉设计师学着做交互，但是我们心里明白，这些岗位要做深做专，还是需要专职、专业的人。

后来团队大了，一般的研发PM难以很好地理解和规划设计的资源分配和进度安排，所以我们又规划了设计项目管理的岗位，专注需求分解和项目排期。而这些岗位的工作经验，都沉淀在我们的设计云平台上，尽可能地工具化了，很好地从人治进入法治阶段。

再后来，我们发现作为一个负责用户体验的团队，如果不涉及前端的工作，那么对体验的保证上，总是受到很多的限制。比如很多开发工程师常常无法理解和观察到设计师对界面像素级的追求，实现出来的界面常常把强迫症患者逼死；比如对动态效果的探索和尝试，也往往不在开发工程师的“正经”工作内。因此，虽然对前端领域相对陌生，也超出原来团队的背景和经验，但还是很努力地搭建了一支设计研发团队，不但保证我们的一站式的设计流程中设计还原的环节，还能与交互设计师、视觉设计师一起探索一些前沿的交互体验和视觉效果，更成为“设计管理理念工具化”和“用户研究方法工具化”的主要技术力量。

再深入到一些岗位的规划和发展上，比如用户研究这个岗位，对于公司来说，这是一个岗位而已，做的就是用户研究的工作，但是，要把这个领域做好做透，我们需要非常多元的团队背景。比如，我们希望用研的结果输出，能切中产品和设计的需求，为产品策略和设计方案提供有力的依据支撑。因此，用研团队里面，有设计背景的同事作为中间信息传递和良好沟通的桥梁；而研究的工作，往往涉及定性的洞察部分和定量的计算部分，所以团队里面既有偏洞察的心理学、社会学、市场营销背景的同事，也有偏数据分析的计算机、数学背景的同事。

团队能力的多元化是在实践中根据需求和能力缺陷慢慢摸索出来的，而团队背景的丰富度也需要一点一滴积累起来。有了这样的意识，我们在做人才招聘和培育的时候，就变得有计划很多，有时可能两个看起来相当的候选人，我们更可能因为其中一个人有我们现在团队

▼ CDC 组织架构

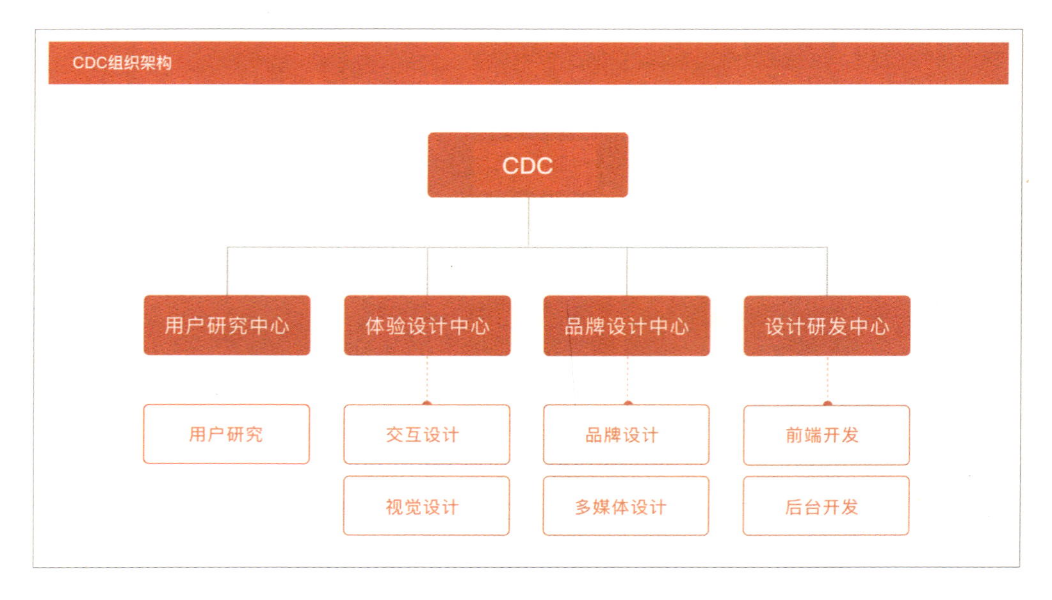

没有的能力或者经验背景而优先选择，反而未必去选择相对优秀一点的那个人。

CDC经过这十几年的摸索和发展，下设四大中心——用户研究中心、体验设计中心、品牌设计中心、设计研发中心，以及一个设计管理组，有产品设计、用户研究、交互设计、视觉设计、多媒体设计、前端开发、后台开发、项目管理等岗位，学科背景丰富，因此团队的定位已经不只是产品的UI设计，我们做自己的产品。比如把我们的研究服务延伸到公司以外，所以有了腾讯问卷这个研究服务产品的衍生产品；我们做新市场新领域的一些探索，比如我们与腾讯牵头设立的第一家互联网银行微众银行成立“银行用户体验联合实验室”；我们会为公司的投资团队服务，提供行业研究和市场用户研究，也与腾讯大学一起，对投资公司输出用户体验相关咨询服务和课程服务。而做到这些，都是因为最初团队能力模型不断积累把握回来的机会。

CDC在团队建设上的思维模式，我们常常用木桶效应来归纳：木桶的容量由两个因素决定，一个是板块的数量，一个是每个板块的高度，前者是能力和经验的类型，后者是能力和经验的深度，这两个因素决定着团队的能量。

2. 热爱是团队的基本素养

选人的时候，除了看背景经验外，我们会特别关注一个基本素养就是“热爱”：热爱这个领域和热爱学习。

假如一个人对这个领域没有充分的热爱，就无法在遇到困难的时候面对和坚持。工作和成长的路上，特别是在互联网这个瞬息万变的环境中，总是困难重重，诱惑重重，特别是很多初入行的新人因为转行成本低，觉得这个也可以做，那个前景也好，非常容易放弃自己的初心。虽然我们也很鼓励年轻人多做一些不同的尝试，但是如果沉不住气，往往也难以有突出的成就。毕竟，我们跟更聪明的人也只能比拼命而已。而热爱的态度，也会体现在专业学习上，时刻保持空杯的心态，对喜欢的事情永远保持求知的欲望。也只有真的热爱，才会在很多犹豫和困惑的时刻，有坚持下去的勇气。所以我们认为，只有那些对某事物热爱到痴迷的程度，才会多年如一日全身心地为此投入，才会不计较那些无关紧要的得失，才能成为那个领域的专家。

3. 团队的两个主要修炼：结构化思维和洞察力

什么是结构化思维？我想百科会比我解释得专业和准确，所以，这里我们只想提炼成工作里面的几个能力体现：全局思维、逻辑性和归类抽象能力。

有全局思维让我们不轻易陷入细节和错过关键问题；有逻辑能力能够在看似凌乱的信息中抓住目标和重点；最终能把问题和解决问题的方法归类，抽象和提炼成团队能够理解执行的方案进行落地和检验。而结构化思维的重要性还在于我们往往不只是要解决表面的问题，而是需要善于挖掘问题背后的原因，此外，我们还会要求解决问题的方案的抽象性，而抽象在于这个解决方案足够简单，却可以解决多个相似或同类的问题，无须因为一点差异而要改用其他方案来解决。换句话说，通用性是解决方案是否足够抽象的标准吧。

结构化思维不但是我们选择人才时的重要考察点，也是我们培养团队的重要方向。除了天生丽质以外，结构化思维也是可以后天训练的，有很多好用的工具可以使用，比如Mind manager、Mandalart、商业画布等，前人的经验可以通过各种渠道学习和训练。另外，也可以在日常生活中进行有意识的自我训练，比如不断问自己为什么，不断地检验自己对问题的解决方案，不断地强迫自己把问题思考周全，又不断地寻找检验“周全”的方法。只要不把自己逼疯，这些游戏可以多玩。

我们学习很多知识，接触很多用户，研究很多数据，尝试很多项目，总结提炼很多经验，最终我们是为了什么去做这些？这个也是我跟团队成员在进行学习和工作交流的时候，会陈述在最前面的话题。我们所做的所有积累，最终都是希望提升我们的洞察力。洞察力是创造价值的先决条件。

或许有些人天生敏感、天生敏锐，但是这里说的洞察力，与人的历练有关，更与前面提到的结构化思维与关。我们能不能从纷繁复杂的现象中抓住本质，是需要通过大量的学习和实践训练出来的，好比守门员能扑住射向球门的球，并不是天生就具有的能力。

对于洞察力的修炼，我们还想强调一点，就是回归生活的本质，体验人间百态。做用户体验的一切，都是基于对人世的了解和理解，如果缺乏这些，我们是无法做出让人愉悦的设计的。记得有一个设计师问我，对交互怎么理解。我当时的回答是，虽然表面上我们都称为人机交互，但是本质是人人交互，我们设计的只是中间的介质和路径而已。而不管在哪一个交互时代，有什么新的介质或者输入输出的技术出现，交互的核心和本质都是一样的。能理解这个问题，就比较容易在不同的环境中做出比较好的设计选择。而好的设计选择，能让人愉悦，符合人性人情，是基础的条件。

在我们大力推广“互联网+”希望通过互联网连接一切的时代，我们团队正用“服务设计”的理念方法去解决很多线上线下服务联动的问题，比如客户服务旅程地图的分解，服务痛点的挖掘，服务干系网络的建构，结构化思维和洞察力显得更为重要了。

结语

断断续续花了快半年的时间，去思考这一次的分享内容，把我们经历的从UI设计到体验设计，再到今天的服务设计这十几年来影响我们团队发展的一些思考，相对结构化地提炼归纳一下，但如开篇提到的“凡所有相，皆是虚妄”，我们的方式方法，或许只适合当下的我们，或许还有更好的办法和路径，有一点可以肯定的是，绝不是放诸四海而皆准的经验。

篇幅有限，时间也有限，每一个点都可以展开探讨很久，可是缺乏了场景和上下文的文字总结，又显得那么苍白无力。这些总结也未必能有很多的共鸣和价值，但我们希望读者能从这些絮絮叨叨里面，看到背后的思维逻辑，能对大家的工作和学习有所启发，足矣。